366 days of
Great Nature

絶景の知られざる秘密から驚きの自然現象まで

366日 世界の大自然

はじめに

地球は美しい自然にあふれています。雄大な海や山、色鮮やかな大地、ドラマチックな気象現象、神秘的な動植物……。46億年という途方もなく長い歴史のなかで、地球は奇跡のような風景をいくつも創造してきたのです。

時間が過ぎゆき、空間が移ろいゆき、系間※が変わりゆきます。
3つの「間」が相まって、自然の景観が生まれました。
そして今後も生まれ続けます。
思えば人間も、そのなした事も物も、森羅万象が自然の一部です。

進化であれ退化であれ、環境の変化に適応して、動物や植物は変化します。
生成であれ風化であれ、周囲の環境に呼応して、岩石や地形は変化します。
化合であれ分解であれ、組成や量比に従って、水や鉱物の状態は変化します。
それが見る人に、感動や疑念、時として畏怖や恐怖を与えることになるのです。

本書は、数ある世界の自然のなかから、選りすぐりの366件を紹介しています。「大地の鼓動に耳を傾ける!」「湖・川・滝の不思議を味わう!」「生命の息吹を感じる！」「気象と天体がもたらす奇跡！」「奇岩・洞窟が生み出す謎を解く！」「母なる海に抱かれる！」「自然と人とのつながりを知る！」という7つのテーマごとに、1年をかけて学んでいきます。

思うように旅行に出かけられないとしても、誌面旅行なら自由自在に世界を駆けまわることができます。それでは、出発しましょう。

円城寺守

※構成物との間の量的・質的な関係

本書の読み方

曜日ごとに設定した7つのテーマ（「大地の鼓動に耳を傾ける！」「湖・川・滝の不思議を味わう！」「生命の息吹を感じる！」「気象と天体がもたらす奇跡！」「奇岩・洞窟が生み出す謎を解く！」「母なる海に抱かれる！」「自然と人とのつながりを知る！」）のうち、その日の解説テーマを示したもの。各テーマの概要は5ページを参照してください。

絶景の所在地、自然現象を観測できる場所。

大自然を堪能できる美しい写真。

夕陽に染まるデリケートアーチ。このアーチはユタ州のシンボルでもあります。

194

アーチーズ国立公園

所在地 アメリカ合衆国　ユタ州

7月12日

【本日のテーマ】奇岩・洞窟が生み出す謎を解く！

岩のアーチの誕生に影響したのは塩だった

　アメリカ西部のグランドサークルと呼ばれるエリアでは、グランド・キャニオンやアンテロープ・キャニオン、ザ・ウェーブなど、大地が織りなす絶景が数多く見られます。ユタ州にあるアーチーズ国立公園もそのひとつ。映画『インディ・ジョーンズ』のロケ地としても有名な公園内に、巨大なアーチ型の岩塊が2,000以上も集まっているのです。

　最も最大なランドスケープアーチは、全長100mを誇る“看板アーチ”。高さ13m、幅約10mのデリケートアーチは、クルマのナンバープレートにも描かれている州のシンボルで、夕陽を浴びるとオレンジ色に輝いて見えます。現在、このあたりは年間降水量がわずか200mmしかない乾燥地帯ですが、3億年ほど前には海の浅瀬でした。やがて海水は蒸発し、1億年ほど前には最大1,500mの厚さの塩が堆積。岩塩の層が表層を押し上げ、陸上に岩塩ドームがつくられました。その後、岩塩ドームは風雨による侵食を受け、塩分が溶けることで裂け目ができたり、薄い砂壁になったりしました。侵食はさらに進んで、やがてアーチ状に。こうして彫刻作品のような岩塊ができあがったのです。

もっと知りたい！　アーチーズ国立公園は、毎年6〜9月には40℃を超える酷暑となり、1日の気温較差が22℃以上にもなる過酷な環境です。シカ、マウンテンライオン、クビワトカゲ、イワシシ、ハイイロギツネなどの野生動物が棲んでいます。

199

世界の大自然にまつわる知識と教養が身につく、深くてわかりやすい解説文。

世界の大自然の知識がさらに深まる豆知識。

4

本書の7つのテーマ

　本書では、世界の大自然を7つのテーマで紹介しています。1日1テーマ、つまり1週間で7つのテーマを学ぶことができます。

　たとえば、2022年の場合、1月1日は土曜日になりますので、1年を通じて、土曜日は「大地の鼓動に耳を傾ける！」、日曜日は「湖・川・滝の不思議を味わう！」、月曜日は「生命の息吹を感じる！」、火曜日は「気象と天体がもたらす奇跡！」、水曜日は「奇岩・洞窟が生み出す謎を解く！」、木曜日は「母なる海に抱かれる！」、金曜日は「自然と人とのつながりを知る！」となります。

　下の空欄に、曜日を書き込んでから、本書を読み始めてください。

　　曜日　**大地の鼓動に耳を傾ける！**　地球が長い年月をかけて大地の上につくり上げた山脈、渓谷、砂漠など。地球の芸術作品ともいえる風景を紹介します。

　　曜日　**湖・川・滝の不思議を味わう！**　地球は「水の惑星」です。大地の上に豊かな水をたたえる湖や川、滝などが描く驚きの世界を味わいます。

　　曜日　**生命の息吹を感じる！**　地球に生息する動植物は、人間の想像を絶する景色を生み出すことがあります。さまざまな生命がつくる色とりどりの世界をのぞきます。

　　曜日　**気象と天体がもたらす奇跡！**　太陽、大気、水などによる気象現象や夜空に輝く天体がもたらす景色は、この世のものとは思えません。そんな奇跡のような絶景に触れます。

　　曜日　**奇岩・洞窟が生み出す謎を解く！**　人間の理解を超えた不思議な形状の岩や、神秘的な洞窟などにまつわる謎に迫ります。

　　曜日　**母なる海に抱かれる！**　地球の表面積の7割は海が占めています。大海原に、海岸沿いに、海中にできた風景の秘密をひも解きます。

　　曜日　**自然と人とのつながりを知る！**　人間が自然に手を加えることでできた風景もたくさんあります。そんな自然と人間のコラボレーションを紹介します。

※閏年の366日に対応しているため、通常の年は途中から曜日のテーマが変わります。

巨大な砂丘が延々と続く一帯は、ナミブ砂漠ではなく、「ナミブ砂海」と呼ばれています。

001
ナミブ砂漠

所在地 ナミビア共和国　西海岸

砂がこんなに赤いのはどうして？

　ナミブ砂漠はアフリカ南西部、ナミビアの西海岸に広がる砂漠です。8,000万年前にできた世界最古の砂漠のひとつであり、赤い砂丘がうねりながら、どこまでも続いています。

　砂漠の周辺では、乾いた大気が下降し、常に高気圧になっています。そのため、雨がほとんど降りません。また、寒流であるベンゲラ海流が大西洋を北上してくる影響で空気が冷えるため雲ができにくくなり、乾燥しがちな気候になります。こうした環境下で、広大な砂漠が形成されました。

　しかしながら、ナミブ砂漠はなぜこんなにも赤いのでしょうか？　その秘密は、砂の成分に隠されています。

　河川によってナミビア沿岸まで運ばれてくる砂は、赤褐色の酸化鉄や水酸化鉄を多く含んでいます。その砂が大西洋からやってくる霧の水分を帯び、表面や内部のひびに水が含まれると、反射する光の性質が変わり、白色光が戻ってこなくなります。そのため、濃い赤色や橙色に見えるのです。

もっと知りたい！ ナミブ砂漠の大西洋岸には、「スケルトンコースト（骸骨海岸）」と呼ばれる海岸が続いています。たびたび濃霧が発生し、沖合いで座礁する船が多かったため、この恐ろしい名前がつけられました。

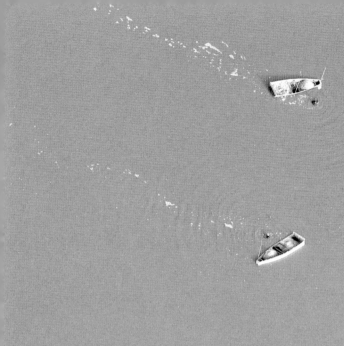

レトバ湖の塩濃度は 40％超の場所もあり、製塩業が盛んに行われています。

002

ラック・ローズ

所在地 セネガル共和国　ダカール州

湖面が桃色に染まったその理由

　アフリカ西部、セネガルの首都ダカールの近くにあるレトバ湖は、面積3㎢と小ぶりな湖です。この湖は、湖水が信じ難い色に染まっていることで広く知られています。「ラック・ローズ（バラの湖）」とも呼ばれていることからわかるように、鮮やかな桃色の湖なのです。

　上空から見ると、森林の緑、海の青、そして湖水の桃色が織りなすカラフルな絶景が広がります。

　なぜ、レトバ湖は桃色なのでしょうか？　それは湖に棲息する生物の影響です。

　レトバ湖の塩濃度は1ℓあたり400gにも達します。これは海水の10倍以上に相当する高さで、普通の魚などが生きていくことはできません。しかし、塩分を好むプランクトン（藻類）もいます。それがドナリエラです。

　ドナリエラはレトバ湖に大量に生息しており、光合成を行うとき、体内に赤い色素をつくります。とくに乾季には湖水が減り、湖の水位が下がるため、ドナリエラの光合成が進みます。その結果、湖水が見事な桃色に染まるのです。

 もっと知りたい！　桃色の元であるドナリエラの色は、カロテノイドという色素によるものです。この色素には抗酸化作用があります。抗酸化作用は、アンチエイジングに効果があるといわれ、化粧品などにも利用されています。

7

アタカマ砂漠に咲く花は、このパタ・デ・グアナコやゼニアオイが多いです。

1月3日

【本日のテーマ】生命の息吹を感じる！

003
アタカマ砂漠

所在地 チリ共和国　アントファガスタ州、アタカマ州

エルニーニョ現象によって出現する砂漠の花畑

　チリの太平洋沿いの山地とアンデス山脈に挟まれた盆地に広がるアタカマ砂漠。この砂漠は、雨が数年に一度、場所によっては数十年に一度しか降らないという、世界で最も乾燥した地域のひとつです。しかし、その岩と砂だらけの荒涼とした大地が一面の花畑へと変わる瞬間があります。美しい花々がつくる桃色の絨毯は圧巻です。

「スーパーブルーム」と呼ばれるこの現象には、エルニーニョ現象が関係しているといわれています。南北に細長いチリの沖合では、寒流のフンボルト海流が流れています。この寒流に、海からの湿った風が冷やされると、低空には冷たい空気が、上空には暖かい空気がとどまっている状態で安定し、上昇気流が起こらず、雨雲ができないため、雨がなかなか降らなくなります。しかし数年に一度、海水温が高くなるエルニーニョ現象が起こると、空気の寒暖のバランスが崩れ、まとまった雨が降るのです。

　アタカマ砂漠に生育する植物の多くは、普段は花を咲かせることなく種子の形で休眠しています。それが久々の降雨によっていっせいに開花し、一面の花畑となるのです。

もっと知りたい！　エルニーニョ現象は、東太平洋の赤道付近から南米沿岸にかけての海水温が平年より高くなる現象のこと。一方、ラニーニャ現象は同じ海域で海水温が低くなる現象で、数年おきに発生し、1〜3年ほど続きます。

イエローナイフでのオーロラ遭遇率は世界屈指で、3日滞在すればほぼ確実に観賞できるといわれています。

004

イエローナイフのオーロラ

所在地 カナダ　ノースウェスト準州

太陽からの恵みでつくられる光のカーテン

　赤・緑・紫などの光のカーテンが夜空に乱舞するオーロラ。北極圏に近いカナダ・ノースウェスト準州の州都イエローナイフは、美しいオーロラが頻繁に見られる場所として知られています。

　オーロラは、太陽から放出された太陽風に乗ってやってきたプラズマ粒子が、地球の大気とぶつかって発せられる放電現象です。プラズマ粒子は猛スピードで地球に吹きつけてきますが、地球の磁気によって遮られ、太陽と反対側にある磁場の弱い部分に入り込んでいきます。そのプラズマ粒子が溜まるとプラズマシートとなり、磁力線に沿って北極や南極に近い極地方へと進み、大気中の酸素原子などと衝突します。これにより、幻想的な光のカーテンが生まれるのです。

　このような原理で発生する自然現象であるため、オーロラが見られるのは、カナダ北部のほか、アラスカや北欧、南極などの極地方に限られます。日本ではほとんど見られませんが、北海道ではごくまれに見ることができます。

 アラスカのフェアバンクスもオーロラの名所として知られており、1年の3分の2、すなわち年間平均で240日もオーロラを見ることができます。そのため、「オーロラ鑑賞の聖地」とも呼ばれています。

ウルルは橙色のイメージが強いですが、時間によって7色に変化するといわれています。

005

ウルル

所在地 オーストラリア連邦　ノーザンテリトリー

【本日のテーマ】奇岩・洞窟が生み出す謎を解く！

巨大な一枚岩のつくられ方

　ウルルはオーストラリアの平原にそびえ立つ巨大な岩山。長年、「エアーズロック」として親しまれていましたが、近年は本来の地名であるウルルと呼ばれています。先住民アボリジニが神聖なもの（聖地）としたこの岩山は、東京タワーより高い348mで、周囲は9.4kmあり、マウントオーガスタについで世界で2番目に大きな一枚岩です。

　巨大な一枚岩を近くで見る迫力も相当なものですが、朝日や夕日などの光に合わせて岩肌の色が変わる様子はまさに絶景。アボリジニが聖地としたことにも納得できる神々しさです。ウルルができるまでには長い年月を要しました。9億年前頃、この一帯はアマデウス盆地という巨大な窪地で、そこに礫や砂が溜まって地層ができました。5億年前に浅い海になり、堆積した海洋生物の遺骸を土砂が覆います。その後、6,500万年前に柔らかい古生代の地層の侵食がはじまります。そして50万年前から一帯は乾燥して、土砂などの堆積物が砂に覆われました。このとき、侵食されずに残ったアルコース質砂岩と礫岩が突き出し、ウルルの原型となったのです。

もっと知りたい！　2019年、ウルルへの登山は禁止になりました。アボリジニが崇める神聖な場所を、観光客に踏み荒らされないようにしようとするオーストラリア政府の判断です。

世界最大のサンゴ礁群は近年、気候変動や水質悪化の影響でサンゴ減少の危機に陥っています。

006

グレート・バリア・リーフ

所在地 **オーストラリア連邦　クイーンズランド州**

大陸棚で生まれた世界最大のサンゴ礁地帯

　オーストラリア北東に位置するグレート・バリア・リーフは、長さ2,600km、総面積335万kmにも及ぶ世界最大のサンゴ礁地帯です。2,500以上のサンゴ礁が、海岸線から離れた陸地沿いの大陸棚に分布しており、人気のダイビングスポットとなっています。

　グレート・バリア・リーフは1,800万〜280万年前にできたといわれ、現在も年平均26cmずつ成長し続けています。周囲の海には浅瀬の大陸棚が続いていますが、こうした浅くて暖かい海ではサンゴの成長が早く、海岸線に沿って陸を囲む堤防のような形のサンゴ礁がつくられました。

　そもそもサンゴは、わずか数mmのポリプ（サンゴの虫）が水中で受精して生まれます。受精卵が3日ほどでプラヌラ幼生になると、海流に乗って広い海に散っていき、海底の岩礁に付着。夏を迎える頃には、他のポリプといっしょにコロニーを形成します。そこに熱帯産腔腸動物が集まり、サンゴ礁は横だけでなく上下にも成長。やがて島になると、そこに植物の種が落ち、生えた植物が根を張ることで強固な地層となっていくのです。

もっと知りたい！　1億2,000万〜1億年前の地球温暖化で海水温度が上がり、海水に二酸化炭素が吸収されなくなりました。そうしたなか、サンゴの炭酸カルシウムが海水から二酸化炭素を除去する役目を果たし、環境が救われたと考えられています。

キノコや煙突のような奇岩が林立するカッパドキア。地下には8階層の都市がありました。

007

カッパドキア

| 所在地 | トルコ共和国　アナトリア高原 |

【本日のテーマ】自然と人とのつながりを知る！

ニョキニョキと立ち並ぶキノコのような岩

トルコ・アナトリア高原中央部に位置するカッパドキアには、キノコのような不思議な形の岩山が無数に立ち並んでいます。この奇観は、火山活動により誕生したものです。

トルコはユーラシア、アフリカ、アラビアの3つのプレートの境目にあり、古くから火山活動が活発でした。7,000万年前からの噴火で降り積もった火山灰が固まると、凝灰岩の台地となり、その上に今度は溶岩が積み重なっていきます。その後、何百万年も雨風に侵食され続けた結果、上のやや固い溶岩の地層はなかなか削られずに形が残り、下の柔らかい凝灰岩の地層が先に削られて、キノコ型の岩石を被った石柱がつくられたのです。

そして紀元前3,000年頃から、カッパドキアに人が住みはじめました。3世紀半ばには、ローマ帝国の弾圧から逃れたキリスト教徒が奇岩地帯に教会や修道院などを建設。9世紀頃からは、イスラム教徒の圧迫を受けた人々も到来。大勢の人々を収容するため、地下に巨大な都市がつくられ、多いときにはそこに数万人が暮らしていたといわれています。

カッパドキアは、いわば自然と人間の共同作業によって生まれた土地ともいえるのです。

もっと知りたい！ カッパドキアの岩山に空いている穴は、イスラム教徒がつくった洞窟住居の名残です。ただし、最近つくられた小さな穴は、ハトの巣になっています。ハトの糞を集め、肥料に使っている住民もいます。

ダロル火山の水たまりの塩濃度は 30 ～ 50%、水温は 110℃という環境です。

008

ダロル火山

| 所在地 | エチオピア連邦民主共和国　アファール州 |

白・黄・緑・茶などの毒々しい色の山頂

　エチオピア北東部、アファール州のダナキル砂漠にあるダロル火山。この山の山頂は、白・黄・緑・茶など、鮮やかな色に彩られていることで有名です。色の組み合わせがあまりに派手で、まるで毒ガエルや毒キノコのような色合いにも見えます。

　この色の正体は、白色は岩塩、黄色は火口付近から噴き出した硫黄、茶色は鉄化合物で、緑色はそうした環境を好むバクテリアによるものです。毒性があるため、この地にたまっている水を飲むと死に至るとされていますが、切り傷に水をつけると、傷が数日で完治するとも伝えられています。

　ダナキル砂漠のあるアファール低地は、海面より低い盆地で、ダロル火山の火口は海抜マイナス50mと、陸上の火山では最も低い土地にあります。この低地に流入した紅海の海水は、強い日射しに照らされて蒸発し、極度に塩濃度の高い塩湖となっています。その結果として、塩と硫黄と鉄化合物とバクテリアに覆われた、毒々しいまでに鮮やかな色の風景が生み出されたのです。

| もっと知りたい! | アファール低地は3つのプレートが接する場所に位置しており、そこから新たなプレートが生まれています。通常、プレートの生成地点は海底ですが、アファール低地は珍しく地表に露出しているため、ダロル火山の活動は活発なのです。 |

「シベリアの真珠」といわれる透明度の高い湖水がクリスタルのような氷を生み出します。

1月9日

【本日のテーマ】湖・川・滝の不思議を味わう！

009

バイカル湖

所在地 **ロシア連邦　シベリア地方**

透明な氷ができるのは海綿のおかげ

　バイカル湖はシベリア南東部に位置する三日月型の湖で、その広さは3万1,500㎢（琵琶湖の47倍）もあります。最も深いところは水深1,700mに及び、その水量は地球上にある凍っていない淡水の2割に相当します。水深・貯水量ともに世界一の湖です。

　それだけではありません。バイカル湖は湖水の透明度も世界一です。湖水はそのまま飲料水にできるほど不純物が少なく、湖面から40m下まで見通すことができます。氷結した氷は、2mの厚さでも青く透き通って見えるほどです。

　この湖水の透明度は、海綿という生物の力によるものです。海綿は原始的な動物で、自力では移動できず岩石や海藻の上にしがみついて生きています。大部分は浅い海にいますが、なぜか淡水のバイカル湖にも生息しています。

　水中の微生物や有機物を栄養源とし、体の表面の小さい穴から水とともに餌を取り込み、大きな穴から水だけを出します。この海綿のろ過作用により、バイカル湖の水は浄化され、透明度が高まっているというわけです。

バイカル湖には、多種多様な水生生物が棲んでいるので、「ロシアのガラパゴス」とも呼ばれています。サケ科のオームリ、チョウザメ、バイカルアザラシなど、1,500種のうち3分の2が固有種とされています。

アコウは熱帯アジアからオーストラリア北部まで広く分布しています。

010
アコウの木

所在地 東南アジアなど

「締め殺しの木」と呼ばれるようになったワケ

　締め殺しの木——なにやら物騒な異名をもつ樹木が「アコウ」です。高さ20m、直径1m以上にもなるクワ科の常緑高木で、東南アジアの熱帯雨林や中国南部、台湾、日本では九州、南西諸島などに分布しています。

　なぜ「締め殺しの木」と呼ばれるのかというと、寄生した木を締め殺してしまうからです。

　鳥などに食べられたアコウの種は、糞とともにほかの木の上や枝の裂け目などに散布されます。その種が着生して発芽し、成長すると、幹や枝から多数の気根（根）を垂らし、寄生した木に巻きついていきます。

　気根は元の木をどんどん覆い尽くしていき、最後には枯らせてしまうことも少なくありません。そうした特異な生態から、締め殺しの木と名づけられたのです。

　アコウのような締め殺しの木としては、熱帯アジアからミクロネシアに広く分布するガジュマルが知られています。アコウとよく似ていて、日本では沖縄や小笠原諸島などで見ることができます。

もっと知りたい！
　カンボジアのアンコール遺跡では、アコウやガジュマルなどの「絞め殺しの木」の巨木が多く見られます。なかには石造遺跡を丸ごと包み込むほどに気根を成長させているものもあり、みなぎる生命力が感じられます。

15

北極圏に位置するノルウェー・トロムソの極夜。ほとんど1日中、夜が続きます。

011
極夜

所在地　極地

1日中夜明けが訪れない日がある

　南極や北極に近い場所では、太陽が1晩中沈まない「白夜」がありますが、逆に、1日中太陽の出ない日もあります。それが「極夜」と呼ばれる現象です。人はいつまでも夜が開けず朝が来ないと精神的に不安定になるものですが、観光で体験する分には、本物の"夜の世界"に足を踏み入れたようでなかなか楽しいものです。

　極夜が起こるのは、地球の自転軸に関係があります。自転軸が傾いているため、極地圏で太陽の光が届かない「場所」ができてしまうのです。白夜の原因もまた、自転軸の傾きによるものです。

　極夜は北極と南極の極地圏ならばどこでも起きる現象ですが、どこでも同じ期間、夜が続くわけではありません。北極圏の場合、北に行けば行くほど極夜の期間が長くなります。最北の北極点では6か月も続きますが、南限の北緯66度33分では冬の間の1日だけです。

　世界最北の村とされるグリーランド北部のシオラパルクは、北緯78度近くの超極北エリアに位置しているため、極夜期間は10月下旬から2月中旬までの4か月近くにも及びます。

地球の自転軸は公転軌道面の垂直方向に対して、23.4度の傾きをもっています。もし地球の自転軸が傾いていなかったとしたら、世界中で季節の変化がなくなります。日本では1年中、春や秋のような気温が続くことになります。

きれいな六角形の石柱の上に立つと、地球の偉大な力を実感できます。

012
ジャイアンツ・コーズウェイ

所在地 　グレートブリテン及び北アイルランド連合王国　アントリム県

巨人がつくったとされる六角柱の敷石

　アイルランド島北部に位置する海岸一帯を、ジャイアンツ・コーズウェイといいます。8km続く海岸沿いに、推定4万本もの玄武岩の石柱が並び立っているのですが、直径40〜50cmの石柱の断面の多くが六角形になっています。まるで積み木を並べたかのようにも見えるこの石柱群について、先住民族は「巨人が対岸のスコットランドに渡るためにつくった」と伝えてきました。そこからジャイアンツ・コーズウェイ、すなわち「巨人の石道」と名付けられたのです。

　この奇観は、6,000万年前の火山活動によってつくられました。火山から噴出した溶岩は冷えて固まるときに均等に収縮しようとするため、歪みが生まれます。収縮時に断面が正方形だと均等に収縮できませんし、円形だと隣り合う柱との間に大きな隙間ができてしまいます。中心からの距離と角度を等しくし、隙間をつくらずに収縮するためには、六角形になるのが理想的なのです。この現象は、溶岩が長時間かけて収縮する際に生じた柱状節理で、日本でも兵庫県の玄武洞や福井県の東尋坊などで見られます。

【本日のテーマ】奇岩・洞窟が生み出す謎を解く！

もっと知りたい！　ジャイアンツ・コーズウェイには、高さおよそ12mの石柱が並ぶ「巨人のオルガン」や、ブーツの形をした「巨人のブーツ」など、地元の巨人伝説にちなんで名付けられた造形物が堂々と点在しています。

この真っ白なビーチには、クルーズ船やヘリ、水上飛行機で訪れることができます。

013
ホワイトヘブン・ビーチ

所在地 オーストラリア連邦　クイーンズランド州

純白の砂浜をつくり出すシリカとは？

　グレート・バリア・リーフの中央部に位置するホワイトヘブン・ビーチは、真っ白い砂浜が7kmも続く海岸です。ヒル・インレットの入江から海に流れ出た白砂は、潮の満ち引きにより波状の砂紋を描いてマーブル模様になり、青い海との相乗効果で見事な景観を見せてくれます。

　ホワイトヘブン・ビーチが真っ白なのは、シリカ（二酸化珪素）という物質が砂浜を構成しているからです。

　シリカとは結晶性シリカ、すなわち石英のこと。無色透明な自形結晶は「水晶」としても知られているありふれた鉱物ですが、風化に対して強靭で、他の鉱物が破壊変質して取り除かれても後に残ることが多く、たくさんの砂の主成分となっています。

　そのシリカが、ホワイトヘブン・ビーチの砂浜の98％を占めています。無色透明なシリカに光が入ると、反射と屈折を繰り返して大部分が戻ってきます。その結果、砂浜は真っ白な様相を呈することになるのです。

もっと知りたい！ 「ホワイトヘブン（Whitehaven）」の綴りは、イギリス北西部のカンブリア地方の町の名に由来するもので、「天国」を意味する「heaven」とは異なります。しかし、発音が似ているため「天国のような」と表現されることがよくあります。

セノーテは宗教儀礼の場所。セノーテの底には装飾品や人骨が沈んでいました。

014
チチェン・イッツァのセノーテ

所在地 メキシコ合衆国　ユカタン州

美しい泉で行われていた秘密の儀式

　中央アメリカのユカタン半島で栄えたマヤ文明を代表する遺跡のひとつ、チチェン・イッツァには、神殿を頂く階段状ピラミッドのエル・カスティーリョや、天体観測所と見られるカラコルなどのほか、セノーテと呼ばれる天然の泉がいくつもあります。

　このあたりには川や湖沼がありませんが、石灰岩の地層が広がっています。その地層に染み込んだ雨水は石灰岩を削って地下水としてたまり、鍾乳洞を形成しました。やがて石灰岩の岩盤が陥没すると、たまっていた地下水が露呈することになります。それがセノーテです。

　チチェン・イッツァのセノーテは、太陽の光によって色が変化する美しい泉です。しかし、その美しさからは想像できない一面ももっています。

　実はマヤの人々は、豊作祈願や雨乞いなどの儀式の際、生贄の人間や財宝をセノーテに投げ込んでいました。実際、近年の調査により、生贄にされた人間のものと思われる頭蓋骨などが発見されているのです。

もっと知りたい！　ユカタン半島にあるセノーテは、なんと3,000以上を数えるといわれています。そこにたまっている水は透明度が高く、ダイビングなどを楽しむこともできます。

19

トロルの舌から崖下までは1,100m。柵などは一切なく、危険と隣り合わせです。

【本日のテーマ】大地の鼓動に耳を傾ける！

015

ハダンゲル・フィヨルド

所在地 ノルウェー王国　ホルダラン県

氷河の侵食が生み出した「トロルの舌」

　フィヨルド（峡湾、峡江）とは、氷河による侵食作用で形成された地形に、海水が入り込んでつくられた湾や入り江のことです。山に降り積もった雪が長い時間をかけて氷に変化して氷河となり、山を滑り降りるときに氷河自体の重みで地面を削り取ることで標高差のある谷が誕生します。氷河期が終わり、その谷の一部が海に沈むことで、現在見られるような光景となりました。

　そんなフィヨルドの"宝庫"といえるのがノルウェー。なかでもこの国で2番目に長い全長180kmのハダンゲル・フィヨルドには断崖絶壁に突き出した「トロルの舌」と呼ばれる場所があり、スリル満点のビュースポットとして人気を集めています。

　トロルとは、北欧で語り継がれている妖精ないし妖怪のことで、崖から突き出た特異な形状がその長い舌を連想させることから、こう名付けられました。実際にトロルの舌まで行こうとすれば、山を8〜10時間かけて登らないとなりません。それでも、毎年夏になると多くの観光客が訪れています。

フィヨルドは、高さ数百mの急な斜面に囲まれたU字型の横断面を有しています。両側の山地から湾に注ぐ支谷は、懸谷（本流に支流が合流する場合、支谷の谷床が本流のそれよりも高く、谷床に食い違いのある地形）をなす場合が多いです。

気泡がなく、透明度の高い氷が太陽光線の青色だけを通します。

016
ヴァトナヨークトル氷河

所在地 アイスランド共和国　ヴァトナヨークトル国立公園

氷河の下に隠れているスーパーブルーの洞窟

　ヴァトナヨークトル氷河は、アイスランドの国土面積の8%を占めるヨーロッパ最大の氷河です。表面積は8,100km²、氷の厚さは平均で400mもあり、その末端からは、流出氷河と呼ばれる30個にも及ぶ小さな氷河がいくつもの方向に伸びています。

　そして、その地下には奥行き2.8km、高さ525mにも及ぶ「スーパーブルーの洞窟」と呼ばれる青く輝く洞窟があり、アイスランドが誇る絶景のひとつとして人気を集めています。

　アイスランドは火山の国。夏には15℃前後まで気温が上昇します。すると、氷河が溶け出して水が流れ、氷を削り、空洞化します。そこが洞窟になるのです。

　洞窟内部の氷は数百年という単位で少しずつ圧縮されるので、気泡がない上に透明度が高く、太陽光線の青色だけを通します。そのため、驚くほど青く輝く洞窟ができるというわけです。

　なお、洞窟の場所や大きさは毎年のように異なりますし、洞窟ができないこともあります。そうした意味でも、スーパーブルーの洞窟は希少性の高い絶景スポットなのです。

もっと知りたい!　ヴァトナヨークトル国立公園は、映画の撮影地としても人気があります。ジェームズ・ボンドでおなじみの007シリーズの他、『バットマンビギンズ』などの映画がここで撮影されました。

世界最大の海藻とされるジャイアントケルプ。アメリカ西海岸や南太平洋沿岸で見られます。

【本日のテーマ】生命の息吹を感じる！

017
ケルプの森

所在地 アメリカ合衆国　カリフォルニア州

生態系を支える海中林とラッコとの深い関係

　アメリカ西部、カリフォルニア沖にあるモントレー湾は、世界で最も豊かな生態系を有する地域のひとつといわれています。魚類、貝類、鳥類、ラッコやアザラシ、クジラといった哺乳類など、多様な生物が生息しており、「海の楽園」という言葉がぴったりな場所です。その豊かな生態系を支えているのは、なんとラッコでした。

　モントレー湾の海底には、高さ30〜50mにもなるジャイアントケルプ（海藻の一種）が群生。多くの生物は、その「ケルプの森」と呼ばれる海中林を棲処として暮らしています。

　ケルプの森が維持される条件は、日光が届くくらい水深が浅く、海水温がやや低いこと。そしてもうひとつ、ラッコが生息していることです。ラッコはケルプを体に巻きつけ、流されないように利用する一方、ケルプを食い荒らすウニをエサにしています。ケルプにとって、ラッコは天敵を退治してくれるありがたい存在というわけです。

　かつてラッコが乱獲されたときには、ケルプの森が減少したといわれており、両者の共存関係がわかります。

もっと知りたい！　海中林を形成するのはジャイアントケルプに限りません。リュウキュウスガモ、ウミジグサ、ボウバアマモ、ウミショウブなども、世界各地で海中林をつくっています。

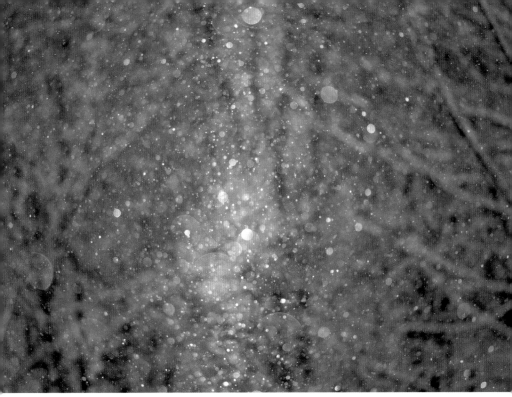

キラキラと輝くダイヤモンドダスト。晴れて風のない日に発生します。

018
ダイヤモンドダスト

所在地 極地など

大気中を舞い落ちる細氷の発生条件は?

　極地や寒冷地方では、厳冬期の明け方に大気中の水蒸気が急速に冷やされて極小の氷の結晶となり（昇華）、日光に反射してキラキラと舞い降りてくる光景が見られます。ダイヤモンドダスト（細氷）と呼ばれる現象です。その美しさから「天使の囁き」といわれることもあります。

　ダイヤモンドダストが発生する条件は4つあります。①明け方、②氷点下10℃以下、③適度な湿度、④無風かつ快晴です。

　早朝がいいのは放射冷却現象によって気温が急激に下がるためです。また、大気中の水分が少ないと結晶化する水分の量も少なくなるため、乾燥していると発生しづらくなり、適度な湿度が必要です。そして陽光が差し込まなければ大気中に漂う氷の結晶を肉眼で確認することができないので、観察するには快晴でなければいけません。

　なお、ダイヤモンドダストが発生している大気中に氷晶で光が反射・屈折することにより、暈・幻日・太陽柱などの大気光学現象が現れることがあります。

もっと知りたい！　日本では、北海道でダイヤモンドダストを見ることができます。とくに1～2月の早朝、内陸部の旭川や美瑛、幌加内町、十勝地方、摩周湖や屈斜路湖のある弟子屈町で発生します。

石灰岩でできた白い奇岩は、小さいものから数mに及ぶ巨大なものまでさまざまです。

019
マッシュルーム・ロック

所在地 エジプト・アラブ共和国　白砂漠国立公園

白い砂漠に出現したキノコのような岩塊

　エジプトのナイル河岸にあるアシュートから西へ300kmのところに、キノコの形をしたユニークな岩塊があります。「マッシュルーム・ロック」と呼ばれる奇岩です。このあたりは1年を通してほとんど雨が降らない砂漠地帯。したがって、雨水が岩石を侵食して形成されたわけではありません。マッシュルーム・ロックをつくったのは砂粒です。

　エジプトでは、毎年春になると「ハムシーン」と呼ばれる砂嵐が発生します。その激しい砂嵐で飛ばされた砂粒が、柔らかい石灰岩を数千年から数万年もの時間をかけて削り続け、その結果、このようなキノコ形の岩石が生まれたのです。

　マッシュルーム・ロックの周辺に広がる白い大地は石灰岩によるものです。およそ8,000万年前、このあたりは海底にあり、生物の遺骸が堆積して石灰岩がつくられました。それがのちに隆起して地上に出現すると、砂粒と風による侵食を受け、白い砂が大地を覆うことになったのです。見渡す限り白い世界が広がっていることから「白砂漠」と呼ばれ、マッシュルーム・ロックなどの奇岩とともに独特の景観を形成しています。

 もっと知りたい！　マッシュルーム・ロックのように不安定に支えられている岩石を、「バランスロック」ともいいます。ジンバブエのチレンバ・バランシング・ロック、インドのクリシュナバターボール、イギリスのアイドルロックなども有名です。

海のなかに滝があるという信じがたい光景が目の前に展開されます。

020
海中滝

所在地 モーリシャス共和国　南西沖

青く透明な海のなかにある巨大な滝

「インド洋の貴婦人」と呼ばれるモーリシャスは、白い砂浜と青い海に囲まれた美しい島国です。その南西部に極めて珍しい滝があります。海中に"滝壺"があり、そこに向かって大きな滝が流れ落ちているように〝見える〟のです。

　海面に近い高さからではよくわかりませんが、セスナなどに乗って上空から眺めると、「海中滝」の存在をはっきりと認識することができます。

　この海域では、緩やかな傾斜にくぼみができています。そのくぼみに、波によって破壊されたサンゴ礁が流されて堆積すると、白い模様になりました。その模様を上空から見下ろすと、青い海に落ち込む巨大な滝のように〝見える〟のです。見下ろす方向によっては、「滝の落ち口」は濃い青色に、「滝壺」は白色に見えます。いわばトリックアートのようなものと考えればよいでしょう。

　なお、上空からしか見ることができないため、海中滝が広く知られるようになったのは最近のことです。

もっと
知りたい！　「滝」と呼べるかどうかは別にして、一般的に海水面の高さは場所によって異なっており、海水は高い方から低い方へ流れ落ちます。海水の移動の原理も、基本的には河川と同じなのです。

ホテル内のアイスバー。氷点下5℃のバーで飲むカクテルは格別です。

021
ユッカスヤルヴィ

所在地 スウェーデン王国　ノールランド

水質のきれいな川のおかげでできる氷のホテル

　スウェーデン北部のユッカスヤルヴィという町は、北極圏に位置しています。夏は太陽が1晩中沈まない白夜が、冬は日中でも太陽が沈んだ状態が続く極夜が見られることもあり、厳しい自然環境にありながら、観光客が多く集まってきます。

　そんなユッカスヤルヴィの魅力をさらに高めているのがアイスホテル。その名のとおり、すべてが氷でできたホテルです。70室以上あるゲストルームは、壁も天井も家具もみな氷。スイートルームには、氷の彫刻が飾られています。まさに、『アナと雪の女王』の世界です。

　アイスホテルの建設には、町の近くを流れるトルネ川から削った氷が使われます。トルネ川は、そのまま飲料水として利用できるほど水質がきれいな川。その川が凍結したら、1tのアイスブロックを2,500個ほど削り取り、建材にするのです。

　ホテルの建設は10月頃からはじまり、12月にオープンします。そして4月頃、長く厳しい冬が終わると、氷が溶け、再びトルネ川へ戻っていきます。アイスホテルは自然のサイクルのなかに組み込まれているのです。

もっと知りたい！

冬のユッカスヤルヴィは、外気温が氷点下30℃という酷寒の環境になり、ホテル内も氷点下8〜5℃程度に保たれています。そのため、アイスホテルが春前に溶解する心配はありません。

パリア・キャニオンには1日20人しか入れませんが、入場制限の緩和が検討されています。

022
パリア・キャニオン

所在地　アメリカ合衆国　ユタ州、アリゾナ州

「ザ・ウェーブ」と呼ばれる、うねる縞模様の秘密

　アメリカ中西部、ユタ州とアリゾナ州にまたがるコロラド高原に、「ザ・ウェーブ」と呼ばれる不思議なエリアがあります。赤い砂岩全体に、波のようにうねる曲線が刻まれているのです。ザ・ウェーブという呼び名のとおり、思わずサーフボードを持ち出して、サーフィンをしたくなるような光景です。

　この美しい縞模様は、次のような経緯でできました。

　いまから1億9,000万年前、風によって運ばれてきた「ナバホ砂岩」と呼ばれる地層からの砂が向きを変えながら斜めの地層を形成。この地域では夏になると激しい雷雨が発生し、雨が鉄砲水となって流れますが、砂岩層は水を吸収せずに弾く性質があるため、表面が大量の水に削られました。さらに岩間を吹き抜ける風も砂岩層を侵食。こうして長い年月が過ぎ、幻想的な縞模様の絶景を生み出したのです。

　ザ・ウェーブは2003年に発見されたばかり。観光することはできますが、砂岩の損傷を防ぐため、出入りできるのは抽選で選ばれた1日20人だけに限られています。

もっと
知りたい！　ザ・ウェーブはパリア・キャニオンというエリアにあります。「パリア」とはパイユート族の言葉で「泥水」、あるいは「塩辛い水」という意味。自然保護区内の岩壁には、彼らが残した岩絵もあります。

水煙の周囲に生み出された熱帯雨林では、独特な生態系が形成されています。

023
ヴィクトリアの滝

所在地 ザンビア共和国、ジンバブエ共和国

滝の前の渓谷に隠されていた大瀑布誕生の秘密

　アフリカ南部のザンビアとジンバブエの国境近くのザンベジ川に、ヴィクトリアの滝はあります。幅1,700m、落差123mの滝からの降水量は、年平均で32万㎥にも及びます。落差では、イグアスの滝の82m、ナイアガラの滝の51mを凌駕する規模です。

　滝の前には、幅の狭い渓谷がいくつもあり、それらがこの巨大な滝の生まれた経緯を物語っています。

　1億8,000万年前、火山活動で噴出した溶岩からカルーといわれる玄武岩の大地ができました。そのとき、地殻変動のゆがみから、玄武岩の大地にひび割れが生じます。そのひび割れは、徐々に土砂で埋められましたが、ザンベジ川に侵食され、再びひび割れが発生。20万年前のひび割れから誕生したのがヴィクトリアの滝で、その後、下流を侵食し続け、上流へと少しずつ移動しています。ちなみにこれを「滝の後退」といいます。

　つまり、滝の前の渓谷はかつての滝の跡。移動する前の滝の落下点は下流にあり、デビルズ峡谷と呼ばれています。

イギリスの探検家デビッド・リビングストンは、1855年に水が轟音とともに落下する壮大な滝を発見。これこそアフリカで最も美しい光景だと確信し、この滝に当時のイギリス女王の名をつけたのです。

通常の杉の寿命は平均500年ほどですが、屋久杉は1,000年超のものがザラにあります。

024

屋久島

所在地 日本　鹿児島県

屋久杉が1,000年以上の長寿になる理由

　　屋久島は、鹿児島県南部の佐多岬から南へ60km行ったところにある山岳島です。この島の標高1,000m前後には、樹齢1,000年を超える巨大な屋久杉を含む、豊かな杉林が分布しています。とくに、1966年に発見された「縄文杉」は樹齢2,170〜7,200年と推定される世界最高齢の樹木。そうした木々によって構成される杉林を目の前にすると、地球の悠然たる歴史や生命の偉大さを感じることができます。

　　屋久島に長寿の杉が多いのは、山岳部の気候が杉の生育に最適なためです。この島は年間平均降水量が4,400㎜にも達し、「月に35日は雨が降る」といわれるほどの多雨地域。山岳部では、台風などが来ると1回で降水量が1,000㎜を超えることもあります。この水が杉を巨木に育てているのです。

　　さらに、屋久島の近くを流れる黒潮の影響も無視できません。水温の高い黒潮から立ち上がる水蒸気が島全体を包み、標高1,000m以上の山頂では、空中湿度が75％を超えます。この温度と湿度の高さが、杉が生育するのに適しているのです。

 もっと知りたい！　屋久島では、樹齢1,000年を超える杉を「屋久杉」といい、それ以外を「小杉」といって区別しています。この島には、屋久杉が2,000本以上生えていると推定されています。

氷の結晶だけでつくられている花。それがフロストフラワーです。

025
阿寒湖のフロストフラワー

所在地 日本 北海道

真冬の湖面を彩る霜の花

　真冬の阿寒湖では、凍結した湖面に白い花が咲き乱れることがあります。これはフロストフラワー（凍った花）と呼ばれる現象で、白い花の正体は霜です。

　フロストフラワーは特別な気象条件下で出現します。「氷点下15℃以下であること」「風が弱いこと」「湖が凍結した直後であること」の3つです。

　この条件を日本で満たすのはどこかというと、北海道しかありません。なかでも釧路にある阿寒湖は最も適した場所のひとつです。

　凍結した湖上で水蒸気が冷やされると、霜ができます。その霜に水蒸気の結晶が次々と付いていくと、花びらのように折り重なったフロストフラワーが誕生。やがて青と白のコントラストが織りなす真っ白な花畑ができるのです。

　なお、フロストフラワーは、気温が少しでも高くなると溶けてしまいます。そのため、見られるのは早朝の短い時間に限られます。

もっと知りたい！　阿寒湖はマリモでも有名です。マリモ自体はそれほど珍しくありませんが、阿寒湖では波の力や湖底の遠浅の地形によって大きな球状になります。群生する球状マリモが見られるのは阿寒湖だけとされています。

真っ二つに割れた断面、意外とツルツルした岩肌がアート作品を思わせます。

026
スプリット・アップル・ロック

所在地　ニュージーランド　タスマン地方

岩に切れ目を入れたのは誰!?

　ニュージーランド南島のアベル・タスマン国立公園には、スプリット・アップル・ロックという奇岩があります。その名のとおり、「縦に割れたリンゴ」のような形の岩塊です。

　その断面はとても滑らかで、表面もツルツルしています。人間がつくったアート作品かオブジェのようにも見えますし、先住民マオリ族の間では、神様が所有権をめぐって争い、真っ二つに割ることにした岩石と伝えられています。しかし、これは自然にできたものです。もともと、この岩石はひとつの丸い花崗岩の岩塊で、それが自然に割れて2つになりました。岩石の亀裂から水が入り込んだ状態で7万〜1万年前の最終氷河期を迎えると、割れ目に入り込んだ水が凍って体積が膨張。その力によって、いつしか岩塊が割れ、現在のような姿になったと考えられています。

　日本でも、兵庫県破磐神社の「大磐石（われ岩）」、奈良県柳生町の「一刀石」など、断ち割れた巨石が散見されます。いずれも深成岩で、マグマの冷却時に生じた歪みによる節理で割れたり、割れ目に入った水が凍って割り広げて生じたものと考えられています。

【本日のテーマ】奇岩・洞窟が生み出す謎を解く！

もっと知りたい！　日本には植物の根が岩石を断ち割ったように見える「石割桜」などもあります。巨石が割れるのは、どこでも一種のロマンのようなもので、民族や地域の神話とも結びついているようです。

松島の絶景は、遠く平安時代から多くの人々を魅了してきました。

027
松島

所在地　日本　宮城県

松尾芭蕉も見とれた無数の島々

　松島とは、松島湾に浮かぶ260あまりの島々と沿岸部一帯を指します。丹後の天橋立、安芸の宮島とともに「日本三景」のひとつに数えられる景勝地です。江戸時代の俳人・松尾芭蕉が「奥の細道」の旅で訪れ、「島々や千々にくだきて夏の海」という句を詠みました。

　松島誕生の歴史は、2万〜3万年前までさかのぼります。当時の海面は現在より100mほど低く、広い陸地面積がありました。その後、地殻変動で地盤の一部が沈下します。さらに温暖化が進み、氷が溶けたことで海面が上昇したため、それまで陸地だったところに海が広がりました。その結果、5,000年前に現在のような島々となったのです。

　このように狭い湾や入り江が複雑に入り組んだ海岸のことをリアス（式）海岸と呼びます。リアスとは、スペイン語の「入り江」のこと。陸地は起伏が激しく平地が少なく、入り江は波が低く風も穏やか。水深が深いため、古くから魚場や養殖場として活用されてきました。

　松島の島々は凝灰岩や砂岩などでできていて、海水流や波による侵食を受け削られていきました。こうして崖や急斜面のある海食崖と呼ばれる地形ができ上がったのです。

松尾芭蕉は松島のあまりの美しさに句が浮かばず、「松島や ああ松島や 松島や」と苦し紛れの「句」を詠んだと誤解されますが、この句の作者は江戸後期の狂歌師の田原坊だそうです。

メテオラとは、「中空に浮かぶ」という意味のギリシャ語の「メテオロス」に由来します。

028

メテオラ

所在地 **ギリシャ共和国　テッサリア地方**

岩山の上の修道院はどうやって建てられた？

　ギリシャ中部のテッサリア平原には、高さ20〜600mほどの奇妙な形の岩の群れがそびえており、そのひとつの岩山のてっぺんに人がつくった建物が立っています。14世紀、標高616mの岩山に築かれたメテオラ修道院です。

　メテオラは、6,000万年前に堆積した砂岩と礫岩でできた土地です。当時、このあたりには湖があり、そこに流れ込んでいた川の河口に土砂が堆積してできた三角州がありました。三角州にあった土砂はやがて砂岩や礫岩になりますが、その後、湖が消滅し、地殻変動が起こって一帯が隆起。盛り上がった大地では、柔らかい地層が風雨によって削られ、硬い岩石だけが残って現在の姿となったのです。

　この岩山の洞窟には大昔から人が住んでおり、9世紀頃には迫害を受けたキリスト教徒が隠れ住むようになります。そして14世紀頃から修道院を建て、そこで生活をはじめました。多いときには20以上の修道院がありましたが、現在はだいぶ減ってしまっています。それでも、キリスト教の修道士たちがいまも祈りの日々を送っています。

もっと知りたい！　建築資材を頂上まで運ぶのは非常に難しく、完成までに30年かかった修道院もあります。当時は、滑車に吊るした網袋で人が出入りしていたそうです。

青い炎が見えるのは夜の間だけ。朝日が登ると、炎は見えなくなります。

029
イジェン山

所在地 インドネシア共和国 東ジャワ州

【本日のテーマ】大地の鼓動に耳を傾ける！

亜硫酸ガスが生み出す神秘的な青い炎

　インドネシアのジャワ島東部にそそり立つ標高2,799mのイジェン山には、イジェン湖という火山湖があります。イジェン湖の見所は、なんといっても湖水の色です。

　日中は、クレーターの壁に囲まれた湖面が太陽の光を受けてエメラルドグリーンに輝き、遠方に見える山々との絶景を生み出します。さらに夜になると、闇夜のなかに浮かぶ青い炎が山肌を流れ落ちていくのです。

　青い炎の正体は、噴火口から噴き出たガスの発火・燃焼です。イジェン山では火口付近から最高600℃にもなる硫黄ガスが噴出しており、それが空気に触れた瞬間、発火・燃焼して亜硫酸ガスが生じます。そのガスが青く燃えながら、山肌を流れ落ちていくことで幻想的な光景が生み出されているのです。

　湖水に強い毒性があるため「死の湖」と呼ばれることもありますが、青い炎の美しさは注目の的になっています。

もっと
知りたい！
もともとイジェン山は、硫黄採掘の山です。地下に豊富な硫黄が埋蔵されており、現在も採掘者たちは24時間交代で、火口底から硫黄の塊を運び出しています。

この光景は 1960 〜 70 年代の 20 カナダ・ドル紙幣に描かれていました。

030

モレーン湖

所在地 **カナダ　アルバータ州**

鮮やかな青い湖水を生み出す「ロックフラワー」

　カナダのアルバータ州、バンフ国立公園にあるモレーン湖は、青い水が特徴的な湖です。近くで見ると、湖水は無色透明なのですが、距離を置くと美しい青色をしており、「カナディアン・ロッキーの宝石」ともいわれています。

　この色の由来は「ロックフラワー」、すなわち岩石の粉です。岩石の粉が美しさの源といわれても、なかなか実感できないかもしれませんが、そのメカニズムは次のようになっています。

　モレーン湖は、氷河の溶けた水が流れ込んでできた氷河湖です。氷河は長い時間をかけて、非常に大きな力で周囲の岩盤を削り取りながら移動しました。その際、岩滓や粘土質物質が生まれ、湖に取り込まれました。その細かな岩石の粉が湖水に混じり、光が当たると反射・屈折を起こします。このとき、波長の短い光が跳ね返り、人間の目には青色に映るのです。

　ちなみに、きれいな水をたたえるモレーン湖と、壮大なカナディアン・ロッキーを望む湖畔の光景は、カナダの旧20ドル紙幣の絵柄としても使われました。

もっと知りたい！ 「モレーン」とは、氷河が谷を削りながら時間をかけて流れるときに削り取られた岩石・岩屑や土砂などが、土手のように堆積した地形のことです。モレーン湖という名前は、周辺にある岩石の山をモレーンと勘違いしたことで付けられました。

クリオネは雌雄同体で、寿命は 2 年ほどといわれています。

031
オホーツク海のクリオネ

所在地 日本　北海道

【本日のテーマ】生命の息吹を感じる！

流氷の妖精・クリオネの体が透明な理由は？

　オホーツク海には、冬になると北の海から流氷が流れてきます。その流氷とともに姿を現す人気者がクリオネです。1～3cmほどの大きさで、羽根を広げたような格好で海中を泳いでおり、その様子から、「流氷の天使」や「流氷の妖精」などと呼ばれています。

　そんなクリオネをよく見ると、クラゲのように透明な体をしています。なぜ、こうした姿をしているのでしょうか？

　クリオネは、ハダカカメガイ科クリオネ属に分類される生物で、じつは巻貝の一種です。生まれたときは貝殻をもっていますが、成長するにつれて貝殻を失い、やがて貝の中身だけの状態で生息するようになります。

　貝をはじめとする軟体動物は、体の大部分がタンパク質で構成されていて、タンパク質は純度が高いほど透明度を増す性質をもっています。酷寒の流氷の海で暮らしているクリオネは、体内のエネルギーを温存するために、純度の高い、良質なタンパク質を体に蓄えています。そのため、体が透明になっているのです。

もっと知りたい！　2016年に、オホーツク海でおよそ100年ぶりとなるクリオネの新種が発見され、「クリオネオホーテンシス」と名付けられました。2017年には、富山湾でも新種が発見されています。

恩原湖の氷紋。凍結した湖面に渦巻き状の模様が刻まれています。

032

氷紋

所在地 **日本　岡山県など**

湖面や川面に氷の紋様ができるしくみ

　岡山県と鳥取県の境に位置する恩原高原に、恩原湖という湖があります。この湖では12月下旬〜1月にかけて、凍りついた湖面に氷紋と呼ばれる渦巻き模様が現れます。氷紋の大きさは直径5mから30mほど。凍てついた湖面に青みがかった大小の白い氷の渦巻き模様が無数に現れる光景は、とても神秘的です。

　氷紋は、次のようなしくみで発生すると考えられています。

　まず、寒さによって湖の表面が凍り、その上に雪が積もります。その後、何らかのきっかけによって湖の表面に張った薄い氷が割れると、そこから水がしみ出してきて、積もった雪に美しい模様をつくりだすと考えられているのです。

　世界各地で見られる自然現象で、川面に出現することもあります。日本では恩原湖が氷紋の名所として知られていますが、毎年必ず現れるとは限りません。近年、この湖では2018年まで5年間も現れませんでした。そうした意味でも、氷紋は貴重な光景といえるでしょう。

もっと知りたい！ 　じつは、氷紋ができるメカニズムは詳しくはわかっていません。上記のメカニズムのほか、竜巻のような風で渦を巻いた粉雪がそのまま凍結してできるという説もあります。

海岸に転がる直径 1 ～ 2m の不思議な球体は、恐竜の卵の化石のようにも見えます。

2月2日

【本日のテーマ】奇岩・洞窟が生み出す謎を解く!

033
モエラキ・ボールダーズ

所在地 ニュージーランド　オタゴ地方

海岸にいくつも転がっている謎の球体

　ニュージーランド南東部、オアマルの街から南に40kmの場所にあるモエラキ海岸には、直径1m前後、最大で2mにも達する球形～回転楕円体形の岩石が点在しています。地元の先住民マオリ族は、モエラキ・ボールダーズと呼ばれるこれらの岩石を、1,000年ほど前にニュージーランド沿岸で座礁した大カヌー船から流出した「鰻籠の瓢箪」と言い伝えているようですが、それはあくまでも言い伝えです。

　モエラキ・ボールダーズの正体は、ノジュール（団塊）と呼ばれるもの。海底の泥質層のなかで固められた丸い岩石です。6,500万年前、火山から噴出した溶岩の周囲に、珪酸や炭酸カルシウムなどが同心円状に集積し、結晶化していきました。その後、1,500万年前に泥質層が隆起すると、雨や風、海などによる侵食作用で軟らかな泥や砂が洗い流され、丸く堅い部分だけが残されたのです。

　岩石の表面は、ツルツルしているものから割れ目だらけのものまでさまざま。亀甲模様は、岩石が乾燥して収縮するときにできた亀裂を方解石などが埋めてつくられました。

 ノジュールの元になる珪酸や炭酸カルシウムなどは、腐敗した生物の死骸に由来します。そのため、ノジュールを割ると、生物の化石が発見されることがあります。

もっと知りたい!

砂紋と夕日のコラボレーション。干潮と夕日が重なる時期がベストタイミングです。

034
御輿来海岸

所在地　日本　熊本県

有明海の干満差が描く砂地の曲線模様

　熊本県中央部の御輿来海岸では、潮が引いたときに、独特な砂の模様が現れます。それは海浜や海底堆積物の表面の波状の起伏で、「砂紋」と呼ばれています。波の往復運動によって、また潮の流れや風のように向きがあまり変わらない運動によっても形成されます。

　砂紋は、日中は銀色に、夕方は橙色に、満月の夜は金色に輝きます。とくに夕日に照らされた幻想的な光景は、年に数十日しか見られないため、毎年2〜5月頃になると多くの観光客が押し寄せます。

　御輿来海岸の砂紋は、干満の差が著しい有明海でこそ見られる絶景です。九州の海の干満の差は、最大でも3m程度です。しかし、有明海での干満の差は最大で6mと、日本一を誇ります。その理由は、有明海が南北に100kmに及ぶ細長い形をしているからです。

　この独特な地形のため、有明海の水が外海の東シナ海から押されたときの海水の振り幅が大きくなり、潮の満ち引きの差を極端に大きくします。そして、大きな干満の差に影響され、御輿来海岸に美しい砂紋ができるのです。

もっと
知りたい！　御輿来という地名は、古代天皇の行幸に由来します。4世紀中頃、九州遠征に出かけた景行天皇が、この地の美しさに御輿（かご）を止めて見とれたことから、こう呼ばれるようになったそうです。

夏至の日の朝日が昇るストーンヘンジ。そこから太陽崇拝との関係が指摘されています。

035

ストーンヘンジ

所在地 グレートブリテン及び北アイルランド連合王国　ウィルトシャー州

不思議な環状列石は太陽崇拝の祭祀場？

　サークル状の環状列石の建造物であるストーンヘンジは、イギリス南部のソールズベリー平原に存在しています。紀元前2,500〜前2,000年頃、古代ケルト人が建造したと考えられていますが、何の目的でつくられたのか、いまだに解明されていません。諸説あるなかで有力視されているのは、太陽崇拝と関係する祭祀場説です。

　ストーンヘンジの構造は、高さ4〜6ｍ、重さ25〜30tもの巨石が30個、直径約100ｍの円形に配されています。中央にはオルターストーン（祭壇の石）と呼ばれる石があり、その北東方向にヒールストーン（踵石）と呼ばれる石が置かれています。

　これがなぜ太陽崇拝と関連づけられるかというと、夏至の日、オルターストーンとヒールストーンを結ぶ直線の延長上に、太陽が昇るからです。遺跡全体の主軸が夏至の日の出の方向に合わせてつくられていると考えられるのです。

　太陽を崇拝していた当時の人々は、高度な天文知識をもっており、一年で最も神聖な夏至の朝日をストーンヘンジに導かれるように設計したのではないかと考えられています。

もっと
知りたい！
　ストーンヘンジの近くには、エーヴベリーという巨石遺跡もあります。直径1.3kmの円周上に100個ほどの立石が並んでおり、紀元前2600年頃のものと考えられています。ストーンヘンジ同様、何らかの祭祀場であろうという説が有力です。

七色に輝くウマウアカ渓谷は、「南米のグランドキャニオン」とも呼ばれています。

036
ウマウアカ渓谷

所在地 **アルゼンチン共和国　フフイ州**

「虹色の丘」はどうやってつくられた？

　アルゼンチンの北端、ケブラダ地方のサン・サルバドール・デ・フライという町の近くに位置するウマウアカ渓谷には、「虹色の丘」と呼ばれるカラフルな丘陵地帯が広がっています。色とりどりの縞模様が南北に150㎞も続いており、まさに虹のような美しさです。

　このあたりには、酸化鉄や硫酸銅、マンガン化合物などの鉱物が豊富に埋蔵されています。それらの鉱物は、同じ地層に同じ量で含まれているわけではなく、地層が形成された時代によって、量や割合が異なります。また、酸化鉄は赤や黄、硫酸銅は青や緑、マンガン化合物は紫といった具合に、鉱物自体の色がそれぞれ違っています。

　つまり、ウマウアカ渓谷に虹色の丘がつくられたのは、異なる種類と量の鉱物が地層ごとに含まれているからなのです。ちなみに、それと同じメカニズムで誕生した絶景スポットに、中国の張掖丹霞地貌という場所もあります。

　こうした地層は水平に形成されたものですが、その後の隆起作用で傾斜し、その状態で風化侵食作用を受けました。その結果、このような色の組み合わせとなっているのです。

もっと
知りたい！　ウマウアカ渓谷には、巨大塩湖サリナス・グランデや絶景スポットとして知られるプルママルカの丘などもあり、世界遺産にも登録されています。

夏になると、この美しい湖の湖畔に蚊の大群が現れます。

037

ミーヴァトン湖

所在地 アイスランド共和国

湖畔のクレーターは隕石の衝突跡ではない？

　アイスランド南西部にあるミーヴァトン湖は、ユスリカの繁殖地であることから、アイスランド語では「蚊の湖」と呼ばれています。しかし、蚊の存在など忘れてしまうほど独特な風景を見せてくれます。36.5㎢の湖の湖畔に円形の窪地がたくさんできており、実に不思議な雰囲気を醸し出しているのです。

　円形の窪地は「シュード（偽の）クレーター」と呼ばれています。「クレーター」とはもともと「窪み」のことで、隕石の衝突によって生じたものだけではありません。このケースでは、火山噴火によって生じたものです。

　アイスランドは世界有数の火山国で、常に火山活動が起きています。ミーヴァトン湖のあたりでも火山活動があり、2,000年以上前の活動期に溶岩が川を堰き止め、この湖を生み出しました。さらに溶岩が湖底に流れ込むと、水蒸気爆発が発生。その結果、数多くのクレーターが誕生することになったのです。

もっと知りたい！

火山の噴火には、溶岩だけが火口から噴き出す「マグマ噴火」、地下の水がマグマの熱で沸騰して噴き出す「水蒸気爆発」、マグマが地下水に触れて爆発する「マグマ水蒸気爆発」の3種類があります。

鉛・銅・鉄などの硫化物を含む熱水が海水と反応すると、黒色になります。

038
ブラックスモーカー

所在地 ミクロネシア連邦　マリアナ諸島など

【本日のテーマ】生命の息吹を感じる！

深海から噴出する黒い煙の正体は？

　マリアナ諸島近海の数千mの深海底に、350℃もの高温の熱水が噴き出している噴出孔があります。煙突（チムニー）になっていて、そこから、「ブラックスモーカー」と呼ばれる黒い煙が立ち上っています。

　地上では、水は100℃になると沸騰して気体になってしまいます。しかし、深海では水圧が高いため、100℃以上になっても沸騰せず、液体のままでいます。黒い煙は熱水に含まれている鉛・亜鉛・銅・鉄などの硫化物が、深海の水で冷やされることで細かい黒い粉（結晶）となったものです。

　深海はあまり生物のいない死の世界ですが、ブラックスモーカーの周囲には独自の生態系が発達しています。熱水に含まれる物質とその熱を利用して有機物をつくるバクテリアがいます。バクテリアが存在することで、それと共生して栄養物を得るチューブワームなどの生物も生息し、さらに、それらをエサとするコノハナガニなどが繁殖しています。過酷な環境のようで、それらの生物にとっては暮らしやすい場所なのかもしれません。

もっと知りたい！ 深海の噴出孔から噴き出している熱水には、貴重なレアメタルも含まれています。また、地球上で生命が誕生した場所としての可能性が議論され、注目を集めています。

本州で本格的な御神渡りを観測できる場所が諏訪湖です。

039
諏訪湖の御神渡り

所在地 日本　長野県

湖面の氷がせり上がる「御神渡り」

　冬の寒い朝、湖に張った氷の一部が大きな音とともに堤状に盛り上がることがあります。「御神渡り」と呼ばれる現象です。北海道の屈斜路湖などでも発生しますが、長野県の諏訪湖のものがとくに有名です。

　氷点下になって湖面が凍ったのち、さらに寒さが続くと、氷が収縮して湖面に割れ目ができます。割れ目には湖の水が上がってきて、夜のうちに薄い氷が張りますが、朝になって気温が上がってくると、今度は湖面の氷が膨張。割れ目に張った薄い氷は両側から厚い氷に押され、堤状に盛り上がるのです。つまり、夜と昼の寒暖差が御神渡りを生み出しているのです。

　古来、御神渡りは、できる場所や方角、規模などが吉凶や豊凶の占いに利用されてきました。しかし近年、諏訪湖では湖面が一度も凍らなかったり、凍ってもすぐに溶けてしまったりして、御神渡りがなかなか見られなくなっています。地球温暖化はこうしたところにも影響しているのです。

もっと
知りたい！　諏訪湖の御神渡りは1980年代には7回発現しましたが、1990年代は2回、2000年代は2003、2004、2006、2008年の4回の発現が確認されています。

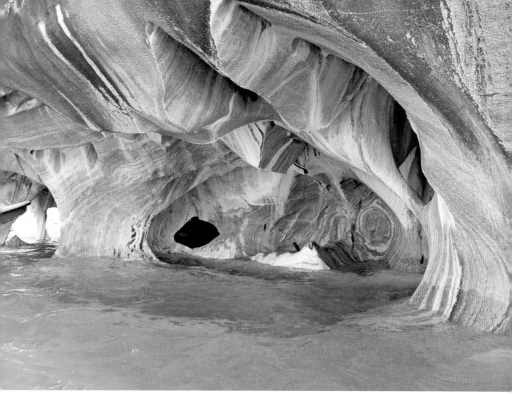

マーブル模様が美しい大理石の洞窟。光の加減により、色が変わります。

040

マーブル・カテドラル

所在地 チリ共和国、アルゼンチン共和国

洞窟のなかに出現した大理石の大聖堂

　アルゼンチンとチリにまたがるパタゴニアの秘境にあるヘネラル・カネーラ湖（チリでの呼称。アルゼンチンではブエノス・アイレス湖）に、マーブル・カテドラル（大理石の大聖堂）と呼ばれる洞窟があります。大理石の断面のマーブル模様が湖水によく映え、美しい景色をつくり出しています。大理石に湖の青い色が反射して輝く景色が神秘的なところから、大聖堂（カテドラル）という名前が付けられました。

　この洞窟は、湖水が6,200年もかけて大理石を侵食することによって生まれました。大理石は、地中の石灰岩がマグマの熱によって熱変成し再結晶したもの。純粋な石灰岩は方解石でできていて真っ白ですが、混入物の種類や量によってさまざまな色を呈します。

　石灰岩に熱や圧力が何度も加わると、白い層と色の付いた層が幾重にも重なって混ざり合います。このようにして地中深くで生成した大理石が、やがて地殻変動のために隆起して地上に現れると、風雨によって、または湖面での波蝕や侵食によって削られます。その結果、大理石のさまざまな断面が露出し、この美しいマーブル・カテドラルとなったのです。

もっと知りたい！　近年、ヘネラル・カネーラ湖の周辺でダムの建設計画が持ち上がり、景観の保全が危ぶまれる事態が生じました。しかし、環境保護運動によってダム建設は白紙に戻され、絶景も未来に引き継がれることになりました。

45

イビサ島で海水の透明度が抜群に高いのが島の南端にあるセス・サリナスというビーチです。

041

イビサ島

所在地 スペイン王国　バレアレス諸島

人気リゾート地の海をきれいにするポシドニア

　イビサ島は地中海西部、スペイン本土の沖合80kmに位置しています。古くはフェニキア人の海上貿易の拠点として栄え、その後に支配したカルタゴやローマ帝国などの遺跡が多く残っています。現在、この島を世界に広く知らしめているのは、見渡す限り続くターコイズブルーの海です。

　この海の美しさに大きく影響しているのが、ポシドニアという海洋植物。ポシドニアは一般には「ネプチューン草」として知られる海藻で、水深1〜35m、水温10〜28℃くらいの水域に繁茂しています。葉は最大1.5m、幅10mmほどあり、明るい緑色のリボンのような形状をしています。

　そのポシドニアがイビサ島周辺に群生しており、光合成により、毎日1㎡あたり10ℓの酸素をはき出しています。その結果、海水が浄化され、周辺の海が美しいターコイズブルーに保たれているのです。

もっと
知りたい！
最近の研究により、ポシドニアは8万〜20万年もの間、生き続けてきたことが分かりました。現存する植物のなかで最古のもののひとつが、このポシドニアというわけです。

等間隔で並ぶ糸杉がオルチア渓谷の絶妙なアクセントになっています。

042
オルチア渓谷

所在地 イタリア共和国 トスカーナ州

癒しの風景をつくる等間隔の糸杉並木

　イタリア中部に位置するトスカーナ州の郊外、オルチア渓谷には牧歌的な田園風景が広がっています。なだらかな丘陵地に麦畑、ブドウ畑、オリーブ畑がつくられているほか、牧草地があり、春から夏には緑色に、秋から冬には黄金色に変わります。それはまるで絵画の世界に迷い込んだかのような美しさです。

　この風景は、14世紀にシエナという都市国家が発展したことで生まれました。シエナの人口が増えると、食糧を賄うために農業振興の必要が生じ、オルチア渓谷は放牧地や畑として開発されることになったのです。そしてルネサンス期には多くの芸術家たちを刺激し、ピエトロ・ロレンツェッティやジョヴァンニ・ディ・パオロなどによって風景画が描かれました。

　じつは、オルチア渓谷の美しさを引き立てている道沿いの糸杉も、均等な間隔になるように意図して植えられています。世界遺産にも登録された美観は、自然と人によってつくられたものなのです。

もっと
知りたい！
もともとオルチア渓谷の土壌は粘土質で、耕作には向いていませんでした。しかし、百年単位で土壌の改良を行い、麦やブドウなどがとれる土地になりました。

47

キラウエア火山の溶岩はゆっくりと流れているため、至近距離から観測可能です。

043

キラウエア火山

所在地 アメリカ合衆国　ハワイ州

ハワイの島々がほぼ一直線に並んでいる理由

　日本からも多くの観光客が訪れる南国の楽園、ハワイ。州都ホノルルがあるオアフ島や、その近隣に位置するマウイ島・カウアイ島・ハワイ島などの島々からなり、もっとも大きな島であるハワイ島には、キラウエア火山があります。

　キラウエア火山は世界で一番活発に活動している火山のひとつで、いまも断続的に噴火を続けています。火口から流れ出した溶岩が、漆黒の大地の上を燃え盛る炎のように数kmにもわたって流れる様子は、「火のカーテン」と呼ばれており、その恐ろしくも美しい光景に多くの観光客が魅了されています。

　さて、ハワイ諸島を地図で眺めると、ほぼ一直線に並んでいることに気づくでしょう。ハワイ諸島、天皇海山列と連なり、カムチャッカ半島にまで達しています。この線状配列は、マントルの高温岩体の噴出口であるハワイスポットの上を海洋地殻が移動することにより形成されました。ハワイが盛んな火山活動によって誕生したことを示すとともに、太平洋で起こっている海洋プレートの運動を示すものでもあるのです。

 もっと知りたい！ キラウエア火山から流れ出した溶岩の一部は、直接海に流れ込みます。その際、水蒸気が立ち上る景色は壮観です。そして、この溶岩流によって、ハワイ島はいまも姿を変えながら、大きくなり続けています。

48

鍋ヶ滝は阿蘇のカルデラを形成した9万年前の噴火によってつくられました。

044

鍋ヶ滝

所在地　日本　熊本県

阿蘇山の巨大噴火でつくられたカーテン状の滝

　鍋ヶ滝があるのは、阿蘇のさらに奥地に位置する黒川温泉郷。滝の落差10m、幅20mと規模は小さいのですが、滝の裏側に空間があるユニークな構造をしています。

　滝の裏側の空間に入ると、落ちてくる水のカーテンが太陽に照らされ、キラキラと輝いている様子を見ることができます。滝を裏側から眺めることができることから、「裏見の滝」とも呼ばれています。

　この滝は9万年前の阿蘇山の噴火によってつくられたと考えられています。阿蘇のカルデラができたとされる巨大噴火のときです。

　噴火にともない火口から生じた火砕流は、現在の鍋ヶ滝付近にあった川にも流れ込みました。その後、火砕流は凝結して固い岩盤となりましたが、岩盤の下の地層は軟らかく、水で削られていきます。その結果、滝の裏側に人間が入れるほどの空間ができたのです。なお、この空間はいまも侵食され続けているため、少しずつ形を変えています。

もっと知りたい！　滝は侵食されるにつれて上流方向へ移動、すなわち「後退」していきます。一見、変化していないように見えても、数千年・数万年という時間のスケールでは、数m・数kmと位置を変えてきたことが地質学的・地形学的証拠から判明しています。

ヤコウチュウの大きさは直径1mmほどで、球形をしています。世界各地に生息しています。

045
ギプスランド湖

所在地 オーストラリア連邦 ヴィクトリア州など

夜の波打ち際で青く光るヤコウチュウ

　オーストラリア南東沿岸のギプスランド湖では、夜になると波打ち際が幻想的な淡い青色に染まることがあります。この青い色の正体は、ヤコウチュウ（夜光虫）です。ヤコウチュウは海洋性のプランクトン。夜に光り輝いて見えることから、その名が付きました。

　ヤコウチュウが光る原理はホタルと同じく、「ルシフェリン―ルシフェラーゼ反応」といわれる化学反応によるものです。たとえば、刺激に反応して発光します。波打ち際でよく発光しているのは、規則的に押し寄せる波の衝撃に反応しているからです。石を投げ込んだり、泳いだり、ボートをこいだりして、水面が荒らされたときにも光ります。

　また、ヤコウチュウは漁業の大敵である赤潮の原因のひとつでもあります。ヤコウチュウの体の色はほとんど透明なのですが、赤茶色の部分が1か所だけあって、なんらかの原因で大繁殖すると、海水が鉄錆色から赤茶色に染まるのです。ただし、海水中の栄養塩濃度との因果関係は小さく、ヤコウチュウによる赤潮発生がそのまま富栄養化を意味するわけではないとも考えられています。

 ヤコウチュウは日本の沿岸でも観察することができます。たとえば、愛知県三河湾、石川県能登半島、千葉県の館山などが生息地として有名です。

だるま夕日が見られるのは、夕日が海にかかる前、わずか3分間だけです。

046
だるま夕日

所在地 日本　高知県など

なぜ、2つの太陽が重なって見えるのか？

　四国西南の海の玄関口である高知県の宿毛湾では、11月初旬から2月中旬にかけての夕方、水平線に太陽が沈もうとするときに、もうひとつ別の太陽が海面からせり上がってきて、本物の太陽とつながるように見える幻想的な光景が出現します。まるで「だるまさん」のようであることから、「だるま夕日」と呼ばれる現象です。

　だるま夕日は蜃気楼の一種で、太陽の光が屈折することで起こります。基本的に光はまっすぐ進むものですが、密度の異なった空気を通るとき光は曲がります。空気の密度は、おもに気温によって決まるため、気温差の大きい空気の層ができると、そこで光が屈折します。これにより、太陽がだるまのような形に見えるのです。

　宿毛湾では、黒潮から立ちのぼる温かい水蒸気と冷たい大気との境目で光が屈折することで、だるま夕日が出現します。夕日だけでなく、朝日でも同じ現象が起きることがあります。その場合は、「だるま朝日」と呼ばれます。条件さえ揃えば、宿毛湾だけでなく、ほかの海岸でも見ることができます。

> もっと知りたい！　宿毛湾のだるま夕日は、ひと冬の間に20回程度しか出現しません。しかも、完璧なだるまに見えるのは、そのうちの半分程度。そのため地元では、「幸運の夕日」とも呼ばれています。

観光客が入れるのは1km程度ですが、総延長はその10倍以上の13.4kmにもなります。

047

万丈窟

所在地 大韓民国　済州特別自治道

火山活動が生んだ世界最大規模の溶岩洞窟

　朝鮮半島の南西沖にある韓国最大の島、済州島の東部には、30～10万年前に形成された溶岩洞窟の万丈窟（マンジャングル）があります。洞窟内の通路幅は最大23m、高さは最高30mにも達し、全長13.4kmは世界最大規模。大きさだけでなく、ライトアップされた内部の光景も魅力的で、済州島観光では必見の観光スポットとなっています。

　万丈窟のある済州島は、漢拏山（ハルラ）が噴火してつくられた火山の島で、360の火山があります。数十万年前、それらの火山が噴火活動を起こしたとき、粘り気の少ない玄武岩質の溶岩が大量に噴出しました。

　ドロドロの溶岩は地表を流れる間に冷やされ、空気に触れている部分から固まっていきますが、空気に触れていない内側はそのまま流れ続けます。それがやがて外部に流れ出ると空洞となり、万丈窟のような溶岩洞窟となるのです。

　万丈窟は規模と保存状態の良さから、地質学的な価値の高さでも知られています。拒文岳溶岩洞窟系には5つの洞窟があり、万丈窟だけが一般公開されています。

もっと知りたい！ 2008年、月面のある地域に溶岩洞窟の天窓とみられる縦穴が発見されました。この溶岩洞窟は、月や月面の研究にも役立つでしょうし、宇宙旅行に際しても、その利用の可能性が議論されています。

1cmほどの二枚貝が4,000年以上積み重なった結果、この珍しいビーチができました。

048
シェル・ビーチ

所在地 オーストラリア連邦　西オーストラリア州

真っ白な貝殻に埋め尽くされた海岸

　西オーストラリアのパースの北、シャーク湾内にシェル・ビーチが広がっています。大きさ1cmほどの真っ白な二枚貝の貝殻が浜を埋め尽くしているのです。貝殻が7〜10mも積もった浜は80〜100kmも続いており、あまりの貝殻の多さに圧倒されてしまいます。

　シェル・ビーチが形成された背景には、独特の地形と気候がありました。

　シャーク湾内に潮流はあまりなく、海水は停滞。温暖な気候も影響して、海水の塩濃度が通常の2倍になっています。こうした環境で生息できる生物は限られますが、二枚貝は繁殖することができました。ここでは、二枚貝のエサとなるプランクトンはほとんどいません。しかし、体内に共生する褐虫藻が、太陽光と二酸化炭素によって光合成を行って栄養源とカルシウムを確保したため、二枚貝は生育することができたのです。

　やがて二枚貝が死ぬと、その貝殻が4,000年前頃から堆積。古いものは上の貝の重みで圧縮されて石灰岩となり、表層の部分には真っ白な貝殻が積み重なっていき、現在の姿になったのです。

もっと知りたい！ 地層にある石灰岩状になった貝殻層はコキナと呼ばれ、昔は石塀や石壁などの建材に使用されていました。その壁に近寄ってみると、無数の貝殻が圧縮されているのがわかります。

1871年から半世紀近く露天掘が行われ、この大穴がつくられました。

049

キンバリー鉱山

所在地　南アフリカ共和国　北ケープ州

人の手によって掘られた世界最大級の穴

　　南アフリカ中央部の都市、キンバリーには「ビッグホール」と呼ばれる穴があります。直径500m、深さ365m、周囲1.6kmという巨大な穴に水が溜まっており、一見、湖のようになっています。

　　この穴は、火山噴火などの自然現象でつくられたわけではありません。人の手によって掘られたもので、人工の穴としては世界最大といわれています。

　　ビッグホールは、ダイヤモンドを採掘するために掘られました。1867年、南アフリカでダイヤモンドの原石が発見されると、一攫千金を求める人々がダイヤモンド鉱床を探索しはじめました。そうして発見された鉱床のひとつが、キンバリー鉱山になりました。

　　1871年から採掘がはじまりましたが、当時は重機などがなかったため、炭坑夫たちはツルハシやシャベルを使って穴を掘り続けました。その結果、1914年の閉山までに、2.7tのダイヤモンドが採掘され、2,000万tの土砂が排出されて、巨大な穴が残されることになったのです。

もっと
知りたい！
のべ5万人によって半世紀近く採掘が続けられたことにより、ダイヤモンドは掘り尽くされたといわれています。その一方で、地下深くには、まだ未発掘の原石が残されているという説もあります。

ヒマラヤ山脈のアマ・ダブラム。切り立った稜線が印象的な標高6,812mの山です。

050
ヒマラヤ山脈

所在地 **インド共和国、ネパール、パキスタン・イスラム共和国、ブータン王国など**

世界最高峰の山頂で見つかる海洋生物の化石

　中央アジアの5か国にまたがるヒマラヤ山脈には、世界最高峰であるエベレストをはじめ、ダウラギリやK2など、7,000〜8,000m級の高い山々が連なっています。そのため、「世界の屋根」とも称されています。

　これほど高い山脈が誕生した原因は、大陸同士の衝突です。2億年前に、超大陸パンゲアが分裂を開始すると、そこから分かれたインド亜大陸は赤道を越えて北上し、5,500〜4,500万年前にユーラシア大陸にぶつかりました。その際、どちらのプレートも沈み込まず隆起し、地殻が折れ重なったことで、この大山脈が形成されたのです。

　インド亜大陸とユーラシア大陸が隆起したとき、両大陸の間にあった大量の海洋堆積物も、そのまま押し上げられました。その堆積物ははじめ水平を保っていましたが、次第に傾いて、最終的には垂直になった部分もあります。そのため山頂付近では、アンモナイトなど古代の海洋生物の化石が数多く発見されているのです。つまり、ヒマラヤ山脈の天辺は、もともとは海の底だったのです。

もっと知りたい！　ヒマラヤ山脈は、2,000万〜1,500万年前には、高さ3,000〜4,000mほどしかありませんでした。それが、すこしずつ形を変え、600万〜100万年前ほどに現在と同じ8,000mもの高さとなったと考えられています。

55

茶色く濁っているのがアマゾン本流のソリモンエス川、黒いほうがネグロ川です。

051
アマゾン川

所在地 ブラジル連邦共和国　マナウス

【本日のテーマ】湖・川・滝の不思議を味わう！

世界最大・最長の川で見られる奇観

　ブラジル北部を流れるアマゾン川は世界一の流域面積を誇る大河です。アマゾナス州の州都マナウス市では、本流のソリモンエス川が支流のネグロ川と合流しますが、川の水の色が茶と黒の2色に分かれたまま、合流点から10km以上も流れ続けています。同じ川なのに2つの水の色……。どうしてこんなことが起きるのでしょうか？

　茶色と黒色の水が混ざらない理由は、水質の違いにあります。茶色い方がソリモンエス川で、黒い方は名前通りのネグロ川なのです。

　本流のソリモンエス川は、アンデス山脈の岩石を侵食しながら流れてくるために粘土粒子などを多く含み、水はアルカリ性が強く、茶色を呈しています。一方、ネグロ川は、熱帯雨林を流れ、植物などの有機物を含むためその水は黒く、酸性度が高い（pHが小さい）ことから微生物さえ生きることができません。

　このように2つの川は水質が大きく異なり、加えて流れる速さや水の温度も異なるため、混じり合わずに流れていくのです。

もっと
知りたい！　通常の河川には分水嶺と呼ばれる水系の境界線がありますが、アマゾン川とオリノコ川は世界で唯一、分水嶺（異なる水系の境界線）なしにつながっています。

ニシンのオスがメスの産卵に合わせて精子を出すため、海面が乳白色に染まります。

052
小樽の群来

所在地 日本　北海道

海岸を白く染める「群来」の正体は？

　小樽をはじめとする北海道西岸では、2月から3月にかけて、ニシンが押し寄せることがあります。この現象を「群来」といいます。北海道の漁師たちは、ニシンの群来が確認されると「くきた！」と話し、豊漁を期待するそうです。

　群来は、直接的には大量のニシンが来ることを指しますが、ニシンの到来とともに沿岸部の海の色が乳白色に変色するので、その変色のことも「群来」と呼んでいます。

　なぜ海が変色するのかというと、ニシンのメスが産んだ卵に、オスが精子を放出するためです。

　ニシンのメスは、沿岸部の浅い海域に生えている海藻に産卵します。卵を海藻にしっかり固着させるには、波のない穏やかなときに産卵する必要があります。しかし、冬の北海道西岸の海は荒れた日が多く、そういった産卵に適した日は多くはありません。そこでニシンたちは、低気圧と低気圧の合間の、少し晴れ間が出た日の翌日などの海が静かな日に、いっせいに海岸へと押し寄せてくるのです。

もっと知りたい！　群来は1954年を最後に北海道沿岸部では見られなくなっていました。しかし、道立水産試験場の「ニシンプロジェクト研究」がうまくいき、1999年に45年ぶりの群来現象が確認されました。

透き通ったクリスタルのような氷が特徴的なジュエリーアイス。太陽の光を受けて輝きます。

053

十勝川のジュエリーアイス

所在地 日本 北海道

宝石のように美しい氷の塊の謎

太平洋に面した北海道豊頃町の大津海岸では、冬になると透き通るほど美しい氷の塊が打ち上げられます。太陽の光を受けて輝く様子が宝石のように美しいことから、「ジュエリーアイス」と呼ばれるものです。

ジュエリーアイスの元になるのは十勝川の水です。気温がときに氷点下20℃以下にもなる十勝地方の冬は、流れている川の水さえも凍らせてしまいます。その氷が海に流れ込み、波にもまれると、角がとれ、磨き上げた透明なクリスタルのようになります。それが河口近くの大津海岸に打ち上げられるのです。

この氷の芸術は、寒さが一番厳しい1月中旬から2月下旬にかけての短期間しか見られません。寒ければ寒いほど、大きな塊ができるとされています。水がこのように透明な結晶に凍るためには、気泡や不純物の混入を避けることや、ゆっくり成長することが必要と考えられ、実態はまだよく解明されていませんが、世界的にも珍しい自然現象です。

もっと
知りたい！

「ジュエリーアイス」という透き通った印象が強く感じられる素敵な名称は、豊頃町出身の英語学校経営者によってつけられ、広く知られるようになりました。

洞窟のなかはセレナイトだらけ。最古の結晶は50万年前のものとされています。

054

ナイカ鉱山

所在地 メキシコ合衆国 チワワ州

石膏の巨大結晶が林立する洞窟

　ナイカ鉱山は、鉛・亜鉛・銀などの金属鉱石と石膏を産出する鉱山です。2000年、地下300mの洞窟から水を汲み上げたとき、長さ27m、幅9mほどの晶洞が発見されました。この晶洞は当時50〜60℃の熱水に満たされていましたが、熱水を抜いてみると、晶洞内に巨大結晶群が発見され、「クリスタル洞窟」と名付けられました。

　この結晶は「セレナイト」という無色透明な石膏です。内包する水や光の加減により、乳白色となり、大きなものでは長さ11m、直径4m、重さ55tにもなります。クリスタル洞窟は、無数の巨大結晶が林立する世界最大規模の結晶洞窟なのです。

　この洞窟は、2,500万年前の火山活動でマグマが上昇し、硫酸カルシウムを含む地下水が流れ込んだことで誕生しました。その後、200〜100万年前になると地下の温度が低下し始め、60万年前には50℃の熱水が洞窟を満たします。50℃の熱水というこの環境が、セレナイトが析出し続ける最適温度だったのです。その後、地下深くにあるマグマの熱と厚い岩石の壁に守られ、結晶は成長し巨大化したのです。

もっと知りたい！ 2017年、鉄や硫黄などを食べて生きる微生物が、クリスタル洞窟内部に閉じ込められていたと報告されました。この微生物は新種の可能性が高く、数万年もの間、休眠状態のまま、洞窟の過酷な環境に適応し生存してきたと考えられています。

2月23日

【本日のテーマ】奇岩・洞窟が生み出す謎を解く！

59

ニューカレドニアのラグーンは、生態系が豊かな点も大きな特徴です。

055

ニューカレドニアのラグーン

所在地 フランス共和国　ニューカレドニア島

【本日のテーマ】母なる海に抱かれる！

「天国に一番近い島」の巨大ラグーン

　　コバルトブルーの海と白砂の浜のコントラストが美しい南太平洋のニューカレドニアは、森村桂の旅行記『天国にいちばん近い島』の舞台として有名になった島。長さ1,600m、面積2万3,400㎢という世界最大規模のラグーンにある島です。海の色のグラデーション、白い砂浜、豊かな生態系など、多くの魅力にあふれています。ラグーンとは、サンゴ礁に囲まれた海水の湖のことです。

　　その昔、ニューカレドニアはゴンドワナ大陸の一部だったと考えられており、7,000万年ほど前にオーストラリア大陸から分離しました。それ以降も地殻変動の影響を受けながら氷河期を過ごし、その後、海水面が上昇すると主島のグランドテール島が誕生しました。

　　そして島の周囲にはラグーンがつくられます。ポワンディミエの沖などにサンゴ礁が積み重なっていき、海水を囲んで湖を形成したのです。現在もさまざまな年代のサンゴ礁が存在し、すでに化石化している古代のサンゴ礁からいまなお成長を続けているサンゴ礁までを見ることができます。

もっと知りたい！　ニューカレドニアでは、紀元前5,000年より前に人類が移り住んでいたことの証とされる土塁やペトログリフ（岩石彫刻の文様）のほか、ラピタ式土器（紀元前2,000年）などの考古学的痕跡が発見されています。

複数の民族が数千年にわたって交代しながらこれらの壁画を描きました。

056
タッシリ・ナジェール

所在地 アルジェリア共和国　サハラ砂漠

壁画が語るサハラ砂漠のかつての姿

　アフリカ大陸北部のサハラ砂漠最奥部に、タッシリ・ナジェールという台地があります。現在、この地に広がっているのは岩石と砂ばかりの荒涼とした風景ですが、1万〜6,000年前には豊かな水が流れ、緑に覆われていました。タッシリ・ナジェールとは、現地の遊牧民の言葉で「水の多い台地」を意味しているのです。

　タッシリ・ナジェールのかつての姿を伝えるのが、荒野に点在する岩絵です。岩絵は紀元前8,000年頃から描かれたもので、ゾウやカバ、サイ、バイソンなどの動物を確認することができます。当時は緑豊かな土地だったのでしょう。しかし、岩絵の制作年代が新しくなるにつれて、動物の姿が見られなくなります。その当時、人類はナイル川付近から西へ向かって農耕・牧畜を進めていました。農耕は土を太陽光にさらし、牧畜は家畜が草を食べることで土を露出させます。そして地球が太陽光を反射する割合が増すと、降雨量が減少。こうした流れで砂漠化が進行し、動植物が消えていったと考えられるのです。

　度を過ぎた人間の営みは環境破壊を招くという、昔もいまも変わらぬ因果関係です。

もっと知りたい！　岩絵は、砂漠で採れる黄土色の頁岩からつくられた顔料で描かれています。頁岩は含まれている酸化鉄の量によって、黄・赤・褐・緑などの色を出すことができます。

道の真ん中の黒い筋は、氷河が移動したときに削られた破砕物によるもの。

【本日のテーマ】大地の鼓動に耳を傾ける！

2月26日

057
アレッチ氷河

所在地 **スイス連邦　ヴァレー州**

氷河の上に残された轍のような黒い筋

　スイスのベルナーオーバーラント地方には、標高3,970mのアイガー、標高4,099mのメンヒ、標高4,158mのユングフラウといった山々が並んでいます。いずれもアルプス山脈を代表する名山です。そうした山々に囲まれるなかで流れているのが、全長24kmとヨーロッパ最大・最長を誇るアレッチ氷河です。氷河の下流沿いにあるアレッチ地区に足を延ばすと、氷河が悠々と流れる様子を堪能できます。

　アレッチ氷河で目を引くのは、氷河の白地に墨を流したような何本かの筋です。これはいったいなんの筋でしょうか？

　この氷河は一日平均数cmの速度で移動していて、移動の際に岩山を削り、大量の岩石破砕物を取り込みながら進みます。そのときの破砕物によって黒い筋が生じるのです。

　とくに目立つのが車の轍のような2本の黒い筋です。これは何かというと、アレッチ雪原、ユングフラウ雪原、エーヴィッヒ氷原という上流の3つの氷河が合流して大氷河を形成したことでできたものです。

> もっと
> 知りたい！
>
> 氷河が流れるとき、動いてゆく岩塊と底の岩盤とが大きな力で擦れてできるすり傷を擦痕（さっこん）と呼びます。断層運動や地滑りなどでできる岩石断裂表面の傷などもこう呼ばれています。

湖面から突き出たカバの木の上部は、樹皮や枝を失い、木全体が白くなりました。

058
カインディ湖

所在地　カザフスタン共和国

水中から突き出ている無数の木

　カザフスタン南東部、クンギーアラタウ山脈の山奥にあるカインディ湖は、1911年の地震の際に発生した地滑りにより、沢がせき止められて形成された水深30mほどの湖です。およそ100年の間に積み重なった石灰岩の堆積物の影響で、湖水が独特の青色を見せています。

　湖水の色以上に印象的なのが、水中からニョキニョキと突き出ている無数の樹木。カインディ湖は、この奇妙な光景で広く知られており、「湖底の森」とも呼ばれています。

　水中から突き出ているのはカインディ、つまりカバノキ（カバの木、またはトウヒの木）です。もともとこの地に生えていたカバノキは、地滑りで沢がせきとめられたとき、新たに誕生したカインディ湖のなかに取り残されることになりました。通常、そうした状況に置かれると、腐ってしまうこともありますが、湖の冷たい水のおかげで腐敗を免れ、現在までその姿を維持してきたと考えられています。

　青い湖水から突き出たカバノキの森は、カインディ湖を神秘的な光景にしています。

カインディ湖は人気のダイビングスポットでもあります。カザフスタンやロシアから多くのダイバーが集まり、氷点下の水中に潜って木の間を泳いでいます。

63

青木ヶ原樹海にはツガ、ヒノキなどの針葉樹、カエデ、アセビなどの広葉樹が密生しています。

059
青木ヶ原樹海

所在地 日本　山梨県

【本日のテーマ】生命の息吹を感じる！

神秘的で美しい森林地帯が形成されたわけ

　青木ヶ原樹海を「一度足を踏み入れたらなかなか出てこられない物騒な場所」だと思い込んでいる人もいるかもしれませんが、そのイメージは決して正しくありません。

　富士山の北北西の裾野に30㎢（東京ドーム640個分）にわたって広がるこの大森林は、人間の手がほとんど入っていない原生林です。針葉樹を中心とした樹木や苔などが織りなす緑の世界は、実に美しく、神秘的な雰囲気を醸し出しています。また高所から眺めると、海が波打っているようにも見え、「樹海」という呼び名がぴったりに感じられます。

　樹海ができたのは平安時代のこと。864年、富士山中腹の長尾山が噴火（貞観噴火）し、大量の溶岩が流出。これによって多くの森林が焼き払われましたが、その後に玄武岩質の溶岩台地が形成されました。溶岩台地は栄養分の吸着性や保水性に優れ、植物の生育に好適であったため、わずかな土壌に新たな命が誕生。それから1,200年の時をかけて現在の青木ヶ原樹海となったのです。植物だけでなく、溶岩台地ならではの風穴や氷穴などもあり、隠れた絶景スポットとなっています。

もっと知りたい！　青木ヶ原樹海の大半を占めている木々は細くて背の高いものです。溶岩台地では根を深く張るのが難しく、太い幹を支え切れないからです。

一番大きく青白く輝くシリウスはおおいぬ座のひとつ。全天で最も明るい恒星です。

060
閏日・閏年

所在地 世界各地

なぜ、2月29日が存在するのか?

　6,000年前、古代エジプト人は、毎年ナイル川の洪水の時期に、太陽が上る直前の東の空に、シリウスという明るい星が輝くことに気がつきました。そこで、太陽が1年に約365日をかけて季節が巡ってくるという考えに至り、これを1年とする暦をつくったのです。月の満ち欠けが約30日で1周するので1年を12カ月、残りの5日を神様の祭日としました。

　この暦は、何年かたつうちに少しずつズレてきました。じつは、太陽が元の位置に戻ってくるのは厳密には365.2422日だったからです。そこで彼らは1年を366日にする「閏年」を4年に1度つくって調整しました。この暦を、2,000年くらい前に、シーザーがローマへ持ち帰って広めたのです。

　ユリウス暦と呼ばれるこの暦も、何百年もたつうちに少しずつズレが積み重なります。そこで1582年、400年間に97回の閏年がある暦がつくられます。それがグレゴリオ暦です。ここでは、西暦の数字を4で割れる年を閏年（ただし400年で割れる年は平年）とする、というルールになりました。現在、カレンダーとして使われているのはこの暦なのです。

もっと
知りたい！

最近では、2000年が平年でした（次は2400年）。シーザーの頃は12月ではなく、2月が1年の終わりとされていたため、2月に閏日が加えられました。それが2月29日なのです。

最初は「地獄の入口」と信じられていたため、調査が行われなかったそうです。

061
アイスリーゼンヴェルト

所在地 オーストリア共和国　ザルツブルク州

世界一の氷の洞窟ができたメカニズム

オーストリアのザルツブルクの南に位置するアイスリーゼンヴェルト。その名がドイツ語で「氷の巨大な世界」を意味することからわかるように、ここは全面が氷で覆われた氷の洞窟です。

広さ3万㎡、全長40kmというサイズは、氷の洞窟としては世界最大級。地元の自然博物学者が1879年に地下200mあたりで発見しました。洞窟内に足を踏み入れると、氷の構造物が立ち並び、神秘的な雰囲気を醸し出しています。

この氷の洞窟をつくったのは、近くを流れるザルツァハ川です。260万年前からこの石灰岩でできた山をザルツァハ川の水流が侵食していった結果、地下に空洞が誕生し、鍾乳石の石筍などもできたのです。

そこに雪が吹き込むと、冬は氷点下25℃、夏は5℃という周辺の気候の影響により、何年もかけて溶けたり固まったりを繰り返しました。その結果、このような稀有な氷の洞窟が生み出されたと考えられています。

もっと知りたい！ アイスリーゼンヴェルトの内部はほぼ手つかずの氷の世界です。現在、およそ70分間かけるコースで地下にある氷の宮殿を見学することができます。

ハロン湾は、とても複雑な地形であることから、海賊の隠れ家として利用されていました。

062
ハロン湾

所在地 ベトナム社会主義共和国　クアンニン省

海に沈んだ台地が侵食されてできた奇岩

　ベトナム北部のハロン湾は、海から突き出す大小2,000もの奇岩が、水墨画のような風景を生み出している風光明媚なスポットです。その名は「龍が降り立つ場所」という意味。かつてこの地に舞い降りた龍の親子が、口から吐き出した宝玉で外敵を退治し、海に落ちた宝玉が無数の奇岩となった、という伝説にちなんでいます。

　実際には、ハロン湾の奇岩は侵食作用によってつくられた地形です。2億数千年前、このあたりは海の底でした。そこに生物の死骸が堆積し、石灰岩の地層を形成。やがてその地層が隆起して陸地になると、雨水や地下水による侵食を受けます。石灰岩の主成分である炭酸カルシウムは、二酸化炭素や水と反応して炭酸水素カルシウムとなります。前者は水に溶けませんが、後者は水に溶けます。

　石灰岩の地層は次第に溶かされ、多くの奇岩が誕生しましたが、11〜12万年前に大地の一角が海に沈みました。その結果でき上がったのが、奇岩が海から突き出す現在のハロン湾なのです。

もっと知りたい！　炭酸カルシウムは、サンゴなどの化石や温泉水に含まれています。そのため、サンゴが生息していた浅瀬が盛り上がってできた土地や、温泉が湧き出る地域に石灰岩地形がつくられます。

67

ジェンネのモスク。壁から出ているのは急な温度変化による影響を緩和するための骨組みです。

063
ジェンネ

所在地 マリ共和国　モプティ州

【本日のテーマ】自然と人とのつながりを知る！

サハラ砂漠にある世界最大の泥の建造物

　アフリカ大陸のサハラ砂漠の南に位置するジェンネは、9世紀末にニジュール川の中洲に建設された都市で、13世紀末頃から交易の中継地として栄えました。その旧市街に屹立しているのが、高さ20m、奥行75m、1,000人を収容できる巨大なモスクです。

　このモスクについて驚くべきは、石や木ではなく、泥でつくられていることです。ニジュール川でとれる粘り気の強い泥でつくった日干しレンガを積み重ね、その上から泥を塗り固めて建てられており、泥の建物としては世界最大といわれています。モスク以外にも多くの建物に泥が使われているので、ジェンネは「泥の町」といえるでしょう。

　砂漠のなかという土地柄、石材や木材を確保するのは容易ではありません。そこで川の中洲という自然環境を活かし、ほぼ泥だけでモスクをはじめとする町をつくり上げたのです。泥製だけに断熱効果は高い反面、崩れやすいという弱点がありますが、毎年、数千の職人が泥を塗り替えて補修しています。現在のモスクは、1907年に再建されたもの。前の広場では毎週月曜日に市が開かれ、大勢の人々で賑わいます。

 もっと知りたい！ ステップ気候に属するジェンネの周辺地域では、年々乾燥化が進んでいます。このままでは100年後、泥のモスクが維持できなくなる可能性も指摘されています。

テーブルマウンテンのひとつである標高 2,810m のロライマ山。

064
ギアナ高地

所在地 コロンビア共和国、ベネズエラ・ボリバル共和国、ブラジル連邦共和国など

テーブルマウンテンは超大陸分裂の名残り

　ギアナ高地は、南米大陸北東部のコロンビア、ベネズエラ、ブラジル、ガイアナ、スリナム、フランス領ギアナの広大な範囲にまたがる高地。6億年前に超大陸が分裂・移動した際、回転軸となった場所に位置しているため、当時と同じ熱帯性気候が続いています。

　そんなギアナ高地のなかで、ベネズエラ、ブラジル、ガイアナの国境付近に見られる「テーブルマウンテン」と呼ばれる山々は、山頂がテーブルのように平らであることでよく知られています。テーブルマウンテンは、20億〜14億年前の先カンブリア時代に湖底に堆積した砂岩や頁岩でできています。つまり、もともとは低いところにあったのです。それがなぜ、このような形で地表に姿を現したのでしょうか？

　テーブルマウンテンは、5,000万〜4,000万年前に、ほぼ水平のまま隆起。その後、長い年月をかけて、雨水がしみ込んだ割れ目の部分だけ侵食が進みました。割れ目のない場所は硬い地層で侵食作用が弱かったため、断崖絶壁の上が平面になっているという独特な地形が生まれたのです。

もっと知りたい！　ギアナ高地にあるアウヤンテプイという標高2,535mの山には、979mという世界最大の落差をもった滝エンジェル・フォールがあります。あまりに高く、水が途中で霧となってしまうため、滝壺がありません。

氷河に由来するシルフラの水は透明度が高く、最大300m先まで見通すことができます。

065

シルフラ

所在地 アイスランド共和国　シンクヴェトリル国立公園

150〜300m先まで見通せる透明度の泉

　アイスランドには「ギャオ」と呼ばれる"大地の裂け目"を見られる場所が何か所もあります。そのなかで最大規模のものが、首都レイキャビクから北東へ50kmの場所に位置するシンクヴェトリル国立公園のギャオ。ここは北米大陸プレートとユーラシア大陸プレートの境目で、前者が西に、後者が東に引っ張られることにより、大地が裂けているのです。

　このギャオに形成されているのが「シルフラ」という泉です。150〜300m先まで見通せるほど透明度が高く、ダイビングをしに訪れる人が後を絶ちません。ではなぜ、こんなにも水がきれいなのでしょうか？　ギャオと何か関係があるのでしょうか？

　シルフラの泉の水脈は、北に50km離れたラングヨークトル氷河に由来します。氷河から溶けた水は30年ほどかけて溶岩台地を通り、ギャオの一部であるシルフラに到達すると、岩の隙間から湧き出します。

　時間をかけて濾過されているため不純物が少なく、微生物もほとんど生息していません。そのため水質がとてもよく、驚異的な透明度となるのです。

もっと知りたい！　シルフラの泉の水は、人間がそのまま飲んでも問題はありません。透明度の高い湖としてはロシアのバイカル湖も有名ですが、この泉の水のほうが透明度は高いともいわれるほどです。

数百万匹ものクラゲが回遊するなかを泳ぐには、それなりの勇気が必要です。

066

ジェリーフィッシュレイク

所在地　パラオ共和国　マカラカル島

クラゲたちはどうして無毒化したのか？

　西太平洋にあるパラオは、500を超える小さな島からなる島国です。そのひとつ、マカラカル島には、ジェリーフィッシュレイク（すなわち「クラゲの湖」）があり、数百万匹ものクラゲが生息しています。クラゲに刺されると、ひどく腫れたり、時には毒によって呼吸困難に陥ったりすることもあるので、ここで泳ぐのは大変危険な行為にも感じます。しかし実際には、水中を漂う無数のクラゲのいるなかを泳いでも問題ありません。“クラゲの楽園”は唯一無二の美しさ。ダイビングした者だけが楽しめる極上の光景です。

　それにしても、なぜ人間がクラゲのいるなかを泳いでも大丈夫なのでしょうか？

　ジェリーフィッシュレイクは密林のなかにある外洋から隔絶された海水湖で、クラゲの天敵になるような生物がほとんど棲んでいません。しかも、クラゲは自分の体内に生成する褐虫藻から栄養分を得ることができます。

　外敵から身を守る必要もなければ、獲物をとる必要もないクラゲは、次第に無毒化し、トゲも退化しました。そのため、人間が泳いでも刺される心配がないのです。

もっと知りたい！　ジェリーフィッシュレイクは、下部が海水、上部が淡水となっています。下部は有毒な硫化水素にあふれており、人間の皮膚に吸収される危険性があるため、ダイビングの際には注意が必要です。

航空機から見たカーペンタリア湾のモーニング・グローリー。雲がどこまでも続いています。

067

モーニング・グローリー

所在地 オーストラリア連邦　カーペンタリア湾

【本日のテーマ】気象と天体がもたらす奇跡！

グライダー乗りが歓喜するパイプ状の巨大な雲

　空に浮かぶ雲には、さまざまな形状のものがあります。なかでも珍しいのはモーニング・グローリーという雲です。一直線に伸びるパイプ状の巨大な雲で、横倒しになったチューブや丸めたパン生地が紐状になったものと例えられることもあります。長さは1,000kmにもなり、地上から数百m〜2kmの高さに浮かんで回転し続けます。そして、台風のようにすさまじい風を巻き起こしながら、時速60kmものスピードで移動します。

　この雲はごく稀にしか発生しません。定常的に発生するのは、オーストラリア北東部のカーペンタリア湾付近だけともいわれています。

　カーペンタリア湾では、地形的な理由から、東からの海風と西からの海風がぶつかりやすく、空気が持ち上がって列を形成します。その列状の空気が一晩かけて冷やされることにより、モーニング・グローリーができるのです。

　カーペンタリア湾でも、モーニング・グローリーが発生するのは毎年春に数回だけといわれています。その時期になると、世界中からグライダー乗りが集まってくるそうです。

もっと知りたい！　モーニング・グローリーの前面には常に上昇気流が発生しています。そのためグライダーに乗ると、1,000kmに及ぶ雲の上を長時間飛び続けることができます。

19世紀のクリッパー型帆船によく似ているといわれるシップロック。

068

シップロック

所在地 アメリカ合衆国　ニューメキシコ州

ナバホ族の聖地にある山はマグマの通り道

　アメリカのニューメキシコ州には、先住民のナバホ族が神聖視する大きな岩峰があります。その高さは550mと巨大なもの。ナバホ族の伝説には「山が羽を付け、鳥のように動いて」とあり、古くからこの巨大な岩山を崇めていたことがわかります。のちにこの地に入った西洋人の目には、海原を走る帆船のように見えたらしく、シップロックという名が付きました。

　シップロックの正体は、2,700万年前のマグマの通り道です。一般に、火山の下には火道と呼ばれるマグマの通り道がいくつも残されます。この地でも、マグマが堆積岩などを貫いてなかに入り込んで固まり、活動が終わると火道には岩脈が取り残されました。

　やがて、表層の侵食がはじまります。地表の岩石が長い間強い風化作用を受けていたり、この火成活動によって熱的・力学的影響を受けていたりすると、その部分の侵食が著しく進みます。一方、そのなかから姿を現した硬い岩脈は相対的に侵食されにくく、地上高くに取り残されました。このようにして、シップロックは誕生したのです。

もっと知りたい！ シップロック周辺は、どこまで行っても赤茶けた大地が続いています。平原の彼方にシップロックを発見したときの衝撃は相当なものだったでしょう。ナバホ族がこれを信奉してきたのも納得できる気がします。

近くに浮かぶ船と比較すると、イルリサットの氷山がいかに大きいかがわかります。

3月9日

【本日のテーマ】母なる海に抱かれる！

069
イルリサット・アイスフィヨルド

所在地 デンマーク王国　グリーンランド島

次から次へと巨大氷山が生まれる場所

　グリーンランドの西海岸には、氷河期の姿をいまも如実に残すイルリサット・アイスフィヨルドがあります。フィヨルドとは、氷河によって削られ、複雑に入り組んだ入り江のことですが、ここではフィヨルドが氷山で埋め尽くされているため、アイスフィヨルドと呼ばれています。

　面積400万㎢のフィヨルドの表面に、高さ30m超の氷山が所狭しと浮かんでいます。ここから流れ出た氷山は大西洋を南下して、2年ほどでカナダ沖に到達するといわれています。

　イルリサットの地にアイスフィヨルドができた背景には、氷河の移動の速さがあります。通常、氷河の流れる速さは内陸地域では年間およそ10m、沿岸地域ではおよそ数百mといわれていますが、ここでは1日およそ19mもの速さで山から海へと移動します。これは世界最速級とされ、氷河から分かれて生まれる氷山の量もまた、北半球で最多なのです。

　10階建てのビルに相当する巨大な氷山がそこかしこに浮遊している光景は、ここでしか見られない貴重なものです。

 もっと知りたい！ 地球温暖化は、フィヨルドにも深刻な影響を及ぼしています。2000年以降、急激な速度で氷が溶け出して、氷河が大きく後退。その結果、景観の変化にとどまらず、地元住民の生活様式や活動形態にも著しい影響が出てきています。

斜面につくられた棚田は、最大段数が 3,700 にも達しています。

070
紅河ハニ棚田

所在地　中華人民共和国　雲南省

世界最大の棚田を支える自然の循環システム

　中国・雲南省南部の山奥に、紅河ハニ棚田と呼ばれる棚田群があります。少数民族のハニ族が1,200年かけてつくった世界最大の棚田です。

　棚田の平均勾配は25％とかなり急で、麓から標高2,000ｍを超える山頂まで広がっています。上から下までの標高差は500ｍ、なんと130階建てのビルと同じ高さというから驚きです。この見事な棚田を、ハニ族の人々はどのようにつくったのでしょうか？

　はるか昔、ハニ族の人々は他の民族に追われ、この地に逃げてきました。そして8世紀頃から急勾配の山肌を耕し、稲作を開始。その際、自然の循環システムを利用して、棚田を築いたのです。

　雲南省は亜熱帯気候で、雨がたくさん降ります。森に降り注いだ雨水は山地にしみ込み、清水となって流れ出します。ハニ族の人々はその豊かな水を用水路によって棚田へと引き込むようにしたのです。創意工夫にあふれた棚田では、田植えの時期は茶色、稲の成長時期は緑色、稲刈り時期は黄金色と、色とりどりの光景が展開します。

【本日のテーマ】自然と人とのつながりを知る！

もっと
知りたい！　棚田はおよそ3,000段あり、秋は村人全員で稲刈りをします。刈った稲はその場で脱穀し、女性たちが40kgのコメ袋を背負って、山の上の村まで運ぶそうです。

ゴッシズ・ブラフは、はるか昔の小天体の衝突をいまに伝えています。

071
ゴッシズ・ブラフ

所在地　オーストラリア連邦　ノーザンテリトリー

【本日のテーマ】大地の鼓動に耳を傾ける！

隕石がつくった砂漠地帯の巨大競技場

　オーストラリア中央部の砂漠地帯に、直径5km、高さ150〜180mの絶壁が連なる岩山があります。近くからでは分かりにくいのですが、宇宙から見ると円環を呈しています。ゴッシズ・ブラフと呼ばれるこの岩山は、恐竜が生息していた1億4,200万年前に、小天体が衝突してできたクレーターの痕跡と考えられています。

　地球に衝突する小天体の多くは、大気圏に突入するときに燃え尽きてしまいます。しかし、ゴッシズ・ブラフを形成した小天体は、直径1〜2kmはあったと考えられており、途中で燃え尽きることなく、地表に落下しました。落下の衝撃はとても大きく、広大なクレーターができると同時に、その周囲に土（塊）が山のように盛り上がったというわけです。

　実は、これはクレーターの全体ではなく、その中心部分でしかありません。クレーターそのものの直径は20kmあったと考えられています。しかし、時間の経過とともに外縁部が侵食によって分かりづらくなってしまい、ゴッシズ・ブラフだけが古代の巨大競技場のように残りました。

もっと知りたい！　オーストラリア大陸は、地殻変動が少なく、乾燥した気候で砂漠も多いため、隕石が衝突したと思われる痕跡が数多く残っています。地球表面の進化を知るには絶好の場所です。

雨季のウユニ塩湖では、湖面が薄く水で覆われ、巨大な鏡のような状態になります。

072

ウユニ塩湖

所在地 ボリビア多民族国家　ウユニ

「天空の鏡」といわれる大人気の絶景

　ウユニ塩湖は、面積が10,500k㎡（秋田県とほぼ同じ）を誇る世界最大の塩湖です。また、標高3,700mと富士山と同じくらいの高さに位置することでも知られています。

　もうひとつの特徴は、湖全体の深度差がわずか50cm以内であること。それゆえ、「世界で最も平らな場所」ともいわれています。乾季には水がほとんどありませんが、雨季になると雨水が薄く膜を張ったようになり、湖面に空を映し出します。これが「天空の鏡」と呼ばれる有名な絶景です。

　ウユニ塩湖の誕生は500万年前に遡ります。海洋プレート同士の衝突で激しい地殻変動が起こると、海底の土地が少しずつ隆起して、アンデス山脈ができました。当時の地球は寒冷期だったため、山脈には塩分を含む氷河が残されましたが、やがて温暖な気候になると氷河が溶け始めます。このとき氷河や岩石に含まれていた塩分が塩水となって窪地に流入。そこには川がなかったため、塩水は窪地に溜まり、その後、均等に広がりました。こうしてウユニ塩湖という独特の地形が生まれたのです。

もっと知りたい! ウユニ塩湖では、塩だけでなくリチウムなどの貴重な天然資源が採掘されています。しかし、それらの採掘に支障をきたすという理由などにより、世界遺産登録への動きはみられません。

青白い光の正体が蚊の幼虫の罠だとは、どれだけの人が知っているでしょうか。

【本日のテーマ】生命の息吹を感じる！

073

ワイトモ洞窟

所在地　ニュージーランド　ワイカト地方

洞窟内で青く輝く光の正体は？

　ニュージーランド北島のワイカト地方には、多くの鍾乳洞があります。そのなかに天井が青く輝く鍾乳洞があります。とくに有名なのがワイトモ洞窟。ここでは暗闇のなか、天井が星を散りばめたように美しく輝くのです。

　光に近づいてみると、天井から無数の糸が垂れ下がっており、玉状の部分が輝きを放っていることに気づくでしょう。これは、ヒカリキノコバエの幼虫です。

　英語で「グローワーム（輝く虫）」といわれるヒカリキノコバエの幼虫は、洞窟の天井から糸を30cmほど垂らし、青白い光で餌となる昆虫をおびき寄せます。光に引き寄せられた昆虫は、粘り気のある糸に捕らえられ、食べられてしまうのです。

　ヒカリキノコバエは、ニュージーランドとオーストラリア東海岸にだけ生息している昆虫。ハエという名称がついていますが、蚊の仲間です。幼虫は尾部に発光器官をもっており、そこを光らせることから、「ツチボタル」と呼ばれることもあります。きれいな光の正体は、蚊の幼虫だったのです。

　ワイカト地方に鍾乳洞が多いのは、約3,000万年前に堆積した石灰岩が広く分布しているためです。ワイトモとは、先住民マオリ族の言葉で「水が流れ込む洞窟」という意味です。

グレート・スモーキー山脈は森林から発する蒸気により、常に霧で覆われています。

074
グレート・スモーキー山脈

所在地　アメリカ合衆国　ノースカロライナ州、テネシー州

森林地帯を覆う霧はどこからやってくる？

　グレート・スモーキー山脈公園は、手つかずの原生林が残っている広大な森林地帯です。標高1,800mを超す山が16峰もあり、そこに自生する6,000万年前の植物群は植物の進化の過程を知るための重要な手がかりとなっています。

　グレート・スモーキーという名称は、森が常に霧（スモーク）で覆われていることに由来しています。実際、ほとんど1年中、森は霧に覆われているのです。なぜ、そんなに霧が多いのでしょうか？

　霧が発生する主な原因は、森の木々が発する蒸気です。公園の95％以上を占める原生林が蒸気を発しているのです。このあたりは湿潤大陸性気候に属し、通常は極めて湿度が高く、降水量が多くなっています。谷間では年間1,400㎜、山では年間2,200㎜の雨が降ります。さらに年間を通して比較的気温が高いことや、沼や川が多いこと、暖かく湿った大西洋の風が吹き込むことなどの条件が加わり、グレート・スモーキー山脈は霧に覆われた神秘的な光景となっているのです。

もっと
知りたい！　グレート・スモーキー山脈公園では、標高の多様性、豊富な雨量、原生林の存在が、公園の生物相を極めて豊かにしています。30種のサンショウウオ、2,000頭近くのクロクマ集団、1万種（＋未知の9万種）の動植物が知られています。

79

セブン・シスターズの侵食はいまも続いており、年間数十㎝は削られています。

075
セブン・シスターズ

所在地 グレートブリテン及び北アイルランド連合王国　イースト・サセックス州

生物の殻からできた白亜の断崖絶壁

　イギリス南部にあるイーストボーンの近くに、白いチョークと同じ材質でできた白亜の崖があります。いわゆるセブン・シスターズです。海の向こう側に位置するフランスから眺めると、ちょうど7人の姉妹のように見えるため、そう名付けられました。

　この崖は石灰岩の海食崖、つまり波によって陸地が侵食されてできました。石灰岩とは、炭酸カルシウムを50％以上含んだ堆積岩のことで、サンゴなどの生物の殻が堆積してできる場合と、水から炭酸カルシウムが化学的に沈澱してできる場合があります。セブン・シスターズは前者、つまり太古の生物が起源となって誕生しました。

　セブン・シスターズの崖のうち、大きいものは高低差が150mもあります。しかし、このイギリス海峡にせり出すような断崖は、いずれは見られなくなってしまうともいわれています。ドーバー海峡の荒波と風により、石灰岩が毎年30〜40㎝ずつ削られているからです。生成・栄枯・盛衰・消滅は自然の摂理とはいえ、できるだけ長く、この美しい景観を残しておきたいものです。

もっと知りたい！　オーストラリアのシドニー近郊には「スリー・シスターズ」と呼ばれる奇岩が、アメリカ合衆国オレゴン州には「スリー・シスターズ」とよばれる3つの山があります。英語圏には山や崖や奇岩を姉妹に見立てる習わしがあるのかもしれません。

神秘的な八戸穴。ここに入れた人は、願いが叶うともいわれています。

076
八戸穴

所在地 日本　岩手県

イタリアだけでなく日本にもある青の洞窟

　青の洞窟といえばイタリアのカプリ島のものが有名ですが、実は世界各地に青の洞窟と呼ばれる絶景スポットが存在します。日本の「八戸穴」もそのひとつです。

　八戸穴は陸中海岸の浄土ヶ浜にあり、船に乗って洞窟内に入っていくと、眼前に真っ青な世界が広がります。コバルトブルーやエメラルドグリーンに輝く海面の美しさは、言葉にできないほどです。

　浄土ヶ浜は5,200万年前の火山活動で生成した流紋岩でできているため、岩肌が白く見えます。その岩肌に波による侵食作用が働いて断崖（海食崖）ができると、断崖の軟らかい部分がさらに削られ、洞窟（海食洞）が形成されます。

　そして海食洞が透明度の高い海水で満たされ、そこに太陽光が差し込むと、光が海底に反射して洞窟内を青く染めることになるのです。

　日本には八戸穴のほかにも、北海道の小樽や石川県の珠洲岬、沖縄の眞栄田岬などに青の洞窟がありますが、青く輝くメカニズムは基本的に同じです。

もっと知りたい！
　八戸穴の「八戸」は青森県八戸市に由来しています。その昔、漁師がイヌを小舟に乗せて穴に進入させると、数年後に八戸市で発見されたそうです。そこから、「八戸穴」と名づけられたといわれています。

吉野山のサクラは尾根から尾根へ、谷から谷へと山全体を埋め尽くしていきます。

<table>
<tr><td>

3月17日

</td></tr>
</table>

【本日のテーマ】自然と人とのつながりを知る！

077
紀伊山地

所在地 日本　奈良県

吉野山がサクラの名所になったわけ

　和歌山県の高野山と熊野三山を結ぶ巡礼路は、「紀伊山地の霊場と参詣道」として世界遺産に登録されています。なかでも大峯連山の北の端から南に8km続く尾根一帯の吉野山が有名で、日本一のサクラの名所といわれています。この地では古くから植桜が行われており、春になると3万本のサクラが咲き乱れるのです。

　ではなぜ、吉野山にサクラが植えられるようになったのでしょうか？　その由来について次のような言い伝えがあります。

　古代最大の内乱といわれる壬申の乱（672年）の前、吉野山に隠れていた大海人皇子（のちの天武天皇）は、サクラが満開になる夢を見ます。これを吉兆と解釈した大海人皇子は、兵を挙げて大友皇子に勝利。のちにサクラの木の下にお堂を立てました。

　その後、修験道の祖・役小角がこの山で修行をしていると、蔵王菩薩が出現します。役小角はサクラの木で蔵王権現の像を彫り、山に祀りました。そこからサクラが御神木にふさわしいとされ、人々が吉野にサクラを献木するようになったそうです。

 もっと知りたい！　吉野山の3万本のサクラは、シロヤマザクラを中心に200種もあります。種類によって、場所によって開花する時期が異なるため、見頃を長く楽しむことができます。

82

富士五湖のひとつ、河口湖からの眺め。富士山の絶景スポットとして知られています。

078
富士山

所在地　日本　静岡県、山梨県

激しい噴火が生んだ美しい山容

　標高3,776m。富士山は日本で一番高い山であるとともに、均整のとれた美しい円錐形の山。古くから霊峰として崇められる一方、和歌に詠まれたり浮世絵に描かれたりするなど、日本の芸術文化を育んできました。

　いまでは日本のシンボルとなっている富士山ですが、最初から現在のような姿をしていたわけではありません。

　数十万年前に先小御岳火山ができ、10万年以上前に小御岳火山が噴火。続いて10万〜1万年前に古富士火山が噴火して、その噴出物が積み重なりました。そして1万年ほど前、新富士火山の噴火があり、その噴出物によって現在の富士山が誕生したのです。つまり、富士山は4層の噴出物が重なった構造となっているのです。

　山体が形成されていく際、山頂の火口の位置は、常に一定していました。また、その火口から噴出するマグマは粘性が低く、量が多かったため、斜面はなだらかになっていきました。その結果、富士山は山頂を頂点とする美しい成層火山へと成長したのです。

もっと知りたい！　富士山の名前は『竹取物語』に由来するという説があります。物語のなかで、帝はかぐや姫にもらった「不老不死の秘薬」を日本一の山の頂上で焼きました。そこから「不死（不二）の山」が生まれたという説です。

「トゥファタワー」と呼ばれる岩柱。トゥファとは炭酸カルシウムの堆積物のことです。

079

モノ湖

所在地 アメリカ合衆国　カリフォルニア州

石灰岩の柱が生み出す幻想的な風景

　湖面からいくつもの岩柱が延び、明け方や夕暮れの太陽を浴びて幻想的な風景をつくり上げるモノ湖。その風景は、人気アニメ『新世紀エヴァンゲリオン』の背景モチーフに使われたともいわれ、密かな話題になっています。

　この湖は塩水湖です。シェラネバダ山脈の小川から流れ込んだ水が、湖底に鉱物や沈殿物を残して蒸発してしまったため、アルカリ性で、塩濃度が海水の3倍にもなりました。湖岸の白い部分は、塩分が固まったものです。そのため、当然、魚などの生物はほとんど棲んでいません。

　モノ湖の最大の特徴ともいえる岩柱は「トゥファタワー」と呼ばれています。これは、炭酸カルシウムが堆積してできたものです。

　この地に雨が降ると石灰岩層を通って地下水となり、再び山の中腹から湧水となって流れ出てきます。その際、谷川に棲むシアノバクテリアが光合成を行うことにより、石灰岩質の水から炭酸カルシウムだけが沈澱。それが積み重なって、岩柱ができるのです。

もっと知りたい！　ヒ素の濃度も高いモノ湖では、ヒ素を使って生きるバクテリアの一種、GFAJ-1が発見されました。当初は、地球外生命体とも取りざたされましたが、リンの代わりにヒ素を生命維持に用いる生物ということがわかりました。

世界で背が最も高く育つレッドウッド。なかには樹齢 2,000 年以上のものもあります。

080
レッドウッドの森

所在地 **アメリカ合衆国　カリフォルニア州**

世界一高い木を生む気象条件とは？

　アメリカ西部のオレゴン州南部からカリフォルニア州にかけての海岸部に、レッドウッドという木が群生する森があります。レッドウッドはスギ科のセコイアの一種で、地球上で最も古い植物のひとつと考えられています。

　驚くべきは、そのサイズ。レッドウッドは世界一高くなる木として知られており、大きなものは高さが100m以上に達します。これは30階建てのビルに相当する高さですから、いかに規格外の高さかわかるでしょう。そんな巨木が何本も立ち並ぶレッドウッドの森は、圧倒的な迫力をもって訪れる人々を迎え入れてくれます。

　カリフォルニア州の北にレッドウッドが群生しているのは、なぜでしょうか？　その秘密は、同地ならではの気候にあります。

　レッドウッドは乾燥に弱く、乾燥しがちな内陸部ではなかなか生きていけません。その点、カリフォルニア周辺は1年を通して湿度が適度に保たれる上、温暖です。さらに土壌も豊か。そうした環境がレッドウッドの生育にぴったりなのです。

もっと知りたい！　19世紀半ば、アメリカ合衆国の太平洋岸では、レッドウッドの森が8,000㎢も広がっていましたが、伐採により、その85%が失われてしまいました。世界的に見ても、環境変化などが原因でレッドウッドは激減しています。

南極で発生した真珠母雲。極地のほか、北欧などにもしばしば出現します。

081

真珠母雲

| 所在地 | 極地など |

【本日のテーマ】気象と天体がもたらす奇跡！

虹色に輝くアコヤガイのような雲の発生条件は？

　南極などの極地や緯度の高い地方では、太陽の光を受けて虹色に輝く雲が現れることがあります。その色彩が、真珠母貝であるアコヤガイの内側に似ていることから、真珠母雲と呼ばれる雲です（正式な気象用語は「極成層圏雲」）。

　一般的に、雲は高度10km以下の水蒸気が豊富な対流圏でできるのに対し、真珠母雲は高度20km付近の成層圏でできます。成層圏は乾燥していますが、高緯度地域では、冬には気温が氷点下80℃くらいまで低下するため、乾燥していても、気体として存在する水蒸気や硝酸や硫酸のエアロゾルが、液体や固体の微粒子に変化して雲を形成します。その結果としてできるのが、真珠母雲なのです。

　ただ、この美しい真珠母雲は、オゾン層を破壊する原因となる物質を生み出します。そのため真珠母雲が発生すると、南極基地などでは気象隊員がすぐに観測をはじめ、雲をつくっている微粒子の数や大きさ、高度分布を明らかにするためのデータ収集に取りかかります。

| もっと知りたい！ | 真珠母雲に似た雲に、彩雲があります。彩雲は、太陽の近くを通りかかった雲が緑や赤に彩られる現象で、瑞雲（ずいうん）や紫雲（しうん）などとも呼ばれています。 |

うねうねと続く黄金色の岩肌が特徴的なザブリスキーポイント。

082

ザブリスキーポイント

所在地 アメリカ合衆国　カリフォルニア州

夕日を受けて黄金に輝く岩肌

　ザブリスキーポイントは、アメリカのデスヴァレー国立公園の東、アマロサ山脈にあります。ここからはカラフルな岩山が広がる360度の景色を望むことができ、ゴールデンキャニオン、レッドカテドラル、マンリービーコンなどのパノラマを楽しめます。

　バッドランドと呼ばれるこの一帯は、乾燥した砂泥からなる緩い斜面で構成されています。数百万年前、ここには大きな湖があり、長い時を経て、泥や砂利、火山灰などの堆積物が湖面に溜まりました。その後、火山活動で温泉ができた影響で、湖底にホウ酸塩が堆積。やがて西側の山が隆起してデスヴァレーが形成され、気候がより乾燥すると、湖は干上がってしまい今日のような地形になったのです。

　ザブリスキーポイントは、日の出の時間になると、赤、茶、黄、桃、緑、紫、青の鮮やかな岩肌の地層に太陽光が当たり、美しく輝きます。岩石のさまざまな色は、金属の化学的風化によってできたもの。赤と桃は、鉄分が豊富な赤鉄鉱の水酸化から生じ、緑は雲母が豊富な火山灰層から生じたものです。ほかにマンガンによる紫もあります。

もっと知りたい！　ここでは、鉛・亜鉛・アンチモン・タングステン・銅・水銀・マンガンなどの資源が発見されています。特筆すべきは、「ホワイトゴールド」の愛称で親しまれているホウ砂で、洗剤や工業製造工程で幅広く使用されています。

北極の氷は海氷と呼ばれるのに対し、南極の氷は氷山と呼ばれます。

083

南極の氷山

所在地　南極

流氷とは異なる巨大な氷の塊

　陸上に降り積もった雪が氷になって流動するようになったものを氷河といい、氷河が海に押し出されて大陸から離れたものを氷山といいます。氷山の主な形成地は、南極大陸などの氷河地域。南極では棚氷から分かれた氷山が20万個以上も見られます。

　現在、南極のブラント棚氷からは東京23区を3つ合わせたほどの広大な氷山が分離しそうな状況にあります。2つの亀裂が少しずつ伸びており、両者がつながれば面積1,700㎢、高さ150mという巨大な氷山が海に浮かぶことになるのです。

　いつ氷山が分離するのかは、予想できません。2017年に起きたラーセンC棚氷の分離も同様の例で、その氷山の面積は5,800㎢。現在の氷山はそこまで大きくありませんが、巨大なことに変わりはなく、動向が注目されています。

　ちなみに、北極の主な氷は冬に海水が冷やされて凍ったものなので海氷と呼ばれ、正確には氷山とは異なります。海氷の厚さは数m。海氷と比べると、氷山の規模の大きさがわかるでしょう。

 もっと知りたい！　氷河・氷床は太陽光の反射率が高く、温暖化により氷がなくなって反射率の低い海や陸だけになると、地球が太陽から受け取るエネルギーが増え、ますます温暖化が進むことになります。

真っ白な建物や壁が立ち並ぶミコノス島の町並み。

084

ミコノス島

所在地 ギリシャ共和国　キクラデス諸島

島中がこんなにも白いのはどうして？

　ミコノス島はエーゲ海のなかほど、キクラデス諸島に位置するギリシャ領の島。世界有数のリゾート地です。この島が多くの観光客を惹きつける理由のひとつは、白壁の建物が連なる光景にあります。エーゲ海の青い空と海を背景にした白い町並みはあまりにも美しく、「白い宝石」とも呼ばれています。

　島の中心地であるミコノスタウンに足を運ぶと、ホテルや教会、ショップなど、あらゆる建物が白い漆喰で塗られていて、訪れる人々の目を楽しませてくれます。しかし、もともとは観光のために白く塗ったわけではありません。ミコノス島の白は、この島で豊富に採れる石灰石に由来しているのです。

　地中海沿岸には石灰岩層が多く、ギリシャでも古くから石灰石が採掘されていました。ミコノス島では木材が手に入りにくく、建物を作る際に難儀していたため、石灰石を用いて建物の壁を漆喰で塗るようになったのです。ただ、現在は観光のために建物を白く塗ることが義務付けられており、住人はこまめに塗り直して町の白さを保っています。

もっと
知りたい！ ミコノスタウンの道路は、細い道が複雑に入り組んでいて、まるで迷路のようになっています。かつて島では海賊の襲撃が多く、その攻撃から身を守るために、このようにしているのです。

富士山とよく似ていることから、日本では「チリ富士」と呼ばれることもあります。

085

オソルノ山

所在地 **チリ共和国　ロス・ラゴス州**

南米チリに存在する富士山そっくりの山

　富士山といえば日本の象徴ともいうべき山ですが、南米チリに富士山とそっくりの美しい山があります。チリの中南部ロス・ラゴス州に存在するオソルノ山です。標高は2,660mで、富士山より1,000mも低いのですが、その姿・形はとてもよく似ています。

　オソルノ山は典型的な成層火山。成層火山とは、ほぼ同一の火口からの複数回の噴火によって溶岩や火山砕屑物などが積み重なり形成された円錐状の火山です。オソルノ山は、これまでに11回の噴火を繰り返し、この美しい山容になりました。富士山もまた、何度も噴火を重ねて現在の形となった成層火山です。噴出する溶岩やスコリアは、両者とも玄武岩質から安山岩質のもので、マグマの粘性も似ています。従って噴出物も安息角を描くように美しく積み重なっています。両者とも過去には大爆発を起こし、山体が崩壊した時期もあったのですが、その後、順調に成層活動を重ね、今日に至っています。

　このように、2つの火山はつくられ方、マグマの性質、生成の歴史的経緯がよく似ています。そのため、よく似た姿・形の山となっているのです。

もっと
知りたい！
富士山とオソルノ山は、太平洋を挟んで地球のほぼ反対の位置にありますが、マグマ発生の元になったプレートの活動関係もよく似ています。これも両者が似ていることの遠因かもしれません。

最大幅400mになりますが、水力発電に利用されている影響で水量が減ってきています。

ティシサットの滝

所在地 エチオピア連邦民主共和国　アムハラ州

茶色く見えるけれど「青ナイル川」

　6,700kmの長さを誇る世界最長のナイル川には、ウガンダのヴィクトリア湖方面から流れてくる白ナイル川と、エチオピアから流れてくる青ナイル川があり、両者はスーダンの首都ハルツームで合流します。全長1,450kmの青ナイル川は、エチオピア高原のタナ湖を水源とし、そこから高低差のある地帯を一気に流れ下ります。タナ湖近くのティシサットの滝は、最大落差45m、雨季には滝幅が最大400mにもなります。

「青ナイル川」という名前ですが、普段は茶色。いつも青いわけではありません。白ナイル川は、たしかに白濁していますが、青ナイル川は、茶色く見えることのほうが多いのです。青ナイル川と白ナイル川を比べると、透明度が高いのは前者。その澄んだ水が空の青を反射すると、青く見えることがあり、そこから青ナイル川と名付けられました。

　ちなみに、エジプトに流れ着く水の56％は青ナイル川由来で、エチオピア高原に水源のあるアトバラ川との合流時には、水量は90％、流されてきた堆積物の割合は96％に達します。その水の栄養分は豊かで、雨季には大量の土砂を運んで、下流域を肥沃にしています。

もっと知りたい！ スーダン（特に北部）は乾燥した砂漠地帯のイメージですが、ナイル川に加え、地下水も豊富に抱く水の宝庫。ナイル川の水は、その土地の人々の飲料水や農業用水として使われています。

パンダが食べた竹のうち、消化できるのは20%だけ。そのため大量に食べる必要があります。

087

ジャイアントパンダ保護区

所在地 中華人民共和国　四川省

【本日のテーマ】生命の息吹を感じる！

なぜパンダは希少種になってしまったのか？

　ジャイアントパンダは、世界的に人気のある動物ですが、中国の一部にしか生息しておらず、絶滅危惧種に指定されています。中国もその保護に力を入れており、各地に保護区を設立しています。

　そのうちのひとつが四川省のジャイアントパンダ保護区。総面積9,245km²（東京都約4個分）の広さのなかに、中国全土のおよそ3割もの野生パンダが生息しています。

　現在は限られた地域にしか分布していないジャイアントパンダですが、化石などの研究から、200万〜300万年前頃には、中国東部および南部にかけて、広く生息していたと考えられています。その姿も、いまとほとんど同じだったようです。

　パンダの主食は竹です。竹は温暖で湿潤な土地でよく育つ植物。当時は竹林の分布が現在より広かったのかもしれません。環境の変化や伐採などで竹林が減少し、パンダの食糧も減ってしまいました。さらに人間による毛皮目当ての乱獲も進み、パンダの数は激減してしまったのです。

もっと知りたい！　中国政府はジャイアントパンダを保護するため、保護区を33か所設立しています。さらに、分断されたパンダたちが交流できるように「緑の回廊（コリドー）」をつくる計画も進めています。

南極でありながら雪や氷が見られない場所、それがドライヴァレーです。

088
ドライヴァレー

所在地 **南極**

南極に無雪地帯が存在する不思議

　南極といえば、万年雪と分厚い氷床に覆われた極地をイメージするでしょう。しかし、雪がまったく積もっていない砂漠のような場所も存在します。南極のロス島からマクマード湾を挟んだ対岸にある「ドライヴァレー（マクマードドライヴァレー）」と呼ばれる一帯です。テイラー谷、ライト谷、ヴィクトリア谷という3つの谷で構成され、無雪地帯はおよそ4,000㎢に及びます。南極なので気温も当然低いのですが、湿度が極めて低く、雨が降ることもほとんどありません。雪と氷に囲まれた大陸に、ぽつんと拓けた砂漠のような土地で、なんとも不思議な光景です。

　ドライヴァレーが形成された要因としては、大きく2つ挙げられます。まず、周辺の山々。それらが沿岸部で降りしきる雨を防いでいるのです。次に風。山から吹き下し、最大風速320km/hにも達する猛烈な「カタバ風」が、沿岸部から入ってくる湿度を削ぎ取ってしまいます。この2つの要因により、南極でありながら、雪の降り積もることのない不思議な土地になっているのです。

もっと
知りたい！ 　ドライヴァレーには、「血の滝」と呼ばれる赤色の滝があります。赤色の正体は、新生代初期の海水に含まれていた高濃度の鉄分です。鉄分が酸化して2価の鉄の硫酸塩となることで、血のような赤色をつくり出しているのです。

直径 6m の車石。これほど大きな車石は、世界的に見ても非常に珍しいです。

089

車石

所在地 日本　北海道

まるで大車輪のような岩石の塊

　根室半島の南に位置する花咲岬に、根室車石（くるまいし）と呼ばれる岩があります。車輪のような形をした不思議な岩塊です。この岩塊がつくられたのは、6,000万年前のこと。当時、海底火山の噴火があり、1,000℃の高温の玄武岩質マグマが噴出しました。その溶岩の突出面が海水によって冷却され、固結して玄武岩が生じます。しかし、内部にはまだ溶けたマグマが残っており、玄武岩の割れ目を押し広げました。それが次から次へと海底に押し出されては固結し、枕を積み重ねたような岩塊がつくられたのです。

　こうしてつくられた岩塊を、枕状溶岩と呼んでいます。ひとつの枕の断面の大きさは数十cm〜1m程度のものが多く、放射状節理や同心円状節理が認められます。これは冷却時の収縮によるもので、枕の大きさに応じて、一般には細く狭くなっています。

　花咲岬の車石は直径が6mもあり、放射状摂理が発達していて、車の輻（スポークにあたる部分を含む）に柱状節理が見られます。これは、形成時のマグマの活動が大規模だったことなどを物語っています。

もっと
知りたい！
花咲岬の車石はひとつだけではありません。最も目立つ6mの巨石の近くに、直径1〜3m程度の小ぶりな車石がたくさん存在しています。

潮がよく引く干潮時に、800mのロマンチックな砂の道が出現します。

090
黒島ヴィーナスロード

所在地 日本　岡山県

ロマンチックな砂の道を形成する砂州の謎

　瀬戸内海には、700もの島が浮かんでいます。「日本のエーゲ海」とも呼ばれる岡山県の牛窓沖には、黒島・中ノ小島・端ノ小島があります。これら3つの島は、干潮になると800mの砂の道で弓形につながり、島から島へと歩いて渡れるようになるのです。

　この砂の道の名は「黒島ヴィーナスロード」。潮がよく引く干潮時に砂の道で島がつながるのは1回につき2時間ほどと短いのですが、夕暮れ時に漂うロマンチックな雰囲気はカップルの間で高い人気を誇ります。

　ヴィーナスロードの正体は、砂州です。砂州とは、流水によって形成される砂の堆積構造のこと。周辺の島が海流によって侵食され、岩屑が海水に運ばれます。岩屑は島と島の間に堆積し、細長い砂州を形成します。その砂州が干潮になると姿を現し、島と島をつなぐことになったのです。

　このような砂州を陸繋砂州（イタリア語で「トンボロ」）と呼びます。瀬戸内海は潮の干満差が大きく、海流も比較的速いため、砂州ができやすいと考えられています。

もっと知りたい！ 　中ノ小島には、「女神の心」と呼ばれるハート型の石があります。その石がヴィーナスロードの名前の由来であり、想いを込めながら触れた人は恋愛が成就するといわれています。

季節や天候、時間帯、さらに見る角度によっても青色が微妙に変化します。

091

白金の青い池

所在地　日本　北海道

公共事業で偶然生まれた青い池

　北海道美瑛町の白金温泉の近くに、水面が青く光っている池があります。その名は、見た目のとおり「青い池」。周囲の立ち枯れたカラマツと青い水面が織りなす光景は、幻想的で言葉を失うほどです。

　じつは、この青い池は自然に生まれたものではありません。公共事業の結果、偶然生まれたのです。1994年、十勝岳の防災工事の際、火山からの泥流を防ぐために築かれた堰堤のひとつに水が流れ込み、やがて池となったのです。

　池の水は、アルミニウムを含有する湧水と美瑛川の水が混じり合ったもので、水中には目に見えないコロイド状の粒子が生成されました。その粒子に太陽光があたり、光が散乱することで水が青く見えるのです。

　季節や天候によって、水面の青色は変化を見せます。大量の雪融け水が流れ込む春先はグリーンブルーに、初夏はライトブルーに見える日が多いといいます。また、秋の紅葉に彩られた水面や、真冬に池が凍結して一面が白い世界になるのも非常に美しい景色です。

もっと知りたい！　「青い池」は、Apple社のMacBookProの壁紙に採用され、世界的に有名になりました。テレビ番組などで紹介されたこともあり、観光客が急増しました。

噴煙を上げる桜島。その高さは 5,000m を超えたこともあります。

092
桜島

所在地 日本　鹿児島県

日常的に噴火している鹿児島のシンボル

　東西12km、南北10km、高さ1,117m、面積80㎢、周囲52㎞あり、毎日のように小規模な噴火を続けている桜島。有史以来、数え切れないほど繰り返した噴火は、さまざまな歴史資料に記されています。鹿児島湾（錦江湾）にそびえ立つ勇壮な山容はひときわ目立ち、鹿児島のシンボルとして親しまれています。

　そもそも桜島は複合火山と呼ばれる火山です。一見、ひとつの山のようですが、北岳、中岳、南岳の3峰から構成されているのです。北岳は、2万6,000年前の桜島誕生から活動をはじめて5,000年前に休止しました。南岳は、4,500年前から現在まで活動を続けています。かつての桜島はその名のとおり「島」でしたが、1914年の大正噴火で流れた溶岩に海峡が埋め立てられ、大隅半島と陸続きになりました。

　現在の主な火口は、南岳山頂火口と南岳東斜面の昭和火口。2009年以降、とくに活発になり、噴火回数が年間1,000回を超えた年もあります。地域の住民にとって桜島の噴火は、被害とともに日常生活の一部といえるほど身近な火山なのです。

 もっと知りたい！　火山は災害とともに恵みをもたらします。たとえば、農作物の生育に適した豊かな土壌。桜島大根は世界最大の大根として知られています。そうした恩恵を受け、桜島周辺には縄文時代から人々が暮らしていたといわれています。

ボートから眺めてもよし、空から眺めてもよしのハットラグーン。

<table>
<tr><td>4月2日</td></tr>
</table>

093

ハットラグーン

所在地 オーストラリア連邦　西オーストラリア州

【本日のテーマ】湖・川・滝の不思議を味わう！

微細な藻類と海水エビがピンクレイクの生みの親

　オーストラリア西部にあるハットラグーンは、「ピンクレイク」という異名をもつ塩湖（塩濃度が極度に高い塩の湖）です。湖水の色はその名の通り桃色です。

　湖水の色が桃色をしている理由は、生息している生物にあります。強度のアルカリ性の水辺に棲むスピルリナという微細藻類と、アルテミアという小さな海水エビの2つの生物がたくさん生息しているのです。スピルリナは30億年前に誕生し、高温・強アルカリという環境で育つ生命力の強い"藻"。バランスに優れた栄養成分などが注目され、幅広い分野で利用されています。また、アルテミアは1億年前からほぼ姿を変えずに生き続けており、「生きている化石」とも呼ばれています。この2つの生物が、体内にカンタキサンチンとβカロチンという赤い色素をもっているため、湖水が鮮やかな桃色になるのです。

　桃色の湖はハットラグーンのほかにもありますが、そのすべてにこの赤い色素をもつ藻類や微生物が関係しています。世界各地の桃色をした湖は、塩分の濃い塩湖である点が共通しています。

 ハットラグーンの湖水が最もはっきりした桃色になるのは、朝方が多いといわれています。季節や天候によっても、そのタイミングは変わってきます。

ここで発掘された恐竜の骨から500以上の標本がつくられ、各地の博物館に展示されています。

094
州立恐竜自然公園

所在地 カナダ　アルバータ州

恐竜の化石が次々と発見される場所がある

　カナダ南西部のアルバータ州、「バッドランド（悪地）」と呼ばれる渓谷地域には、恐竜ファンや化石マニアにとって唯一無二の"絶景"が広がっています。それは恐竜の化石が次々に出土する場所です。

　バッドランドは1万5,000年前にはじまった氷河期以降、氷河や河川などによる侵食を受けて形成されました。

　氷河が溶けたとき、大量の水が洪水のように流れ込んできて、地層の柔らかい部分を削り取ってしまったため、1億4,500万〜6,600万年前の白亜紀の地層がむき出しに。しかも、この断崖部分には植物がほとんど生えていません。このような特徴的な地形であることから、化石が見つかりやすく、恐竜の化石がたくさん発見されているのです。

　バッドランドで発掘された恐竜の骨や痕跡は60体近く。その種類もさまざまで、ティラノサウルスやトリケラトプスなど25種以上にのぼります。恐竜ファンや化石マニアにとっては、まさに聖地のような場所なのです。

もっと知りたい！ 20世紀以降、バッドランドでは化石の発掘競争が激化し、混乱状態に陥りました。そのため、1925年に化石の発掘は厳しい管理下に置かれ、化石の取引も禁止されることになりました。

99

鮮やかなことで有名なハワイの虹がダブルで出現すれば、もはや感動するしかありません。

095

副虹

所在地 世界各地

雨上がりの空に二重の虹ができる理由は？

　常夏の島、ハワイは虹の名所として知られており、「レインボー・ステイト」とも呼ばれています。そのハワイで「幸運のシンボル」とされているのが副虹です。

　副虹は英語で「ダブル・レインボー」と称することからわかるように、二重の虹のこと。主虹（通常の虹）の外側に、もうひとつの虹（副虹）が出現して、二重の虹になります。副虹は主虹より薄く、色の配列が逆になっているのが特徴です。

　そもそも虹は、太陽の光が空気中の水滴に反射・屈折して生まれます。水滴がプリズムの役目を果たし、太陽の白い光をそれぞれの色に分けます。色はそれぞれ波長に長短があるので屈折率も変わり、段階的な虹色の配列ができるのです。

　虹が生まれる際、通常は光の反射回数が1回ですが、副虹は2回反射して発生します。そのため、色の並びや位置、明るさに差が生じます。また、屈折率は虹の見える場所にも関係しており、主虹は対日点（頭頂部の影が映る場所）から42度、副虹は51度と決まっています。そのため、副虹は主虹の外側に位置することになるのです。

もっと
知りたい！
　副虹が見える条件としては、雨粒が大きいこと、雨が激しいことなどが挙げられます。ハワイはそうした条件を満たしているため、副虹がよく見られます。

この印象的なストライプの断崖は、古代より海上の道標となってきました。

096

須佐ホルンフェルス大断崖

所在地 日本 山口県

灰色と黒色の縞模様の大断崖

　日本海に面する須佐湾には「畳岩」または「屏風岩」と呼ばれる縞目の断崖があります。一般的には「須佐ホルンフェルス大断崖」として知られるスポットです。ホルンフェルスとは、ドイツ語で「角の岩」を意味します。

　この美しくも不思議な断崖は、1,400万年前に誕生しました。

　陸からの土砂が海に流れ込むと、大きいものは早く沈み、小さい砂や泥は遠くまで運ばれます。また、堆積した細かな砂や泥が地震や洪水・台風などで海底地滑りを起こすと、砂と泥が混じった混濁流が斜面を流れ落ち、海底に堆積します。粒の粗い砂は下に、微粒の泥はその上に積もり、砂層と泥層の組み合わさった砂泥互層となります。これが繰り返された結果、何層にもわたる縞目の地層ができました。これを須佐層群といいます。

　そして1,400万年前、須佐層群にマグマが貫入し、マグマの熱によって縞目の灰色の部分が砂岩から、黒い部分が泥岩から変成岩（接触変成岩）に変化。こうして現在のような断崖ができたのです。

もっと知りたい！　須佐湾の周辺は、阿武山地の西部が沈んだ沈水海岸になっています。沈水海岸とは、地盤の沈降または海面の上昇によって生じた海岸のこと。尾根は岬に、谷は入り江になるため、屈曲のある海岸線をつくります。

4月5日

【本日のテーマ】奇岩・洞窟が生み出す謎を解く！

101

石槽（海蝕溝）の岩面に緑色の海藻がつき、風情のある光景ができ上がりました。

4月6日

097
老梅緑石槽

所在地　台湾　新北市

【本日のテーマ】母なる海に抱かれる！

緑色の岩石塊が並ぶ海岸沿いの石の谷

　台湾北部、新北市石門区の海岸では、毎年4～5月、東北の季節風が弱まる時期になると、老梅緑石槽（石槽は「石の谷」の意味）と呼ばれる絶景が出現します。

　鮮やかな緑色の藻と藍色の海が引き立て合い、幻想的な風景が生まれます。青い海と緑の岩によるコントラストはとくに美しく、台湾の「八大秘境」のひとつに数えられるほどです。

　この海岸に並ぶ岩石塊は、大屯火山が噴火したあとに残された火山岩礁です。それが東北の季節風に吹かれて勢いを増した波による侵食にあい、柔らかい部分が削られると、硬い部分だけが残され、縦に並んだ溝のような石槽がつくられました。

　その後、石槽に波しぶきが打ち寄せ、湿地がちの表面に緑色のアオサやモズクなどの海藻が繁茂していき、現在の老梅緑石槽ができあがったのです。

　老梅緑石槽が最も美しいのは、4月の清明節の時期。早朝と夕暮れ時に太陽光が海面に反射し、その魅力が倍増します。気温が高くなるにつれて海藻の色が変わっていきます。

もっと知りたい！　岩礁とは、一般に海水中に隠れている岩盤のことで、暗礁ともいいます。岩礁の事例としてはサンゴ礁がよく知られていますが、火山礁など規模の大きいものも存在します。

アメリカでもサクラの花見を楽しむことができます。

098
タイダルベイスン

所在地 アメリカ合衆国 ワシントンD.C.

アメリカの首都にサクラ並木ができた経緯

　サクラといえば、日本人に最も愛されている花。法律で正式に決められているわけではありませんが、キクと並んで、日本の国花と見なされています。そんなサクラの花が織りなす風景を、アメリカのとある場所で見ることができます。

　その場所とは、アメリカの首都ワシントンD.C.です。街の中心部を流れるポトマック川に連接したタイダルベイスンという大きな入り江の岸では、春になると2,000本ものサクラが一斉に開花し、花のアーケードが出現するのです。

　もともとアメリカには、サクラの木が生育していませんでしたが、100年ほど前に日本から運ばれ、植樹されたのです。

　1885（明治17）年、ナショナル・ジオグラフィックス協会の女性理事で紀行作家であったエリザ・シドモアは、日本を訪れ、サクラの美しさに魅せられます。帰国後、ポトマック川畔にサクラを植樹するよう提案したものの、なかなか受け入れられませんでした。それでも24年後に承認され、兵庫県伊丹市で育った苗木が植樹されることになったのです。

もっと
知りたい！

花見のサクラとサクランボがなる木は、同じ種類ではありません。花見のサクラにつく実は小さくて黒いのに対し、サクランボがなる木は正式にはセイヨウミザクラといい、大きく赤い実をつけます。

山水画が現実になったような幽玄な世界が目の前に展開します。

【本日のテーマ】大地の鼓動に耳を傾ける！

099
武陵源

所在地　中華人民共和国　湖南省

3,000本以上立ち並ぶ岩の塔

　中国南部の湖南省に位置する武陵源は、張家界国家森林公園、天子山自然保護区、索渓峪自然保護区からなる自然保護地域。この一帯には200ｍを超える岩の塔が3,000本も林立しており、雲海が立ち込めると、まるで仙人でも暮らしているかのような絶景を見ることができます。この不思議な景観は、次のような経緯でできました。

　いまから4億年前、武陵源周辺は海の底でした。そこに砂や珪酸質の被殻をもった珪藻という植物プランクトンの死骸が大量に堆積し、珪岩（石英砂岩）の厚い地層ができます。そして1億8,000万年前、大規模な地殻変動が起こり、珪岩層は地上に隆起。珪岩層には鉛直方向の深い割れ目ができ、その割れ目に沿って雨水による侵食が進みました。最初のうち珪岩層は大きなブロック状でしたが、少しずつ細かく削られていきました。その結果、現在のような岩の塔となったのです。

　山の頂上には、これまで人間の手が入らなかったため、誕生時とほとんど変わらない自然が残っています。

 もっと知りたい！　最近ではSF映画『アバター』に登場する山のモチーフとなり、一躍有名になりました。エレベーターで山の上に登ると、映画と同じような景色を体験できます。

十二湖のひとつである青池。光の差し加減により、同じ青でも微妙に変化します。

100
十二湖

所在地 日本　青森県、秋田県

江戸時代の大地震で生まれた白神山地の湖沼群

　十二湖は、青森と秋田の県境西部に広がる白神山地の西側に位置し、4㎢にわたって点在する33の湖沼の総称です。

　この湖沼群湖は、地震によってつくられたと考えられています。

　江戸時代中期（1704年）、現在の秋田県能代市を震源とする推定M（マグニチュード）7前後の地震が発生しました。それによって崩山という山が崩壊すると、沢がせき止められ、ブナの森のなかに十二湖ができたというのです。実際は33の湖沼があるのですが、崩山の中腹（大崩）からは、大きな池だけが12個見えたことから「十二湖」と呼ばれるようになったといわれています。

　白神山地には対馬海流がもたらす水蒸気により大量の雪が降りますが、ブナは雪の重さに負けず生き残りました。モクレンやトチなどの原始的な植物群も原型を保っており、780haもの広い地域に、湖沼群とともに豊かな生態系を育んでいます。

もっと知りたい！　十二湖のなかで最も有名なのは「青池」です。その名のとおりコバルトブルーに輝く池で、透明度も高く、池底には倒れたブナの大木がはっきりと見えます。

ラフレシアのなかでもとくに大きいものは、直径1.5m、重さ12kgにもなります。

101
キナバル自然公園

所在地 **マレーシア　サバ州**

死肉臭を発する世界最大の花

　マレーシアのボルネオ島にあるキナバル山は、標高4,100mと東南アジアで一番高い山です。この山を中心としたキナバル自然公園には、5,000種以上の植物をはじめ、絶滅が危惧される動物も多数生息しています。なかでも注目されるのが、直径が1m以上もあり、世界最大の花といわれるラフレシアです。

　ラフレシアが開花するのは数年に一度。しかも数日で枯れてしまうため、実際に遭遇するのは簡単ではありません。幸運にも目撃できたなら、それは貴重な経験となるでしょう。ただし、臭いは強烈。開花後のラフレシアは、美麗な外見からは想像できないような、動物の死肉に似た悪臭を放つのです。

　ラフレシアから発せられる強烈な臭いは、種としての生存戦略の一環です。人間にとっては悪臭ですが、ハエはこの臭いにつられて花の内部に入り、体に花粉をつけて帰っていきます。この花粉が別のラフレシアのめしべの柱頭に触れれば、受粉が成立。つまり、ラフレシアはハエを受粉の媒介として使っているのです。

もっと知りたい！ ボルネオ島では、ラフレシアのつぼみを漢方薬として用いる習慣があります。ただ、森林開発や森林破壊が進んでいることもあり、ラフレシアは絶滅の危機にさらされています。

噴煙が数千m上空にまで達するなか、激しい火山雷が発生し、稲妻が観測されました。

102
エイヤフィヤトラヨークトルの火山雷

所在地 アイスランド共和国　エイヤフィヤトラヨークトル

噴火とともに発生する雷がある

　アイスランドは火山の多い国です。とくにエイヤフィヤトラヨークトル火山はたびたび噴火し、世界規模の災害なども引き起こしています。すぐ隣にはカラト火山もあり、こちらも頻繁に噴火をしています。

　エイヤフィヤトラヨークトル火山などが噴火した際、マグマの噴出や噴煙とともに、激しい稲妻が発生することがあります。赤いマグマ、真っ黒な噴煙を背景に光る紫色の稲妻は、壮観かつ不気味ですが、このように火山の噴火とともに発生する雷のことを、「火山雷」と呼びます。日本の桜島が噴火したときにも見られました。

　火山雷は、噴煙に含まれる火山礫や火山灰が衝突する際の摩擦や、噴火時のマグマの破砕などで電荷を帯びることで発生します。プラスの電荷は噴煙の下方に、マイナスの電荷は噴煙の上方に移動。大きな粒子はプラス、小さな粒子はマイナスの電荷を帯びやすい性質があるため、プラスとマイナスの偏りが極大に達したとき、噴煙内で放電し、火山雷が発生するのです。

もっと知りたい！　エイヤフィヤトラヨークトル火山は、2010年にも大噴火を起こしています。このときに吹き上げられた火山灰がヨーロッパ上空を覆いました。そのため、航空機が飛ぶことができず、空の交通網は長期間にわたって麻痺してしまいました。

五角形や六角形の亀の甲羅のような畳石が1,000個以上も並んでいます。

103
奥武島

所在地　日本　沖縄県

南国で形成された亀の甲羅のような畳石

【本日のテーマ】奇岩・洞窟が生み出す謎を解く！

　沖縄本島の西100km、久米島の東海岸の沖合にある奥武島の畳石。この巨大な亀の甲羅のような石（岩畳）は、600万〜1,200万年前に噴出した安山岩質の溶岩からできていて、その柱状節理の断面が露出したものです。

　南九州から台湾に至る琉球弧の南部の島々には、火山岩系統の地質はほとんどありません。そうしたなか、久米島は異色の存在で、海岸の南北50m、長さ250mの範囲に1,000個以上もの畳石が見られます。直径1〜2mとサイズが大きいのは、熱源の中心に近いということでしょう。侵食が進んで畳石状になっているのも、他の産地とは異なる特徴です。

　柱状節理は火山岩に見られる現象で、規則性のある割れ目のことです。熱いマグマが約700〜1,000℃で固まって岩石になった後、冷えていく過程で体積がわずかに収縮します。少し冷えると、冷却面と地面や空気の接触面に直角（垂直方向）に割れ目が出現。冷却がさらに進むと、できた柱状節理に沿って空気が入って柱状節理の面が冷却されることにより、その面と直角（水平方向）に2次的な節理ができるのです。

もっと知りたい！　節理には、「板状節理」や「方状節理」というタイプもあります。前者は板状の割れ目で、火山岩によく見られます。後者は直方体をつくる割れ目で、深成岩によく見られます。

八重干瀬はふだんは海面下に広がっていますが、大潮のときにその一角が姿を現します。

104
八重干瀬

所在地　日本　宮古島

春の大潮のときに現れる幻のサンゴ礁の島

　宮古島の北に位置する八重干瀬は、サンゴ礁の島々です。周囲25km、大小100以上の環礁からなる日本最大級のサンゴ礁で、「日本のグレートバリアリーフ」ともいわれています。色鮮やかなサンゴ礁に無数の魚たちが集まっており、ダイビングスポットとしても高い人気を誇ります。

　八重干瀬という名前の由来は8つのサンゴ礁が重なってできているからといわれますが、それとは別に「幻の大陸」と呼ばれることもあります。なぜ、幻なのでしょうか？　その理由は、常に姿を見られるわけではなく、出現するタイミングが限られているからです。

　じつは、普段の八重干瀬は「ミヤコブルー」と呼ばれる透明度の高い海の下に沈んでいます。それが姿を現すのは、潮が引いたときです。干満の差の大きい大潮のとき、八重干瀬の一部が海中から出現するのです。

　特に潮の干満差が大きくなるのは旧暦の3月3日（現在の4月上旬）。その時期にシュノーケリングで潜れば、手が届くくらい近くで美しいサンゴ礁を見ることができます。

もっと知りたい！

八重干瀬のなかでウルと呼ばれる場所には、サンゴの根がたくさん存在し、無数のクマノミが見られます。キジャカと呼ばれる場所は海底がテーブルサンゴで埋め尽くされており、ウミガメの姿がよく目撃されています。

109

写真上、頭の上に2本の角のようなものを付けているのがナマルゴンです。

105
カカドゥ国立公園

所在地 オーストラリア連邦 ノーザンテリトリー

【本日のテーマ】自然と人とのつながりを知る！

アボリジニが壁画に用いたレントゲン画法

　オーストラリア北部、アーネムランド半島の西側に位置するカカドゥ国立公園は、2万km²もの面積を誇る同国最大規模の公園です。「カカドゥ」という名前は、先住民アボリジニのガクドゥ族に由来し、公園内からは彼らが描いた2万年以上前から500年前頃までの岩壁画が3,000点以上も発見されています。

　そのなかで注目すべきは、ノーランジー・ロックという東部にある洞窟の岩壁画です。ナマルゴン（雷男）と呼ばれる聖霊、カンガルーなどの動物が描かれているのですが、その骨や内臓がまるでレントゲン写真のように細かく描写されているのです。

　このように体内を透かして描く技法は、「レントゲン画法（X線画法）」と呼ばれる原始絵画独特のテクニックです。残念ながら具体的な描き方はわかっていませんが、見えないものまで描こうとした古代の人々の発想は非常に興味深く、目の前で見るとあまりの迫力に言葉を失います。

もっと
知りたい！

アボリジニは文字をもっておらず、岩壁画が文化を伝える手段でした。岩壁画には狩猟生活の様子や生活道具・神話・風俗・習慣のほか、歴史的な出来事など、さまざまなものが描かれています。

この地の天然ガス埋蔵量は不明で、今後いつまで燃え続けるかもわかりません。

106
ダルヴァザ・ガスクレーター

所在地 トルクメニスタン　アハル州

「地獄の門」から立ち上る砂漠の炎

　　国土の7割をカラクム砂漠に覆われているトルクメニスタン。その砂漠のなかに、「地獄の門」と呼ばれる幅60ｍ・深さ20ｍの大きな穴があります。恐ろしい名前がつけられているのは、穴のなかで炎が立ち上り続けているためです。とくに、日が沈み、夜の暗闇のなかで炎が激しく揺らめいている様子は、まさに炎熱地獄のようです。

　　地獄の門は、1971年の事故でできました。当時のソ連が天然資源の採掘調査をした際、落盤事故が起こり、ガスで満たされた穴が誕生。その穴から有毒の天然ガスが出てきたため、ガスを燃焼させることで放出を抑えようとしたのですが、ガスは止まらず、50年以上も燃え続けているというわけです。

　　ガスは地下から絶え間なく吹き出し続けており、埋蔵量も不明です。そうしたなか、トルクメニスタンの大統領は2022年、天然ガスのムダな消費や住民の健康への悪影響などを理由に、炎を消して閉鎖するよう命じました。地獄の門が見られるのは、あとわずかな時間かもしれません。

中央アジアのトルクメニスタンは、天然ガス大国として知られています。その埋蔵量は世界第4位で、世界全体の1割を占めています。長らくロシアに支配されていましたが、近年、そのほとんどが中国へ輸出されるようになりました。

III

川の水が 8km にわたって階段状に流れ込むことで、幻想的な光景を形成しています。

107
プリトヴィツェ湖群

所在地 クロアチア共和国　プリトヴィツェ湖群市

湖と滝のバランス感覚が素晴らしい湖群

　クロアチア中西部、ボスニア・ヘルツェゴビナとの国境近くにあるプリトヴィツェ湖群には、次のような言い伝えが残されています。ひどい干ばつの際、女王が涙を流しながら神に祈ると、その涙が雨になって湖ができた——。よくある伝説のようにも思えますが、この湖と滝を見ると、あまりに神秘的で、真実味をもって聞こえてきます。

　プリトヴィツェ湖群では、静かな森のなか、エメラルドグリーンの水をたたえる大小16の湖が階段状に並び、それを92の滝が結んでいます。湖と滝が絶妙なバランスで配置されており、周囲の森や岩山と相まって素晴らしい光景を形成しているのです。

　このあたりは石灰岩地域で、川の水にも高濃度の炭酸カルシウムが含まれています。そこから生まれた石灰華（炭酸カルシウムの沈殿物）の働きによって湖の階段ができました。この階段を水が流れることで、滝となって流れ落ちることになったのです。

　女王がいまにも姿を現しそうなファンタジー感のあふれる絶景は、この地独特の環境がもたらした恩恵なのです。

もっと知りたい！　プリトヴィツェ湖群のエメラルドグリーンの色は、水中のミネラルや有機物の含有濃度のほか、太陽光の差し込む角度などにより微妙に変わり、その変わりようがまた大きな魅力となっています。

フラミンゴの体は、赤い色素をもつスピルリナを食することで赤くなっていきます。

108
ボゴリア湖

所在地 ケニア共和国 リフトバレー州

フラミンゴの体が桃色になる秘密

　アフリカ東部、ケニアの首都ナイロビの北西280kmの地点に、マグマの上昇によって形成された大地溝帯（リフトバレー）と呼ばれる巨大な裂け目があります。そのなかにボゴリア湖という変わった湖があります。

　この湖は強アルカリ性の塩湖で、湖底から熱湯が湧き出ています。そうした環境のため、魚は暮らすことができません。その代わりに数百万羽ものフラミンゴが生息しており、湖を桃色に彩っています。荒涼とした大地に出現した色鮮やかな絶景です。

　ボゴリア湖には、高温と強アルカリ性の環境を好むスピルリナという藻類が生息していて、乾季になって塩分の濃度が高まると大繁殖します。このスピルリナに桃色の絶景の秘密が隠されています。

　元来、フラミンゴは桃色の鳥ではなく、生まれたばかりの頃は真っ白。それが、赤い色素をもつスピルリナをエサにすることで、体色が桃色に変化していくのです。つまり、ボゴリア湖の絶景の生みの親は、スピルリナともいえるのです。

もっと知りたい！

フラミンゴは繁殖期になると求愛のダンスを踊ります。ダンスが成功してカップルができると、そのつがいは巣作りのために湖を飛び立っていきます。

113

富士山が笠をかぶったような形でかかる笠雲。この雲も細かく分けると、20 種類にもなります。

４月18日

109

富士山の笠雲

所在地 日本　静岡県、山梨県

【本日のテーマ】気象と天体がもたらす奇跡！

天気の予報に役立つ山頂の雲の笠

　富士山の天気については、「富士山が笠をかぶれば近いうちに雨が降る」「ひとつ笠は雨、二重笠は風雨になる」と、古くから言い伝えられてきました。実際、富士山に笠雲がかかると、7割以上の確率で雨が降るとされています。

　ここでいう「笠」とは、高い山の山頂に帽子をかぶったようにかかる笠雲のこと。気象用語では、レンズ雲といいます。

　笠雲は低気圧が近づいてきているとき、富士山のような孤立峰でよく発生します。孤立峰に当たった風は、山の斜面に沿って上昇するときに断熱膨張を起こします。そこに含まれていた水蒸気が凝結することによって笠雲になるのです。

　通常、笠雲は発生してからしばらく経つと、山頂を越えて反対側に下りて行きます。しかし、風が麓から強く吹き上げているときには、次々と新しい笠雲が発生するため、何時間も同じ場所に留まっているように見えるのです。

もっと知りたい！ 雲や風など大気の状態を観て、天気を予測することを観天望気（かんてんぼうき）といいます。富士山は単独峰で、雲が顕著な現象を示すことあるので、麓の住民はそれを見て天気を予測してきました。

「石の森」ともいわれる尖った岩山のほとんどは、地下でつくられました。

110
ツィンギ・デ・ベマラ

所在地　マダガスカル共和国　マハジャンガ州

剣山のような奇岩群はどのようにつくられた？

　アフリカ大陸から東へ400km離れたインド洋に浮かぶマダガスカル島。その首都アンタナナリボの西300kmに位置するツィンギ・デ・ベマラには、剣のように尖った岩山が続いています。岩山の先端はとても鋭く、俯瞰して見ると、まるで"剣山の森"のような光景です。

　この奇妙な景観は、雨水や地下水による長期の侵食作用でつくられました。まず、サンゴや海藻など、大量の生物の死骸が海底に堆積し、その地層が隆起して石灰岩の大地ができます。石灰岩の大地が雨水や地下水による侵食を受けると、一部分だけが溶けて鍾乳洞を形成。その後、地表では雨水による侵食が進み、地下では固体の微粒子が混じった水による大規模な侵食が続いたことにより、洞窟の上部が崩落し、その結果、高さ120mにも及ぶ剣山のように尖った岩山が姿を現したのです。

　石灰岩層の表面に残る特徴から、ここで見られる鋭い山稜の大部分は地下で形成されたものと考えられています。

もっと知りたい！　ツィンギとは、「動物の住めない土地」という意味です。しかし長い間、天敵となる大型動物や人間がいなかったので、保護区内には、多種多様なキツネザルや完全夜行性のアイアイなど、独自の進化を遂げた多くの固有種が棲んでいます。

「秋田のウユニ塩湖」とも呼ばれる鵜ノ崎海岸。水面に反射した風景がきれいです。

111
鵜ノ崎海岸

所在地 日本　秋田県

遠浅の海岸がつくりだす「天空の鏡」

　秋田県北西部の男鹿半島にある鵜ノ崎海岸では、風のない晴天の日、海面が鏡のようになり、そこに天空が映し出されます。このような光景が生まれるのは、岩盤からなる浅瀬が200mほど沖合まで続いているからです。

　このあたりの地層は、1,000万年前まで、砂泥互層をなして海底に沈んでいました。それが隆起して波の侵食を受けると、干潮時には岩肌が露出するくらいの浅瀬が連なるようになります。そして、柔らかい層はより多く削られ、硬い層が残された結果、凹凸のある縞模様の地層が誕生します。地層が褶曲していた部分では、曲がりくねった凹凸の縞模様となりました。

　このようにして形成された特異な地形のせいか、無風の日には広範囲で波が立たなくなり、空が海面に反射した美しい光景を見ることができるのです。

　浅瀬なので水深がほとんどなく、表層での対流も起こりにくいことから、水面が平坦になりやすくなっているのです。

 浅瀬とは、川・湖・海などで、水深が極めて浅い部分のことです。一般的には、人の足が付く（背が立つ）より浅いところを指しますが、潮の満ち干によって、また生態系や船の航行などによっても、その扱いや状況は変わります。

この断崖の畑が極上ワインとなるブドウを実らせます。

112
チンクエ・テッレ

所在地 **イタリア共和国　ラ・スペツィア県**

最上級のワインを生み出す断崖絶壁の段々畑

　イタリア北西部の港町、ジェノヴァの東側には、断崖に小さな入り江がいくつも見え隠れする複雑な海岸が続いています。その海岸沿いにあるのがチンクエ・テッレの村々です。チンクエ・テッレとは、イタリア語で「5つの土地」という意味。名前のとおり、およそ20kmの間に、リオ・マッジョーレ、マナローラ、コルニリア、ヴェルナッツァ、モンテロッソの5つの村があります。

　そんなチンクエ・テッレの名産品が高級ワインとして名高い「シャケトラ」。このあたりは土地が狭く、土壌も粘土質や石灰質のない、岩壁を砕いてつくった砂です。お世辞にも農業に向いているとはいえません。しかし、住人たちは切り立つ断崖の岩石を削って段々畑をつくり、ワイン用のブドウを栽培してきたのです。

　多く栽培されている品種はボスコです。ボスコはチンクエ・テッレの土着品種で、段々畑の弱酸性の土壌にマッチしています。ハチミツのような甘味をもったブドウから、シャケトラがつくられているのです。

4月21日

【本日のテーマ】自然と人とのつながりを知る！

もっと知りたい！　ワイン醸造に最適とされるヴィニフェラという品種を栽培する場合、中性〜弱アルカリ性の土壌が好ましいといわれています。チンクエ・テッレの土壌は弱酸性の土壌ですが、ボスコに関してはちょうどいいそうです。

現地では、2人の巨人が投げ合った石が丘になったという伝説が語り継がれています。

4月22日

【本日のテーマ】大地の鼓動に耳を傾ける！

113
チョコレートヒルズ

所在地 フィリピン共和国　ボホール州

平原にポコポコできている1,700もの小丘

　フィリピンのボホール島の中央部に広がる平原は、形の似通った円錐形の丘で埋め尽くされています。その数、およそ1,700。どの丘も形はよく似ていますが、大きさはバラバラで、30〜50mくらいの高さのものがあれば、120mになるものもあります。

　この丘は、雨季には緑の草に覆われていますが、夏場の乾季になると、様子が一変。草が枯れて、全体が茶色に染まります。その光景が「ハーシーキス（Hershey's Kisses）チョコレート」が並んでいるように見えることから、チョコレートヒルズと呼ばれるようになったのです。

　チョコレートヒルズはサンゴ礁からつくられました。360万〜200万年前、このあたりは海に沈んでおり、浅い海域でサンゴ礁由来の石灰岩が堆積していきました。やがて火山活動で石灰岩が地上に隆起すると、熱帯特有の大量の雨によって侵食され、石灰分が溶けだしました。その結果、チョコレートがたくさん並んでいるように見える、かわいらしい絶景が形成されたと考えられているのです。

もっと知りたい！

チョコレートヒルズのように円錐形の丘が多数できる地形は、石灰岩などが水によって侵食されてできるカルスト地形のひとつで、ケーゲルカルストと呼ばれています。日本でも沖縄の本部半島で見られます。

118

東京都と同じくらいの広さのイグアスの滝国立公園には、大小275の滝があります。

114
イグアスの滝

所在地 **ブラジル連邦共和国、アルゼンチン共和国**

巨大な滝のルーツは1億年以上前の大陸分裂

　ブラジルとアルゼンチンの国境地帯に位置するイグアスの滝は、北米のナイアガラの滝、アフリカのヴィクトリアの滝と並んで「世界三大瀑布」に数えられる広大な滝。大小275の滝からなり、滝幅はなんと4kmにも及びます。最大落差82mを流れ落ちる水の量は、毎秒6万5,000tで世界一。その約半分が最深部の滝である「悪魔ののど笛」から流れ落ち、凄まじい轟音を響かせながら、白い水煙を上げ続けています。

　この滝が生まれるきっかけとなったのは、1億年以上前の大陸分裂です。当時、地球上にはパンゲア大陸という超大陸があり、そこから南米大陸が分離。激しい火山活動で溶岩が大量に噴出し、現在のイグアスのあたりに溶岩が冷えて固まった玄武岩の台地ができました。台地は軟らかい玄武岩の層と硬い玄武岩の層の2層構造になっており、侵食によって上の軟らかい層が削られます。その結果、2段の滝が誕生。滝は硬い層を削りながら30km近く上流方向に移動し、現在の場所に到達したと考えられています。イグアスの滝には、壮大な地球の歴史が秘められているのです。

> もっと知りたい！
> イグアスの滝の裏側は、オオムジアマツバメの住処となっています。どんな天敵もここには攻めて来られないからです。ただし、彼ら自身にとってもラクではなく、時速百数十kmものスピードで滝に突入しなければなりません。

島名の由来となったガラパゴスゾウガメは、世界最大級のリクガメです。

115
ガラパゴス諸島

所在地　エクアドル共和国　ガラパゴス州

【本日のテーマ】生命の息吹を感じる！

生命進化の舞台になった島

　ガラパゴス諸島は太平洋の赤道直下、南北アメリカ大陸からも、ユーラシア大陸からも遠く離れたところに浮かぶ絶海の孤島です。東西200kmの範囲内に、19の大きな島と40あまりの小島が並んでいます。ガラパゴスという名前は、スペイン語のゾウガメを語源としており、島内に多くのゾウガメが生息していたことから、こう呼ばれるようになりました。

　この島には、ゾウガメをはじめ、フィンチ、イグアナ、サボテンなど、独自の進化を遂げてきた動植物が数多く生息しています。イギリスの博物学者チャールズ・ダーウィンは、それらからヒントを得て『種の起源』をまとめ、進化論を提唱しました。

　ガラパゴス諸島に多くの固有種が生息しているのは、環境的な理由からです。この島は300万〜500万年前の火山活動で誕生しましたが、それから一度も大陸に接したことがありません。また、16世紀前半に人類に発見されるまで、天敵となるような大型の哺乳類もいませんでした。そうした環境により、多くの動植物が独自の進化を遂げ、「生きる博物館」や「種の方舟」などと呼ばれる生命進化の舞台になったのです。

もっと知りたい！　現在、世界遺産への登録数は1,000を超えていますが、その第1号のひとつとなったのがガラパゴス諸島です。1978年に世界自然遺産として登録されました。

大航海時代、カタトゥンボの雷は「マラカイボの灯台」と呼ばれ、広く知られていました。

116
カタトゥンボの雷

所在地 ベネズエラ・ボリバル共和国　スリア州

世界で最も稲妻が多く発生する場所

　南米ベネズエラにあるマラカイボ湖のカタトゥンボ川河口付近は、雷の多発地帯として有名です。どれくらい発生するのかというと、年間160日、1日に約10時間、1時間に280回。あまりにも多いことから、ギネスブックでも「世界で最も稲妻が多い場所」として認定されています。

　マラカイボ湖の雷は雷鳴を伴わないため、昼間はよくわかりません。しかし、夜になると眩い雷光がひっきりなしに煌めく様子を見ることができます。

　雷の多発の理由については、諸説あります。有力なのは地形説。6,000m級のアンデス山脈から吹き下ろす冷たく乾燥した風が、マラカイボ湖から立ち上がる湿潤な空気と衝突するために起きるというものです。空気の温度差が大気の粒子のイオン化を促し、雷を発生させるのではないかと考えられているのです。

　ほかにも、カタトゥンボ川河口で発生するメタンガスが原因だという説もあります。しかし、どちらの説も決定的な証拠はなく、真相はまだ解明されていません。

【本日のテーマ】気象と天体がもたらす奇跡！

もっと知りたい！ マラカイボ湖は14,000㎢（琵琶湖の20倍）の面積を誇るラテンアメリカ最大の淡水湖です。この湖からは油田が発見され開発されていますが、それに伴う環境破壊も問題になりはじめています。

ひとりでに動く石。その後ろには石がたどってきた道の跡を確認できます。

117
デスヴァレーのセーリング・ストーン

所在地 アメリカ合衆国　カリフォルニア州

砂漠地帯にたたずむひとりでに動く石

　アメリカ大陸で最も低い標高にあり、最も熱く乾いた場所がカリフォルニア州のデスヴァレー（死の谷）です。谷の最低地点は海抜マイナス86m、年間降雨量は50mmで、1913年には最高気温56.7℃を記録しました。「ヴァレー（谷）」という名前が付いていますが、実際は谷ではなく、2つの山脈に挟まれた土地が沈んでできた盆地です。

　この荒涼とした大地に、不思議な石があります。それはレーストラック・プラヤという塩湖の跡にあるセーリング・ストーン。ひとりでに移動する石なのです。

　移動する原因については諸説唱えられてきましたが、2014年に氷と風が石を動かしていたと判明しました。気温が上がることで凍った水たまりの氷が溶け、割れて小さな破片になります。そこに風速3〜5mの風が吹くと、石に氷の破片が積み重なるようにして衝突。その力が石を動かしているのです。その後、水たまりが蒸発すると、石と石が動いた跡だけが残ります。水の量と氷の厚さ、そして風の強さが絶妙なバランスで一致したときだけ、石は「ひとりでに」動くのです。これを「ゴルディロックス現象」といいます。

もっと
知りたい！
デスヴァレーは「デスヴァレー国立公園」のなかにあります。自然保護区に指定された、全長225kmある山脈の連なりです。その面積は1万3,000km²に達し、全米でも最大級の国立公園です。

ハワイのビーチの主流は白い砂浜ではなく、こうした黒くてゴツゴツしたものです。

118
プナルウ黒砂海岸

所在地 アメリカ合衆国　ハワイ州

これが本当のハワイのビーチカラー！

　ハワイのビーチといえば、ワイキキのような白い砂浜をイメージする人が多いでしょう。しかし、白い砂浜の多くは観光地化をはかるため、オーストラリアなどから運んできた砂が敷き詰められたもので、ハワイ本来の砂浜は黒いのです。

　そもそもハワイは、世界で最も火山活動が活発な場所のひとつです。噴火によって出てくる溶岩は、粘り気が少なく、熱いうちはサラサラと流れるように移動します。この苦鉄質溶岩は比重が大きく、本来はあまり移動しません。

　しかし、急速に冷やされると、内部に含まれていた水などが気泡に変化します。たくさんの気泡によって穴があいた溶岩の見かけ密度は小さくなり、溶岩は脆く、波や風雨により砕かれて砂粒になります。こうしてできる砂浜が、プナルウに代表される黒い砂浜です。

　もっとも、マハナビーチのように、玄武岩の斑晶鉱物のカンラン石が集まった緑色のビーチや、白い貝やサンゴの欠片が加わったビーチもあり、ハワイの島々の海岸の砂浜の様子は多彩です。

もっと知りたい！　関西近郊で人気のビーチ、和歌山県の南紀白浜は白い砂浜で有名です。しかし、海岸の石英砂が流出してしまったため、近年はオーストラリアから輸入した砂を補充しています。

治水・利水のすぐれた技術を活かして、水資源を有効利用していました。

119
マチュピチュ

所在地 ペルー共和国 クスコ県

険しい山に水を引き込んだ方法とは？

　アンデス山脈、標高2,400mの断崖に位置するマチュピチュ。ここは13～15世紀に栄えたインカ帝国の都市遺跡です。1911年に発見されるまで、数百年にわたって人の手が入らなかったため、神殿や住居、広場、段々畑、通路などが往時のままの状態で残されています。アンデスの深い密林のなかにひっそりとたたずむ空中都市の姿は、ため息がでるほどの美しさです。

　そんなマチュピチュについて、謎とされてきたことがひとつあります。これほど険しい山に、ポンプも使うことなく、どうやって水を引いたのかという問題です。

　このあたりは雨が多く、水に恵まれていました。そこでマチュピチュの人々は、都市部から離れた森の湧き水を水源として確保したうえで、山の斜面を下るように水路を建設し、水を引き込みます。その水路を通して、住宅や段々畑などに水を供給したのです。

　マチュピチュは100年間で打ち捨てられてしまいましたが、水路は500年経った現在も機能しています。

マチュピチュをはじめとするインカ帝国の都市の建造物は、漆喰を使わずに建てられています。石材を正確に切り出し、隙間なく積み上げることで、地震が起こってもびくともしない頑丈さを実現しました。

数千年前のクジラの化石がほぼ完全な状態で残されています。

120
クジラの谷

所在地　エジプト・アラブ共和国　ファイユーム県

クジラの化石が大地の歴史を語る

　エジプト中部の砂漠地帯に広がる枯れ谷には、昔から、見慣れない動物の骨が散乱していました。その原始の地球を思わせる光景を目にした人々は、「地獄の山」と呼んで恐れたといいます。

　骨の正体は、4,000万年前の海洋生物の化石。とくに原始的なクジラの化石が多く、そこから現地の言葉で「ワディ・アル・ヒタン（クジラの谷）」という名称がつけられました。

　実はエジプトは、2億5,000万年前から3,500万年前まで、テチス海（古地中海）という海の底にありました。この谷のあたりが沿岸部で、食糧を求めるクジラが入江に集まっていたようです。その後、海岸線が現在の地中海の位置まで後退し、砂漠化したため、多くの化石が砂漠地帯で発見されることになったのです。

　クジラの化石のなかでとくに貴重なのはバシロサウルスです。20mを超える長大な体に、水かきのある前肢や退化途中の小さな後肢がついています。これにより、陸上で暮らしていたクジラの祖先が、水棲に進化していったことがわかりました。

もっと
知りたい！
クジラの進化は、一般的な哺乳類とは逆のコースをたどりました。もともと陸にルーツがあり、それが進化して、いまから5,000万年ほど前に南太平洋の海に戻っていったと考えられています。

氷河トレッキングやクルーズに参加すると、崩壊する氷河の迫力を体感できます。

121
ペリト・モレノ氷河

所在地 アルゼンチン共和国、チリ共和国

湖になだれ落ちる「生きている氷河」のメカニズム

アルゼンチンのパタゴニア地方に位置するロス・グラシアレス（スペイン語で「氷河」）国立公園は、47の氷河群をもつ世界で3番目に大きな氷河地帯。ここにペリト・モレノ氷河という有名な青い氷河があります。

この氷河は幅が5km、水面からの高さが60mにも及ぶ巨大な氷河です。大きさだけでなく移動速度が脅威的で、中央部では1日に2mも移動します。「生きた氷河」といわれるほど活発に山肌を動き、およそ30kmにわたり山肌を下った後、ものすごい音を立て崩壊しながらアルヘンティーノ湖へ流入します。その光景は圧巻です。

ではなぜ、ペリト・モレノ氷河はそれほど速いスピードで移動するのでしょうか？

湿気を多く含んだ太平洋からの風がアンデスの山々にぶつかると、大量の雪を降らせます。新しい雪によって圧着された古い雪は氷結して氷河に変化しますが、パタゴニア地方は、冬の最低気温が比較的高く、氷河が溶けやすいのです。その結果、溶けては凍るというサイクルが繰り返されることになり、氷河の移動速度が速くなるのです。

もっと
知りたい！　氷の結晶には赤い光を吸収し、青い光を屈折・反射する性質があるため、氷が青く輝いて見えます。ペリト・モレノ氷河の氷には気泡が少なく、氷は高い透明度を誇っています。

小笠原諸島には、東京都とは思えないほど、手つかずの大自然が多く残っています。

122
小笠原諸島

所在地 日本　東京都

「東洋のガラパゴス」と呼ばれる固有種の宝庫

　小笠原諸島は、東京都心から1,000km南下した太平洋上の広々とした海域に散在する、大小30余りの島々で構成されています。人が暮らしているのは父島と母島だけです。

　小笠原諸島はおよそ5,000〜4,500万年前、太平洋プレートがフィリピン海プレートの下へ沈み込むことによって形成されました。父島以北の島々は5,000万年ほど前の火山島で、母島は4,500万年ほど前の火山島と考えられています。

　誕生してから長い時間が経っていますが、一度も大陸と陸続きになったことがありません。孤立した環境が長く続くなか、陸上はもとより海中の動植物さえもが独自の進化を遂げました。その結果、「東洋のガラパゴス」と呼ばれるような固有種にあふれた島となったのです。現在、小笠原諸島に生息している植物の36%、昆虫類の28%、陸産貝類の94%が固有種に認定されています。アカガシラカラスバト、ハハジマメグロ、オガサワラオオコウモリ、オガサワラシジミ、オガサワラハンミョウ、オガサワラゼミ、オガサワラライトトンボなどが固有種の代表例です。

もっと知りたい！ 小笠原諸島の周辺海域には、イルカやクジラなどが数多く生息しています。とくに、ザトウクジラの群れを高い確率で見ることができる場所として有名です。

乳房雲という名の由来は、ヒトの乳房ではなくウシの乳房です。

123
乳房雲

所在地 | 世界各地

【本日のテーマ】気象と天体がもたらす奇跡！

珍しい乳房雲が危険のサインといわれるわけ

　曇り空を見上げたとき、雲の底がモコモコになっているように見えることがあります。乳房雲と呼ばれるタイプの雲です。たくさんの乳房が雲底から垂れ下がっているよう見えることから、その名がつきました。

　乳房雲は、積乱雲から吹き出した鉄床雲（かなとこぐも）の底面に発生することが多いとされています。また、積乱雲自体の底面や、層積雲、高積雲、巻積雲、巻雲の底面に発生することもあります。層状の雲の上面が放射冷却、あるいは雲粒の蒸発で冷やされ、雲の内部に対流が生じると、下降した部分が下向きに膨らみ、独特の形になるのです。

　乳房雲は迫力のある珍しい光景なので、運よく目にしたら見とれてしまうでしょう。しかし、のんびりと眺めているのは危険です。乳房雲は嵐の前触れだからです。アメリカでは乳房雲は竜巻の前兆だといわれていて、乳房雲が現れたら、すぐに建物のなかに避難するよう学校などで教えているそうです。竜巻以外にも、雹や突風などが起きることも多いので気をつけましょう。

もっと知りたい！ | 日本では大規模な乳房雲はあまり発生しませんが、2020年7月に関東地方で観測されました。まず積乱雲が発生し、短時間に風雨が強まりました。そして風や雨が落ち着くと、乳房雲が出現しました。

ランポーニ洞窟は、エトナ山から噴き出た溶岩によってつくられました。

124
ランポーニ洞窟

所在地 **イタリア共和国　シチリア州**

エトナ山の地下に広がる美しき溶岩トンネル

　ヨーロッパ最古の活火山である、イタリア・シチリア島東部のエトナ山。山容が美しいことで有名ですが、それだけが魅力ではありません。地下に広がる洞窟が、実に神秘的なのです。

　その洞窟の名がランポーニ洞窟。洞窟内には真っ黒な岩石が転がり、所々ライトアップされているため、幻想的な雰囲気が漂います。また、天窓のようにポッカリと開いた空間があり、そこから差し込む太陽光がキラキラと輝きを放つのです。

　ランポーニ洞窟はエトナ山から噴出した溶岩によってつくられた溶岩洞窟です。火山活動によって噴出した溶岩は、山の斜面をゆっくりと流れるうちに、表面（外側）が空気に冷やされて固まります。しかし、内側は高温を保ち続け、液体のまま流れていきます。

　やがて火山活動が落ち着くと、外側は硬い岩石で、内側は空洞になった溶岩のパイプが誕生します。こうしてランポーニ洞窟のような溶岩洞窟ができるのです。現在、ランポーニ洞窟は人気の観光地となっていますが、それは火山活動の生々しい跡というわけです。

もっと知りたい！
溶岩が何層も積み重なっているエトナ山周辺の土壌には、ミネラルが豊富に含まれています。その土壌を生かして、ブドウ栽培が盛んに行われており、ワインの産地としても注目されています。

炎のような橙色をした岩がベイ・オブ・ファイヤーズと呼ばれています。

125

ベイ・オブ・ファイヤーズ

所在地 オーストラリア連邦　タスマニア島

海岸の花崗岩に誰が火を点けたのか？

　タスマニア島北東部の海域に位置するベイ・オブ・ファイヤーズは、入り組んだ海岸線と砂浜からなり、各種の鳥やサンゴなどが豊かな場所です。その名は、発見当時の先住民族アボリジニの使っていた「火」に由来するといわれています。

　ベイ・オブ・ファイヤーズの海岸は、白い砂浜から飛び出した花崗岩の丸味を帯びた岩塊に埋め尽くされています。驚くべきは、岩塊に付着した鮮やかな橙色。まるで塗料を塗って回ったかのような橙色の岩石が点在しているのです。

　この橙色の正体は地衣類です。地衣類とは、陸上性の光合成生物で、コケ類などと似ています。混同されることもよくありますが、形態的にも構造的にも、まったく異なります。地衣類の構造をつくっているのは菌類。菌類は光合成ができないのですが、地衣類の場合、内部で藻類を共生させることで自活できるようにしているのです。

　そうした地衣類に覆われているため、ベイ・オブ・ファイヤーズの岩塊は橙色を呈しているのです。

ベイ・オブ・ファイヤーズには、貝塚などのアボリジニの生活の痕跡が数多く残っています。およそ1万年前まで、タスマニア島とオーストラリア大陸はつながっており、多くの住民が島の西側で暮らしていたと考えられています。

段々畑の棚田に溜まった塩水を乾燥させると、自然塩を採ることができます。

126
マラスの塩田

所在地 ペルー共和国　クスコ県

なぜ、アンデスの山奥に塩田があるのか？

　南米アンデス山脈の標高3,300mに位置するマラスの塩田は、世界で一番高い場所にある塩田です。山の斜面に田んぼのような四角い棚田が3,000個以上、距離にすると1kmも続いており、棚田に溜まった塩水を天日干しにすることで塩を生産しています。

　通常の塩田は海の近くにあります。海水から水分を蒸発させ、塩を取り出すのです。それに対し、マラスの塩田は海から遠く離れているどころか、山の上にあるのです。いったいなぜ、海ではなく山につくられたのでしょうか？

　実はいまから1億年以上前、このあたりは海の底でした。やがて海底が隆起し、アンデス山脈が形成されると、海水の塩が岩塩層となります。その地層を通ってきた地下水はマラスで塩水となって湧き出ており、それを利用して塩を生産しているのです。マラスで湧き出ている塩水の塩濃度は21%。通常の海水は3.4%程度ですから、ケタ違いの濃さです。

　マラスではじめて塩田がつくられたのは、インカ帝国の時代より古い時代といわれています。インカ時代には、マラスで採れた塩が皇帝に献上されていました。

もっと知りたい！

インカ帝国ではミイラが製造されていました。ミイラをつくるときにも塩が利用されていたとみられています。粒が大きく、まろやかな点がマラス産の塩の特徴です。

早朝、雲海に浮かび上がるブロモ山の美しさは筆舌に尽くし難いものがあります。

127
ブロモ山

所在地 **インドネシア共和国　東ジャワ州**

ジャワ島付近に巨大カルデラが集中している理由

　インドネシアにはたくさんの火山が存在し、その多くが活発な火山活動を続けています。ジャワ島東部に位置する標高2,392mのブロモ山もインドネシアを代表する活火山のひとつで、直径10kmの巨大な旧噴火口のクレーター内にあります。日の出のときの神秘的な姿や月面のような砂原の様子は美しく、古くから火の神が住む山と信じられてきました。

　それにしても、なぜインドネシアの火山活動は活発なのでしょうか？　2021年にもジャワ島東部のスメル山が噴火して、火砕流による犠牲者が出ています。

　インドネシアの南、オーストラリアプレートとユーラシアプレートとが接触している地点には、全長4,500kmのスンダ海溝が横たわっています。オーストラリアプレートは本質的には海のプレートで、内部に水をたくさん抱えているため、ユーラシアプレートの下に沈み込むとき、ユーラシアプレート側に大量の水が滲み出てきます。

　この水がマントルに影響してマグマを発生させ、噴火につながるのです。つまり、インドネシアの火山活動はスンダ海溝でのプレートの動きに影響されているということです。

もっと
知りたい！
ジャワ島では、いまもブロモ山の神に穀物や野菜・肉を供え、神の怒りを鎮める儀式が執り行われています。そもそもブロモ山という山名も、ヒンドゥー教の創造神ブラフマーに由来するといわれています。

その美しさは「女神の鏡が空から落ち、割れたガラスが湖になった」との伝説を生みました。

128
九寨溝
きゅうさいこう

所在地 中華人民共和国　四川省

石灰岩が水の透明度を高めて生まれた色鮮やかな湖

　九寨溝は中国四川省の奥地にある峡谷。チベット族の集落が9つあったことから、九寨溝という名がつけられました。大小100以上の湖沼や滝、池が点在しており、それらの美しさで知られています。海子と呼ばれる池は太陽の光を反射して空の色を映し出し、五彩池の水面には山々や空のブルーが映り込み、水がエメラルドグリーンに輝いて見えます。

　じつはこのあたりは、かつて海の底でした。当時、サンゴなどの死骸からできた石灰岩が堆積し、地層を形成。その後、一帯が隆起すると、石灰岩層が侵食されて、カルスト地形がつくられました。そうした経緯から、湖沼、滝、池の水には石灰岩に由来する炭酸カルシウムが溶けています。炭酸カルシウムには不純物を吸着して沈殿させる性質があるため、水の透明度が増します。その水に光が差し込むことで美しい光景が生まれるのです。

　九寨溝は山奥にあるため、長らく世に知られていませんでしたが、1970年代に林業の関係者によって発見されました。中国ではその美しさから、「九寨溝より帰りて水を見ず（その水の美しさを見たらもう他の水は見られない）」ともいわれています。

もっと
知りたい！

　九寨溝には、小さい湖が棚田状に並び、湖底に若木が根付いて柏や松、杉などの密生林となった樹正群海があります。最大の滝は諸日朗瀑布（だくじつろうばくふ）で、長海湖は九寨溝最大規模の湖です。

変化に富んだ自然が広がる風蓮湖。ここでは330種もの野鳥を見ることができます。

129

風蓮湖湿原

所在地　日本　北海道

【本日のテーマ】生命の息吹を感じる！

数千年かけて堆積した砂がつくり上げた大湿原

　根室半島の付け根に位置し、根室湾に面している風蓮湖湿原は、風蓮湖・温根沼・長節湖の3つの湖沼と、背後の段丘性台地からなります。標高30〜40mの台地から流れる河川が湖沼に注ぎ、河口を中心に湿原地帯を形成しています。

　この湿原の北東岸で見られるのが春国岱という砂州。
「砂州」とは、砂礫が細長く堆積してできた海岸地形のことで、ここでは根室湾と風蓮湖を隔てるように広がっています。

　春国岱は、オホーツク海の海流が運ぶ砂礫の堆積によって、1,500〜3,000年前につくられました。第一砂丘、第二砂丘、第三砂丘の3つの砂州からなり、長さ8km、最大幅1.3km、面積600ha（東京ドーム130個分）もの広さを誇ります。

　春国岱では、さまざまな動植物を観察することができます。植物ではミズバショウやセンダイハギなどが、長年にわたって堆積した砂の上に繁茂。野鳥ではタンチョウやオジロワシなどが飛来し、極めて豊かな生態系を形成しているのです。

もっと知りたい！　風蓮湖という湖名の由来は、アイヌ語で「赤い川」を意味する「フーレ・ベツ」とされています。これはもともと風蓮川を指した地名で、風蓮川に湿原由来の赤い水が流入していたことを物語っています。

キリマンジャロの雪は温暖化の影響で縮小しており、2040年には消滅するともいわれています。

130
キリマンジャロの雪

所在地 タンザニア連合共和国　キリマンジャロ国立公園

赤道近くに位置する雪降る山

　キリマンジャロは、東アフリカのタンザニア北東部にある山。標高5,895mを誇る、アフリカの最高峰です。赤道から南にわずか300kmしか離れておらず、麓には熱帯草原地帯（サバンナ）が広がっています。このような熱帯地域にあるにもかかわらず、標高4,500mくらいから頂上にかけての山肌は、一年中、雪と氷河に覆われているのです。

　赤道近くの山に雪や氷河があるのは、この山が非常に高く、山頂に近づくほど気温が低くなるためです。では、山の高い場所の気温が低いのはどうしてでしょうか？　その理由は2つあります。

　太陽が地面を温めると、その熱が空気を温めますが、山の高い場所は地面が少ないため、気温も上がりません。これがひとつめ。また、風が山の斜面にぶつかり山肌を這い上がっていくと、空気が膨張して温度が下がる断熱膨張という現象が起こります。これが2つめです。キリマンジャロは赤道近くに位置していながら、山頂付近が雪や氷河で覆われているのは、このためです。

もっと知りたい！
スワヒリ語でキリマは「山」、ンジャロは「白く輝く」を意味します。つまり、キリマンジャロは「白く輝く山」という意味になります。南西の中腹、標高1,500〜2,500m付近では、コーヒー豆が栽培されています。

135

崖の間に挟まった岩石の大きさは畳半分ほど。その下にあるのは984mの空間です。

131
シェラーグボルテン

所在地　ノルウェー王国　ローガラン県

1,000mの高さに浮いている落ちない石

　高さ984mに位置する崖と崖の間に嵌まった大きな丸い石。人が乗ってもびくともしません。足を滑らせれば一巻の終わりですが、乗った人は幸せになるともいわれ、現在は観光客に人気の撮影スポットになっています。

　これは、ノルウェーのローガラン県にあるシェラーグボルテンで見られる光景です。「迷子石（漂う石）」と呼ばれるこの岩石は、直径が2m弱で、体積は5㎥あり、人力で移動させるのは困難です。では、こんな場所にどうやって挟まったのでしょうか？

　いまから7万～1万年前の氷河期、このあたりはスカンジナビア氷床と呼ばれる巨大な氷で覆われていました。氷河は大地を削り、高さ1,000m級のU字形の谷（フィヨルド）を形成。やがて氷河期が終わり温暖化が進むと、氷河が溶け出して海面は上昇し、フィヨルドは海水で満たされました。

　このとき、フィヨルドが氾濫し、溶け出した氷河と一緒に流された砂岩が、シェラーグボルテンの迷子石だといわれているのです。

もっと知りたい！　シェラーグボルテンの迷子石の上に乗るには、隣の崖から飛び乗らなくてはなりません。石の上面は緩いカーブのかかった曲面。万が一のことを考えると、かなりの勇気が必要です。もっとも、この石もやがて落下する可能性はあります。

ブルーホールは、フランスの海洋学者が1971年に調査したことで有名になりました。

132
グレート・ブルーホール

所在地 ベリーズ　ベリーズ州

サンゴ礁地帯に空いた真っ青な穴の正体は？

　中米のユカタン半島の付け根、カリブ海に面する小国ベリーズの沖合に位置するベリーズ・バリア・リーフ。ここはオーストラリアのグレート・バリア・リーフに次ぐ大きさの、北半球では最大のサンゴ礁地帯です。そんなベリーズ・バリア・リーフのライトハウス・リーフの真ん中に、グレート・ブルーホールと呼ばれる濃い青色の一帯が存在しています。直径313mもの広さを誇るその一帯は、青色の海に開いた巨大な穴のようです。

　グレート・ブルーホールは、地下洞窟の開口部です。氷河期末期、この一帯はまだ地上でした。そこには石灰岩の大地が広がっており、雨や地下水に侵食されて、鍾乳洞が誕生します。やがて鍾乳洞の天井が崩落したことにより、巨大な竪穴ができました。

　氷河期が終わり、気候が温暖になると、海面が上昇して洞窟は取り残されます。つまり、開口部をもったまま、海中に大きな壺が沈んだようなものです。周囲は浅瀬になっていきましたが、洞窟内では静かな環境が保たれたようです。こうして浅瀬のなかに大きな穴が生じたのです。

もっと
知りたい！　グレート・ブルーホールの濃い青色は、深い水深によるものです。周囲が浅瀬なのに対し、この穴は深さが130mもあるのです。現地の人々は「海の怪物の寝床」と呼んでいます。

137

ホモ・エレクトスの化石は推定 10 歳の少年のもので、身長はすでに 160㎝もありました。

【本日のテーマ】自然と人とのつながりを知る!

133
トゥルカナ湖

所在地 ケニア共和国、エチオピア連邦民主共和国

なぜ、ここが人類発祥の地となったのか?

　ターコイズブルーの湖水をたたえ、「翡翠の海」とも呼ばれているトゥルカナ湖。東アフリカ、ケニア北部に位置するこの湖は、景観の美しさもさることながら、人類の歴史においても極めて重要な地です。1980年代、160万年前のものとみられるホモ・エレクトス(ホモ・エルガステル)の少年の化石が発見されたからです。

　ホモ・エレクトスは現生人類とほぼ同じ身体つきで、効率的な二足歩行ができたとされます。アフリカから出て、ユーラシア大陸の東側へ到達した最初の人類種でもあります。

　この地でホモ・エレクトスが生まれたのは、環境変動の影響と考えられています。1,500万年前頃、大地溝帯といわれる南北に細長い山脈が形成されはじめると、大西洋からの湿った空気が東アフリカへ届かなくなり、乾燥がはじまります。それまで豊かな森林に住んでいた類人猿は、食糧を求めてサバンナへ進出。草原で長距離を移動するため、二足歩行を発達させました。つまりホモ・エレクトスは、環境に適応しようとして最初の二足歩行者となったのです。

もっと知りたい！　トゥルカナ湖は、ルドルフ湖とも呼ばれています。これは、1888年にこの地を探検したオーストリアのテレキ伯が、当時の皇太子にちなんで命名したものです。

「世界の最果て」ともいわれますが、ほかでは見られない景色が広がっています。

134

ヌブラ渓谷

所在地 インド共和国、パキスタン・イスラム共和国、中華人民共和国

2つの川の流れがつくった緑の園

　ヌブラは、長年インド、パキスタン、中国の係争地となっているカシミール地方にある渓谷です。標高は3,200m。「世界で最も高い場所にあるクルマが通れる峠」として知られるカルドゥン・ラ峠(標高5,600m)を越えると、たどり着くことができます。

　そんなヌブラ渓谷は、ヒマラヤ山脈に囲まれており、非常に雪深いところです。しかし、冬には谷全体が荒涼とした月の風景のように見えるため「ムーンランド」と呼ばれ、夏には谷に緑があふれる美しい場所へと変貌します。

　寒くて乾燥したカシミール地方で、ここだけ緑豊かになるのはどうしてでしょうか?その理由は川にあります。この一帯にはショク川とヌブラ川という2つの曲がりくねった川が流れています。それらがヌブラ渓谷を横切っているため、緑が豊かになるのです。

　そもそもヌブラは、「緑の園」という意味。かつては「花の谷」を意味する言葉で呼ばれていたともいわれる特別な場所なのです。

もっと知りたい! ヌブラ渓谷ではチベット仏教が盛んに信仰されています。この地のほとんどの住人は仏教徒です。エンサ、サムステムリング、ディスキット、フンダーなど、有名な仏教修道院もあります。

ナンティコーク川を上空から見ると、その蛇行ぶりがよくわかります。

135
ナンティコーク川

所在地 | アメリカ合衆国　メリーランド州など

なぜ、川はこんなにもクネクネ蛇行しているのか？

　ナンティコーク川はアメリカ東部、大西洋岸地域のデラウェア州に端を発し、デルマーバ半島の中部を北東から南西へと進んで、メリーランド州を流れ、最終的には首都ワシントンD.C.の東のチェサピーク湾へと流れ込む、全長100km近い川です。支流が無数にあり、そのいくつかは大きく蛇行しています。

　上空から見る川の姿は、文字どおり「くねる蛇」のようで圧巻です。「自然界に直線は存在しない」という言葉がありますが、蛇行する川を見れば、それを改めて実感します。

　そもそも川は最初から多少曲がりながら流れていますが、流れがとくに緩やかになる下流では、少しの障害物があっても流れの向きが変わりやすくなります。流れは岸の一方に当たってその部分を削り、次には反対側の岸を削ります。内側の岸はつねに流れが遅いので、運ばれてきた土砂が堆積していきます。

　この過程が長い年月繰り返されることで、川の曲がり方はますます大きくなり、やがて蛇がくねるような姿になるのです。

もっと知りたい！ | 平地を川が蛇行するとき、河道が変化して、それまでの河床の深い部分がとり残された湖を「三日月湖」といいます。北海道・石狩川の下流部などで見られます。

ヌーの群れは本能のままにひたすら前進し続けます。

136

セレンゲティ国立公園

所在地　タンザニア連合共和国　マラ州など

150万頭のヌーによる1,500kmの大移動

　セレンゲティとは、マサイ語で「果てしない草原」という意味。タンザニア北部、キリマンジャロの裾野に広がるこの国立公園は広大なサバンナ（草原地帯）で、面積は1万5,000km²。ライオン、アフリカゾウ、バッファロー、シマウマなど、さまざまな動物が300万頭も生息している動物王国です。

　そんなセレンゲティ国立公園で見られるのがヌーの群れの大移動です。ヌーはウシの仲間で、ここには150万頭も生息しています。その大群がいっせいに移動する様子は、度肝を抜かれるほどの光景です。

　ヌーが移動するのは、食糧となる草を求めるためです。雨季が終わり、乾季がはじまろうとする5〜6月頃、隣接するケニアのマサイマラ国立保護区へ向けて1,500kmの旅を開始し、雨季が始まる12〜1月頃になると、再びセレンゲティへ戻ってきます。途中、大きな川や獰猛な肉食獣が立ちはだかりますが、ヌーたちは決して止まることなく、ひたすら前進を続けるのです。

もっと
知りたい！
セレンゲティ国立公園にいる肉食動物は、ライオン、ヒョウ、チーターなどです。草食動物では、アフリカゾウ、バッファロー、インパラ、キリン、シマウマ、ガゼル、アンテロープなどが暮らしています。

141

ブルー・マウンテンズの森には、世界のユーカリの 13% が集まっています。

137
ブルー・マウンテンズ

所在地 **オーストラリア連邦　ニューサウスウェールズ州**

ユーカリに含まれている脂分が山並みを青く染める

　ブルー・マウンテンズとは、オーストラリア北東部にある103万haもの広大な砂岩台地の名前です。大半は森に覆われていて、その上の大気が青くかすんで見えることから、この名称がつきました。

　大気が青くかすむのは、ユーカリの木が出す揮発油のためです。

　ブルー・マウンテンズの森には無数のユーカリが生えています。ユーカリには油分が含まれ、気温の上昇とともに気化します。それが太陽光を反射すると、森の上空が青い霧に包まれているように見えるのです。

　なお、ユーカリから出る大量の油分は、オーストラリアでしばしば発生する森林火災の要因にもなっています。もちろん、ユーカリ自身も火災に巻き込まれますが、その炎は高さ30m以上のユーカリの枝には届きません。一方、高さ2～3mのアカシアの木は燃えてしまい、その灰はユーカリの養分となります。つまり、ユーカリは自らの生存のために油分を出しているともいえるのです。

もっと
知りたい！
　森林火災は、アカシアにとってもマイナス面だけではありません。アカシアの固い種は、火によってはじけることで新しい芽を吹くからです。つまり、森林火災があることで生まれるというわけです。

玄武岩の六角形や八角形の柱状節理が見られます。

138
玄武洞

所在地 日本　兵庫県

規則正しい石柱ができたのはマグマのおかげ

　兵庫県北部、城崎温泉の近くにある玄武洞。高さ35m、幅70mのこの洞窟は、絶壁に刻まれた独特の模様が印象的です。天然記念物に指定されているほか、近くの青龍洞、白虎洞、北朱雀洞、南朱雀洞とともに、玄武洞公園として整備されています。

　玄武洞は1万年前の火山活動によってつくられました。火山噴火にともない、山頂から流れ出したマグマが冷えて固まり、玄武岩溶岩の厚い層を形成。このとき、溶岩が均等に収縮しようとしたため、歪みが生まれて六角柱状にひび割れました。現在、石柱の断面が、どれもほぼ正六角形になっているのは、この柱状節理と呼ばれる現象によるものです。

　やがて玄武岩層は河川による侵食を受け、姿を現します。その後、人々によって柱状節理の発達した岩石が採掘されたため、洞穴ができました。つまり、洞窟そのものは石を採掘した跡ということです。

　1931年には、玄武洞の岩石の磁性が、現在の地磁気とは反対の方向の南を向くことが発見されています。玄武洞は世界で最初に地磁気の逆転が発見された場所でもあるのです。

もっと知りたい！　玄武岩という岩石分類は、この洞窟の名前に由来します。切り出しやすく、全国で、石垣や庭石・護岸工事などに使われてきました。また、鉄分を多く含むため、漬け物石としても最適とされています。

26 の環礁と 1,200 の小島がモルディブという国を形成しています。

139
モルディブの環礁

所在地 モルディブ共和国

【本日のテーマ】母なる海に抱かれる！

海に並んだ白いリングの正体

　インド南端から500km離れた場所に浮かぶモルディブ諸島。多くの島々からなるこの島国を上空から眺めると、島を取り囲んで、円形の白いリングが連なっているように見えます。まるで海から島を守っているようなこのリングの正体は、サンゴ礁です。

　かつて、この海域には火山島があり、その周囲を縁取るようにサンゴ礁（裾礁）ができました。長い年月を経て海水が上昇し、火山島がゆっくりと海中に沈んでいくと、サンゴ礁だけが海面に向かって成長。その結果、島と外礁との間に礁湖（ラグーン）が誕生しました。このようにラグーンを有するサンゴ礁のことを「堡礁」といいます。

　やがて火山島がついに水没すると、島の周辺のサンゴ礁だけが円形状に取り残されました。こうして環礁が形成されたのです。

　モルディブには、巨大な環礁が26、環礁の上のサンゴ州島といわれる小島が1,200もあり、水上飛行機に乗ると、その美しい光景を見ることができます。

もっと知りたい！ 裾礁と堡礁の違いは、ラグーンがあるかどうかです。ラグーンがなければ裾礁で、ラグーンがあれば堡礁となります。オーストラリアのグレート・バリア・リーフはラグーンを有する堡礁の一種です。

ペトラのシンボル的存在のエル・ハズネ。ナバテア人が砂岩層を彫り抜いて建造しました。

ペトラ

所在地 ヨルダン・ハシミテ王国　マアーン県

赤い砂岩をくり抜いてつくられたバラ色の都市

　ペトラ遺跡はヨルダン中南部の砂漠地帯にある世界遺産。2,000年以上前、この地に定住したアラブ系民族のナバテア人が、切り立つ自然の岩壁を削って建造した大都市の跡です。ペトラとは、ギリシャ語で「岩」を意味しています。

　現地語で「ファラオの宝物庫」を意味するエル・ハズネなどがある場所までたどり着くには、「シク」と呼ばれる断崖絶壁のなかの一本道を進んでいかなければなりません。その細道を奥へ奥へと進んでいくと、眼前にエル・ハズネが出現。さらに奥には、ローマ時代の円形劇場などがあります。

　このあたりの岩壁は、主に赤っぽい色の砂岩でできています。その岩壁が午後から夕暮れ時にかけて太陽に照らされると、光の角度によってバラ色のグラデーションが展開し、幻想的な光景を見ることができます。これが、ペトラが「ローズレッド・シティ（バラ色の都市）」といわれる所以です。

もっと知りたい！ ナバテア人は北アラビアをルーツとする遊牧民で、交易を行い、莫大な富をなしました。その富で建造したのがペトラです。ペトラを首都とするナバテア王国は、ローマ帝国に臣従ながらも独立を保ち、大いに繁栄しました。

5月19日

【本日のテーマ】自然と人とのつながりを知る！

145

色づいた大地は立ち入り禁止。展望台や遊歩道から絶景を楽しめます。

【本日のテーマ】大地の鼓動に耳を傾ける！

141
セブン・カラード・アース

所在地 モーリシャス共和国　モーリシャス島

七色に染め抜かれた大地のキャンバス

　アフリカ大陸東南に位置するマダガスカル島の東に「インド洋の貴婦人」とも呼ばれるモーリシャス島が浮かんでいます。その島の南東部の高原に広がっているのが、セブン・カラード・アースと呼ばれる七色の大地です。赤・茶・紫・緑・青・菫・黄色に輝く光景は、自然が産んだ絵画作品そのものといえます。

　大地が七色になった原因は、岩石中の鉱物にあります。シャマレル火山が噴火した際、玄武岩が噴出しました。それに含まれている鉱物が、酸化反応や加水分解によって変質したのです。鉱物には鉄とアルミニウムが多く含まれており、鉄分は酸化によって赤色から橙色へ、アルミニウム分は加水分解によって青色から紫色へと変色しました。それらの鉱物が地層ごとに混じることなく堆積しているため、色の違いがはっきりと分かれ、七色に輝いて見えるというわけです。

　セブン・カラード・アースは、緩やかなカーブを描いた滑らかな山肌で、一見、砂丘のように見えます。しかし、実際は砂ではなく、固い地層からなる大地です。

もっと知りたい！　七色の大地は、季節によって、天候や時間によって、また太陽光の加減で色合いが変化します。一番美しく見えるのは、朝日によって露が照らされる時間帯とされています。

鮮やかな色彩を放つグランド・プリズマティック・スプリング。

142
イエローストーン

所在地 アメリカ合衆国　アイダホ州、モンタナ州、ワイオミング州

虹色の輝きの担い手はバクテリア！

アメリカ中西部、ロッキー山脈の中央付近に位置するイエローストーン国立公園は世界初の国立公園。北アメリカ最大の火山地帯で、現在も火山活動が活発なため、さまざまな熱水現象が見られます。なかでも最もよく知られているのがグランド・プリズマティック・スプリングというカラフルな熱水泉です。この直径113mの熱水泉は、中心部から縁に向かって、青・水・緑・黄・橙・金・茶の順に彩られており、その光景があまりに印象的なことから、イエローストーンのシンボル的存在になっています。熱水泉を色鮮やかに染め上げているのは、なんとバクテリアです。

中央の青い部分は非常に高温で、バクテリアは生息できません。岩石から溶け出したシリカ（二酸化ケイ素）が空の青さを散乱させています。その外縁がバクテリアの色素によって染められている部分。シネココッカスが緑や黄の色を、フォルミディウムが橙や赤の色を、カロトリクスが茶の色をつくります。バクテリアの種類によって生存可能な温度領域が異なるため、同じ熱水泉のなかに多様な色彩が生まれるというわけです。

この地では210万年前、130万年前、64万年前の計3回、「破局噴火」が起こりました。地下のマグマが地上に一気に噴出する大噴火で、ここでは80万年周期で発生しているため、次の破局噴火が迫っているともいわれています。

【本日のテーマ】湖・川・滝の不思議を味わう！

群泳するイワシ。理由ははっきりしませんが、回転方向は7割以上が右回りだそうです。

143
東アジア海域のイワシの群泳

所在地 東アジアの海域

【本日のテーマ】生命の息吹を感じる！

イワシの群れがきれいに整列して泳ぐメカニズム

　東アジアを中心に分布するマイワシは、基本的に群れで生活しています。敵が近づいてくると大群をつくり、ボールのようにぐるぐる回って泳ぐなどの防衛行動をとります。

　マイワシの群れには、リーダーのような存在はいません。それなのに、なぜ一糸乱れぬ行動を取ることができるのでしょうか？

　それは、マイワシが3つのルールに基づいて泳いでいるからだといわれています。ひとつ目は、隣の魚とぶつからないように泳ぐこと。つまり、ほかのマイワシと一定の距離をとって泳ぎます。2つ目は、隣を泳いでいるマイワシについてくように泳ぐこと。そして3つ目は、すべてのマイワシが一定の距離を保ちつつ、同じ方向に向かって泳ぐこと。この単純なルールだけで、マイワシは複雑で整然とした集団行動をとっているというのです。

　見ていると、方向を変えるなどの動きはじつに機敏で、別の支配要素があるようにも思えてきます。ほかにもこのような集団行動を取る群れがありますが、群れの行動については、さまざまな分野で研究が進められています。

 もっと知りたい！ マイワシは、海岸近くから沖合までの海面近くに生息しています。基本的には、春から夏にかけて北上し、秋から冬には南下するという季節的な回遊を行う習性があります。

国際宇宙ステーションから見たスプライト。赤い閃光がわずかに確認できます。

144
スプライト

所在地　世界各地

雲から宇宙空間に向かって落ちる不思議な雷

　落雷は雷雲から下方向に向かって落ちます。その直後、雷雲から宇宙空間に向かって落雷と反対の上方向に赤い光が放たれることがあります。スプライトと呼ばれる現象です。

　スプライトは雷と同じく放電による発光現象で、落雷から数〜数十秒後に発生します。発光時間は100分の1秒程度と、非常に短いものです。

　実は、この現象が発見されたのは1989年と、比較的最近のことでした。アメリカで夜間ビデオカメラの撮影中、偶然、捉えられました。

　それまで見つからなかったのは、雷雲の上で起こっている現象のため、雷雲の下からは観測が不可能なことや、撮影するためにはカメラの性能が高い必要があることなどが理由として挙げられています。

　発見から間もないこともあり、スプライトについては詳しいことはまだ分かっていません。一応、光の形状から、キャロットスプライト、カラム状スプライト、妖精型スプライトなど、いくつかの種類に分類されています。

もっと
知りたい！　スプライトは日本をはじめ世界各地で見られる現象ですが、とくにアフリカや北アメリカ、南アメリカの上空で多く発生しているといわれています。

青の洞窟が見られるのは晴れた日だけ。波の高い日は洞窟内に入れません。

145

青の洞窟

所在地 **イタリア共和国　ナポリ県**

砂・海水・太陽光が洞窟を真っ青に染め尽くす

　イタリア南部の海に浮かぶカプリ島は、古代ローマ皇帝も愛したリゾート地。この島にある「青の洞窟」は、その名のとおり、美しい青色をしています。狭い入口から洞窟内に入ったとたん、眩いばかりの青色が目に飛び込んでくるのです。

　洞窟内が青く輝く理由は、海水の質と砂、そして太陽光にあります。カプリ島付近の海水は透明度が高く、海底には真っ白な石灰質の砂が堆積しています。そんな海に形成された洞窟に、太陽光が差し込むのです。

　そもそも水は、赤い波長の光を吸収し、青い波長の光を最もよく通す性質をもっています。そのため、洞窟内に入った太陽光は、洞窟全体に反射し、さらに海底の白い砂にも反射して青さを際立たせます。それが青の洞窟を、こんなにも青く見せているのです。

　青の洞窟は、海岸の崖が波に削られてできた海食洞です。同じタイプの洞穴はほかにもありますが、これほど青さが際立っているところはないようです。

もっと知りたい！ 青の洞窟の内部でポセイドンやトリトンの彫像が見つかっていることから、ローマ皇帝が、ここをプライベートプールに使っていたのではないかと考えられています。

2022年3月の西之島。火山活動によってどんどん大きくなっています。

146
西之島

所在地 日本　東京都

いまも拡大を続ける東京の火山島

　日本は世界屈指の火山国。その日本において現在、最も注目されている火山のひとつが西之島です。東京都心から1,000kmほど南の太平洋上に浮かんでおり、真っ黒な島の表面と青い海のコントラストが印象的です。

　そもそも西之島は、基底の直径が30kmもある巨大な海底火山の山頂部にあたります。有史以降の活動記録はなく、1973年に島の南東部の海底で噴火が起こり、新島が生まれました。その後、新島の大半は波風に侵食されてしまいましたが、その堆積物で本島と接続。2013年11月の噴火により、南東沖に再び新島が生まれました。

　2度目に誕生したばかりの新島は直径200mほどでしたが、中央部の噴火口から溶岩流を噴出して、陸地面積を次第に拡大していきました。そして同年12月には本島と一体化し、翌年11月には本島をのみ込んでしまったのです。

　その後も新島は火山活動によって面積を拡大。現在の大きさは4,000㎡を超え、半世紀で60倍にもなりました。今後も噴火を繰り返し、さらに拡大する可能性があります。

もっと知りたい！　西之島では2019年12月まで、鳥類や昆虫などが確認されていました。その後の噴火で島の表面が埋もれ、生態系がリセットされてしまいましたが、それによって生態系の形成過程を調査できるため、大きな注目を集めています。

スイス・アルプスを背景に走るユングフラウ鉄道。

147

ユングフラウ

所在地 スイス連邦　ベルン州

【本日のテーマ】自然と人とのつながりを知る！

雄大なアルプスに鉄道を敷設した100年前の大工事

　スイス・アルプスは4,000m級の山々がそびえる険しい山脈です。とくにユングフラウ、アイガー、メンヒの３山には、厳しい自然が待ち構えており、人が容易に近づくことはできません。たとえばアイガーの北壁は、断崖絶壁となっている世界屈指の登山の難所。数十人も命を落としたことから、「人殺しの壁」と呼ばれるほどです。

　ユングフラウも、ドイツ語で「アルプスの乙女」というかわいらしい山名に反して、登るのが難しい山です。しかし現在は、鉄道に乗れば、山頂近くまで容易に登ることができます。アルプス山脈を背景に疾走する鉄道。それ自体が大いなる絶景です。

　ユングフラウ鉄道の開設工事は19世紀末から行われました。まず手作業からはじまり、次はダイナマイトを使ってのトンネル掘削。岩盤は固い上、崩れるともろく、工事は難航を極めました。それでも試行錯誤を繰り返し、20世紀初頭に全長9.3kmのユングフラウ鉄道が完成したのです。

　鉄道の外からだけでなく、車窓から見る景観も見応え十分。スイス観光のハイライトです。

もっと
知りたい！
2020年には、新ロープウェイ路線「アイガー・エクスプレス」が開通。メンリッヒェン・ロープウェイとあわせて、ユングフラウ地方のVバーン・プロジェクトが完結しました。

砂丘の間にできたエメラルドグリーンの池では、泳ぐこともできます。

148

レンソイス

所在地 ブラジル連邦共和国　マラニャン州

白いシーツの上にブーメランのような池が広がる砂丘

　真っ白な砂丘の間に、無数に点在するブーメランのような形の青い池——。ブラジル北東部に位置するレンソイス・マラニャンセス国立公園では、そんな絶景を見ることができます。レンソイスとは、「シーツ」という意味のポルトガル語で、真っ白な砂丘がシーツを敷いたかのように見えることから、この名が付きました。

　砂丘といえば赤色や薄茶色のものが多く、白い砂丘はあまり見かけません。この砂丘が真っ白なのは、砂丘を構成する砂の99％が石英だからです。

　石英は南方のイビアパバ山脈からパラナイーバ川を下りながら、揉まれ、砕かれ、河口まで運ばれます。そして秒速20ｍの強風で飛ばされて、砂丘を形成します。石英は無色透明な鉱物ですが、太陽光を受けると乱反射・全反射するため、白く輝いて見えるのです。

　池がブーメラン形になるのは、風と雨季の降雨が関係しています。砂丘は海側からの強風を受けて波のような形になり、そこに雨が降ると凹部に水がたまります。こうしてブーメラン形の美しい池ができるのです。

もっと知りたい！　レンソイスの池は、乾季になると干上がってしまいますが、再び雨季になって池ができると、なぜか魚が現れます。この不思議な現象の説明としては、卵の状態で乾季をしのいでいるからという説が有力です。

153

人影と比べると、噴き上げる熱水の高さがよくわかります。

149
ゲイシール

| 所在地 | アイスランド共和国　ホイカダール渓谷 |

70mも噴き上がる火山国の間欠泉

　アイスランド南西部のホイカダールル渓谷にあるゲイシールは、英語で「Geyser（間欠泉）」と綴ります。ここは、間欠泉（一定周期で水蒸気や熱湯を噴出する温泉）の語源となった、世界的に有名な温泉なのです。

　見所はいうまでもなく、大迫力の間欠泉。最も大きいグレート・ゲイシールは、地表から最大60〜70mもの高さまで熱水が噴出します。同じ地域にはストロックル間欠泉もあり、こちらは5〜10分おきに20〜30mの高さまで熱水を噴き上げています。

　こうした間欠泉のメカニズムについては、2つの説があります。ひとつは、地中の空洞に溜まった地下水が地熱によって熱せられ、水蒸気となって地上へと噴き上げられているとするもの。噴出の時間や間隔などは、その空洞の大きさ、地下水が溜まる時間、温められる時間などによって異なるとされています。2つ目の説は、地中に存在する垂直の管に溜まった地下水が熱せられ、地上へ噴き上げられるという垂直管説です。いずれにせよ、火山活動の活発なアイスランドならではの自然現象です。

もっと知りたい！　ゲイシール周辺には蒸気を噴出する孔や、80〜100℃の熱水をたたえた池がいくつもあり、大地からは熱せられた蒸気が沸き上がっています。また、このあたりの地面は、地中のミネラルやガスによって変質して不思議な色になっています。

スペインといえば情熱の国。その代名詞ともいえる花がヒマワリです。

150
アンダルシアのヒマワリ畑

所在地 スペイン王国　アンダルシア州

生育しにくい土地で咲き誇るヒマワリの花

　スペイン南部のアンダルシア地方は、ヒマワリの産地としてよく知られています。とくにセビリアからカルモナにかけて広がる、大地を黄色く染めたヒマワリ畑は圧巻です。

　ヒマワリは、日本では「夏の花」というイメージが強いですが、アンダルシアでの見頃は5月末から6月くらいまでと、あまり長くはありません。それは、この地の夏の気温が40℃を超え、ヒマワリにとって過酷な環境のためです。その意味では、アンダルシア地方はヒマワリの生育に最適な環境とはいえないでしょう。

　そうした土地にあっても盛んに栽培されているのは、ヒマワリから採れる油や種などを食用にするためです。日本のヒマワリは主に観賞用ですが、スペインでは重要な食用植物。スペイン料理に食材としてのヒマワリは欠かせないのです。

　ヒマワリの原産地は南米ですが、コロンブスのアメリカ大陸「発見」後、ヨーロッパへと伝わりました。最初にヒマワリをヨーロッパに持ち込んだのもスペイン人です。

もっと知りたい！　アンダルシア地方では、ヒマワリの最盛期が夏前に終わってしまいます。しかし、それよりも暑さが厳しくないスペイン北部では、7月頃でも満開のヒマワリを見ることができます。

ノルウェーのスピッツベルゲン島に発生したケルビン・ヘルムホルツ不安定性の雲。

151
ケルビン・ヘルムホルツ不安定性の雲

所在地 | 世界各地

【本日のテーマ】気象と天体がもたらす奇跡！

ノコギリの刃のような形をした雲が発生するしくみは？

　空を見上げたとき、ノコギリの刃のような雲が出ていることがあります。「ノコギリ雲」とか「ギザギザ雲」などと呼ばれることもありますが、これは正式には「ケルビン・ヘルムホルツ不安定性の雲」という名称の雲です。

　そもそもケルビン・ヘルムホルツ不安定性とは、密度の異なる流体（気体や液体）が接しているとき、それぞれの動く方向が違っていたり、互いの速度が違うことにより、その不連続面に発生する不安定性のことです。

　大気は、乾いた空気と湿った空気などのように異なる性質の空気の層が重なってできています。空気層の高さによって、風向きが違っていたり、風速に差があったりすると、ケルビン・ヘルムホルツ不安定性が発生し、雲がノコギリ状になるのです。

　この雲が発生しているということは、上空で気流が乱れている証拠です。そのため、飛行機が激しく揺れたり、急に高度が下がったりする原因ともなります。また、上空で強い風が吹いているサインでもあるので、天気が下り坂になることも多いのです。

もっと知りたい！ ケルビン・ヘルムホルツ不安定性という名称は、ケルビン卿とも呼ばれたウィリアム・トムソンとヘルマン・フォン・ヘルムホルツという2人の物理学者に由来しています。

世界一のパワースポットという触れ込みがぴったりなセドナ。

152

セドナ

所在地　アメリカ合衆国　アリゾナ州

パワースポットとして有名な大地が赤い理由

　アメリカ・アリゾナ州のセドナは、世界でも有数のパワースポット、スピリチュアルスポットとして知られています。そもそもこの地は、先住民が「神の住む場所」と信じてきた聖地。地球のパワーの出入口とされるボルテックスがいくつもあり、国内外からたくさんの人が訪れます。

　その景観の特徴といえば、レッド・ロック・カントリー（赤い岩の土地）という通称が示す通り、赤みがかった大地でしょう。天に向かって伸びるカセドラル・ロックをはじめ、見事な眺望を楽しめるエアポート・メサ、大聖堂を思わせるベル・ロック、先住民族の遺跡が90以上残っているボイントン・キャニオンなど、至る所が赤く染められているのです。

　セドナの赤色が何に由来するのかというと、酸化鉄です。セドナを含むコロラド台地は、火山地帯の活断層の上に位置し、12世紀頃に噴火した火山が多数残っています。その地層には過去の火山活動で発生した鉄分が豊富に含まれており、それが酸化・水酸化することによって、美しい赤い岩肌になっているのです。

 赤い岩の壁面に埋もれるように建てられているのがホーリークロス教会です。牧場主で彫刻家でもあったマルグリット・ストードがニューヨークの超高層ビル、エンパイア・ステート・ビルに触発されて設計しました。

157

発見から35年以上経ったいまも、この巨大な一枚岩の正体は明らかになっていません。

153

6月1日

与那国島の海底地形

所在地 日本　沖縄県

【本日のテーマ】母なる海に抱かれる！

自然物か人工物か、海底に沈む謎の一枚岩

　沖縄県の与那国島南の海底に、正体不明の一枚岩が沈んでいます。あるダイバーが1986年に発見したのですが、自然の地形ではなく、遺跡ではないかという声が上がりました。実際、直角の部分や通路のように平坦な部分があったり、柱が存在していたかのような穴があいていたりと、人工物に見えたのです。

　その後、調査がなされると、城門に見える構造物やそれらを取り囲むように設置された石垣のようなもの、階段状のものなども発見され、巨大な城、もしくはピラミッドのような形であることが判明。「海底に沈んだ古代文明の遺跡ではないか」と話題になりました。

　しかし、この一枚岩は侵食されやすいタイプのもので、海の侵食によって、こうした形になるともいわれています。また、「人工物に見える」というだけで、道具や生活の痕跡などはいっさい見つかっていません。

　自然の地形なのか、人工物なのか、いまのところ結論は出ていません。もし遺跡だとすれば、約1万年前の海面上昇によって沈んだもので、世界最古の遺跡ということになります。

 もっと知りたい！ 与那国島の海底地形については、古代の石切り場だったという説もあります。直角の部分や階段状の部分はそれによって説明がつきそうです。ただ、そうだとしても、切り出した石の行方がわかっていません。

モン・サン・ミシェルの修道院は、潮が満ちると孤島になります。

154
モン・サン・ミシェル

所在地 フランス共和国　マンシュ県

修道院の神秘性を高める潮の満ち引き

　フランス西部の海岸から1kmほど沖の岩山にそびえ立つモン・サン・ミシェル。周囲を海に囲まれているため、海上に浮かんでいるようにも見え、日の出や日の入りの時間帯には、海面に空や陽光が差し込んだ神秘的な光景が出現します。

　モン・サン・ミシェルは、教会ではなく修道院です。8世紀に建てられた礼拝堂が、10世紀半ばにノルマンディ公リチャード1世の手によって修道院となり、その後、増改築が重ねられ、16世紀に現在の姿になりました。要塞や牢獄などとして使われた時期もありますが、20世紀半ばには修道院として復活しています。

　周りを取り囲むサン・マロ湾では、潮の干満の差が著しく、かつては多くの巡礼者が波にのまれたとも伝わります。現在も年に数回ある大潮のときには、最高水位が13mを超え、自然の陸橋が沈んでしまいます。しかし、橋が見えなくなることで岩山がぽっかりと浮かんでいる不思議な光景が見られます。モン・サン・ミシェルは人と自然の共同作業でつくられた絶景なのです。

もっと知りたい！
モン・サン・ミシェルはヨーロッパを代表するカトリック巡礼地のひとつで、中世以来多くの巡礼者を集めてきました。修道院には現在も数名の修道士が暮らし、信仰に基づいた生活を送っています。

ダイヤモンドヘッドは、山頂が吹き飛ばされたために臼のような形になっています。

6月3日

155
ダイヤモンドヘッド

所在地 **アメリカ合衆国　ハワイ州**

【本日のテーマ】大地の鼓動に耳を傾ける！

山頂を丸ごと吹き飛ばした水蒸気爆発

　ダイヤモンドヘッドはオアフ島にある標高228ｍの火山で、ハワイのシンボル的存在です。中央部の噴火口はクレーターになっており、その特徴的な形から、かつては現地の言葉で「マグロの額」を意味するレアヒと呼ばれていました。ダイヤモンドヘッドと呼ばれるようになったのは、19世紀にイギリス人の船乗りが、クレーターの斜面で見つけた石をダイヤモンドと勘違いしたためといわれています。

　ダイヤモンドヘッドの噴火口は直径1,200ｍもあります。その巨大さは、この火山でマグマ水蒸気爆発が起こったことを教えてくれます。

　数十万年前、海面近くで噴火がはじまると、マグマと海水が接触し、激しい水蒸気爆発を起こしました。それによって山頂が吹き飛ばされ、巨大な噴火口ができたのです。そして、北からの風に流された火山灰が南西側に降り積もり、外輪山を形成。その後、火山灰でできた柔らかい地層が風雨による侵食を受け、現在のようなユニークな形の山稜になったと考えられています。

もっと知りたい！　マグマが地表にあふれ出て溶融状態にあるもの、および固まったものを溶岩といいます。粘性の低いものから「パホイホイ溶岩」「アア溶岩」「塊状溶岩」と3つのタイプに分類されます。

160

オカバンゴ・デルタは、乾燥したカラハリ砂漠の広大なオアシスとなっています。

156
オカバンゴ・デルタ

所在地 ボツワナ共和国　ノースウェスト地区

内陸部に形成されるデルタ

　デルタ（三角州）は通常、川が海や湖に流れ込む河口付近にできます。しかし、海や湖につながっていなくても形成されることがあります。それが内陸デルタです。

　内陸デルタの代表例が、アフリカ南西部を流れるオカバンゴ川によってつくられるオカバンゴ・デルタ。総面積が25,000㎢（東京都の11倍以上）もある世界最大の内陸デルタです。ちなみに、デルタはギリシャ文字の「Δ（デルタ）」に由来します。

　オカバンゴ川は全長1,600㎞の大河ですが、海にも湖にもつながっていません。それではどこに流れていくのかというと、カラハリ砂漠に流入して細くなった後、砂のなかに消えてしまうのです。いわゆる「末無し川」です。

　砂漠に流れ込む場所には、通常の川が海や湖に流れ込むときに形成されるデルタと同じように、内陸デルタができています。

　この湿地帯は砂漠のなかの貴重な水場でもあり、オアシスそのものです。アフリカゾウ、カバ、サイ、ライオン、シマウマなど、多くの野生動物が集まってきます。

もっと知りたい! 　三角州に似た地形に「扇状地」があります。急流河川が狭い山間地から広い平坦地に出たとき、流れが弱まり、そこまで運ばれてきた土砂が扇状に堆積してできる三角形の平らな地形のことです。

【本日のテーマ】湖・川・滝の不思議を味わう！

「悪魔が大木を引き抜き、逆さまに突き刺した」と現地に伝わるバオバブの木。

157

バオバブ街道

所在地 マダガスカル共和国　トゥリアラ州

【本日のテーマ】生命の息吹を感じる！

乾燥地帯でも巨木になるバオバブの木

　アフリカ大陸は年間降水量が少なく乾燥したエリアが多くを占めており、多くの植物にとって厳しい環境といえるでしょう。しかし、大陸の南東に浮かぶマダガスカル島では、バオバブの木が悠然と立ち並ぶ光景を目にすることができます。バオバブの名所として最もよく知られているのは西部の港町、モロンダバの近郊にある「バオバブ街道」。道の両側に林立するバオバブの木々は圧巻です。

　バオバブは地球最大の樹木のひとつとされ、高さ30m、直径10mにもなります。過酷な環境にもかかわらず、ここまで大きく成長できるのはなぜでしょうか？

　バオバブの幹の内側はスポンジ状になっていて、体積の半分以上の水分を蓄えることができます。これにより、乾燥による脱水を防いでいるのです。枝が多く、葉が増えると、気孔から蒸発する水分が増えてしまいますが、バオバブは成長とともに自ら下枝を落とし、水分の蒸発を最低限に食い止めています。こうした生態が、乾燥下で生き抜く上で役に立っているのです。

もっと知りたい！
バオバブはあまりにユニークな外見から、「悪魔が大木を引き抜き、逆さまに突き刺した」などと伝えられてきました。実際、マダガスカルには「逆さまの木」と呼ぶ人もいます。

2016年11月13日、イギリス南部のサウサンプトンで観測されたスーパームーン。

158

スーパームーン

所在地 世界各地

通常よりも大きく&明るく見える魅惑の満月

　地球に最も近い天体である月は、地球の自然にも人類の生活にも多大な影響を与えてきました。月は地球の周囲を公転していますが、その軌道は真円ではなく、楕円形になっています。そのため、月と地球との距離は、月が地球から遠ざかったときと、地球に近づいたときとで異なります。最も遠ざかるときの距離は40万5,000km、最も近づくときの距離は36万3,000kmです。ただし、軌道の関係により、もっと接近することもあり、たとえば、2011年3月19日には35万6,577kmまで迫りました。

　月が地球に最も近づいたときの満月もしくは新月をスーパームーンといい、通常より最大14％大きく、満月では30％明るく見えます。スーパームーンは、おおよそ1年に1回のペースで見られる天体ショーなのです。

　ちなみに、スーパームーンという言葉は天文学の正式な用語ではなく、占星術に由来します。スーパームーンの前後で、海岸の侵食の程度や地震の発生しやすさに影響があるなどともいわれています。

もっと知りたい！
その年の最も小さな満月と新月、すなわち月と地球の距離が最も離れた満月を「マイクロムーン」と呼んでいます。2021年のスーパームーンと比較すると、マイクロムーンは12％小さく（視直径）、輝面が22％少なかったそうです。

高さ3mほどの石柱が無数に林立するピナクルズ。墓標のようにも見えます。

159

ピナクルズ

所在地　オーストラリア連邦　西オーストラリア州

砂漠化によってつくられた「荒野の墓標」

　西オーストラリアの中心都市、パースの北の砂漠には、石柱がニョキニョキと立つ不思議な景観が広がっています。400haもの土地に、高いものだと3.5mもある石灰岩の石柱が数千本も立っているのです。

　この地は「尖塔」を意味するピナクルズといいますが、朽ちた墓石に見えるということで「荒野の墓標」ともいわれています。なぜ、こうした景観が生まれたのかについては諸説唱えられていますが、有力視されているのは樹木が原因ではないかという説です。

　およそ6,000万年前、根が深く延びるユーカリなどの樹木が山火事や病気などで枯れ、根の部分だけが残されました。石灰岩の柔らかい地層がひび割れ、朝晩の温度差とパースから吹き付ける風でまわりの柔らかい砂が吹き飛ばされた結果、地上に現在の岩石が出現。かつて石灰岩質の基盤岩に根を張っていた樹木やその腐植によって侵食の差が生じ、森林がなくなったのちに風化が進んで、柱状に残ったというのです。おおもとの木の根が化石化して残っているところもあります。

もっと知りたい！　ピナクルズは冬に降る弱酸性の雨により風化しており、年々小さくなっています。一方、緑化が著しく進んでいて、40年後には完全な森になるとも予想されています。

ラビダ島の赤い砂浜。ガラパゴスアシカの繁殖地でもあり、多くのアシカが見られます。

160
ラビダ島

所在地 エクアドル共和国 ガラパゴス州

ガラパゴス諸島の島に広がる赤い砂のビーチ

　ガラパゴス諸島のひとつであるラビダ島は、岩石と古い火山のクレーターがある小さな無人島です。ガラパゴスの標準的な風景が展開する島ですが、北東の海岸には印象的なビーチが広がっています。なんと赤い色のビーチなのです。

　この赤い色は、鉱物に含まれている鉄によるものです。

　火山性の土壌に豊富に含まれている鉄分は、そのまま造岩鉱物の成分になったり、酸素や水と反応して酸化物や水酸化物に姿を変えたりします。酸化物や水酸化物には濃い赤色から褐色になるものが多く、それらが単独で、あるいは他の鉱物の表面に皮膜状に付着して、砂全体を赤くするのです。ラビダ島のビーチも、酸化鉄や水酸化鉄の質と量によって目の覚めるような赤い砂に覆われています。砂浜だけでなく、その元になった沿岸の岩石も、もちろん赤い色です。

　なお、同じガラパゴス諸島の島には、真っ白い砂浜もあります。それは、貝殻やサンゴ、有孔虫といった生物の遺骸に由来する石灰質の粒子からなるビーチです。

もっと
知りたい！
岩石や砂の色は、それらが生じた時代や場所、その後にたどった環境などの情報を保存していることも多く、過去の環境やその変遷を知る重要な手がかりになります。

海岸沿いに建っている水上集落。観光客が宿泊するコテージもあります。

161
コタキナバルの水上集落

所在地 マレーシア　サバ州

現代社会に残された昔ながらの集落

　ボルネオ島北部に位置するコタキナバルはマレーシア・サバ州の州都ですが、海岸沿いには、自然豊かな光景が広がっています。とくに目を引くのが、美しい海の上につくられた昔ながらの水上集落です。

　水上集落を建てたのは現地の漁民です。海上は風通しが良いので、涼しく快適なうえ、軒下に舟を泊められるようになっているため、家からそのまま漁に出られます。さらに家々が渡り廊下のような木の橋で繋がっており、自由な往来が可能。集落には商店もあります。

　その一方で、デメリットもあります。たとえば火災です。集落全体が木でできていて、先述したように風通しがよいため、火災が発生すると、すぐ延焼してしまうのです。高波の被害も避けられません。外洋に面しているため、高波が頻繁に起こり、家を倒壊させることもあります。住人は、そのつど家を建て直さなければなりません。

　そうはいっても、この地の人々にとって、海上で暮らすことは古くからの伝統。その伝統を簡単に捨てることはできないのです。

もっと知りたい！　コタキナバルの水上集落では、電気を使うことができますが、下水道は整備されていません。衛生が不十分ということで、マレーシア政府は海から上がり、陸上で居住することを奨めています。

谷から川底までの高低差が大きいため、バリエーション豊かな自然が展開します。

162
ブライデリバー・キャニオン

所在地 **南アフリカ共和国　ムプマランガ州**

大峡谷にしては珍しい緑豊かな大地

　ブライデリバー・キャニオンは南アフリカ最大の都市、ヨハネスブルクに近い自然動物保護区内にある渓谷。アメリカのグランドキャニオン、ナミビアのフィッシュリバーキャニオンと並ぶ「世界三大渓谷」のひとつです。

　グランドキャニオンとフィッシュリバーキャニオンが岩石と砂だらけの荒涼とした渓谷であるのに対し、全長24km、標高差1,000mのブライデリバー・キャニオンは、とても豊かな緑に覆われた大渓谷です。豊かな水を湛え、森に包まれた渓谷としては世界最大でしょう。なぜ、こうした姿になったのでしょうか？

　そもそも渓谷は、平らな高原が川の侵食を受けることで形成されていきます。ブライデリバー・キャニオンもブライデ川の侵食によって誕生しました。ただし、ブライデリバー・キャニオンはグランドキャニオンやフィッシュリバーキャニオンと違って、霧の多い高地にあり、亜熱帯から温帯にわたる気候環境など、変化に富んでいます。そのため、1,000種以上ともいわれる豊かな植生を有する、世界的に珍しい大渓谷になったのです。

もっと知りたい！　ブライデリバー・キャニオンには、円錐形の奇岩が3つ並ぶスリー・ロンダベルと呼ばれるスポットがあり、そこから渓谷全体を見下ろすことができます。圧倒的な迫力に度肝を抜かれること請け合いです。

6月10日

【本日のテーマ】大地の鼓動に耳を傾ける！

167

六角形の黒い柱状節理に囲まれ、まっすぐな滝が流れ落ちていきます。

6月11日

163

スヴァルティフォス

所在地　アイスランド共和国　ヴァトナヨークトル国立公園

【本日のテーマ】湖・川・滝の不思議を味わう！

滝を取り囲む黒い石柱はどうやってできた？

　アイスランドの世界遺産、ヴァトナヨークトル国立公園内のスカフタフェトルでは、アイスランド語で「黒い滝」を意味するスヴァルティフォスの絶景を見ることができます。黒い石柱が立ち並ぶなか、まっすぐな滝が流れ落ちていく絶景です。

　轟音を鳴らしながら静寂のなかを流れゆくスヴァルティフォス。その光景は、アイスランドを代表する現代建築で、高さ70m超のハットルグリムス教会のモチーフになったともいわれています。そういわれてみると、両者はよく似ています。

　スヴァルティフォスで注目すべきは、滝よりも滝を取り囲む石柱です。およそ1億年前、火山活動で玄武岩の溶岩がこの周辺に広がりました。その黒っぽい溶岩が長い時間をかけて冷え固まるとき、均等に収縮しようとするため、歪みが生まれて六角柱状にひび割れます。柱のなかの、ほぼ等間隔にある筋の間のかたまりは「クーリングユニット」と呼ばれ、そのかたまりごとに固まったことを示しているのです。スヴァルティフォスは、火山国のアイスランドらしい光景のひとつといえるでしょう。

もっと知りたい！

ハットルグリムス教会だけでなく、アイスランド国立劇場もまた、スヴァルティフォスからインスピレーションを受けてデザインされたといわれています。いずれも設計は、アイスランドの建築家であるグジョン・サムエルソンです。

一見、電飾されているようですが、光を発しているのはホタルです。

164
ホタルの木

所在地 パプアニューギニア独立国　ニューアイルランド州

数万匹のホタルがつくるクリスマスツリー

　パプアニューギニアの北部、ニューアイルランド島の北端にケビエンという港町があります。その近くの密林のなかで、夜になると、1本の大木が、まるで電飾のついたクリスマスツリーのように、鮮やかに黄色い光を放っている光景が見られます。

　この光の正体はホタルです。数千〜数万匹のホタルが1本の木にとまって発光しているため、クリスマスツリーのように見えるのです。そのため、この木は「ホタルの木」とも呼ばれています。

　ホタルは尾部を発光させることで、自分の居場所を仲間に知らせています。また、光に引き寄せられる習性ももっています。「ホタルの木」は見晴らしのよい場所に立っているため、ホタルが集合しやすいのです。

　何匹かのホタルがこの木にとまって光を発すると、周囲にいるホタルたちも次々と集まってきます。その結果、数千〜数万匹のホタルが木全体を覆い尽くすのです。一説には、ホタルはこの木で交尾をする相手を探しているともいわれています。

もっと知りたい！　ホタルの腹部にある発光器のなかには、ルシフェリンという発光物質とルシフェラーゼという酵素があり、その2つと体中の酸素が反応することにより発光します。

虹の帯が水平に長く伸びることから、環水平アークと呼ばれるようになりました。

165

環水平アーク

所在地 中〜低緯度地域

年に数回だけ水平に現れる虹の帯

　地上と太陽の間に、水平の虹色の帯が出現することがあります。環水平アークと呼ばれる大気光学現象で、水平弧や水平環と呼ばれることもあります。

　一見、虹とよく似ていますが、虹とは異なり、太陽と同じ方向に現れ、水平の帯の形状をしています。

　環水平アークは、太陽の高度が58°以上まで上がる場所で、大気中の氷晶に太陽光が屈折して起こります。そのため観測しやすい場所・時期は、中〜低緯度地域の夏至をはさんだ半年前後の期間の10時〜14時頃とされています。

　環水平アークはめったに観測できないことから、見ると幸せになれる「幸運の証」ともいわれています。虹も「天の贈り物」と呼ばれ、幸運のシンボルとされていますが、環水平アークはより稀な現象です。したがって、環水平アークを見ることができれば、さらに大きな幸運が待っていそうです。ちなみに最近の日本では、2020年6月26日に観測され、その美しさが話題となりました。

もっと知りたい！　環水平アークと似た現象に、環天頂アークがあります。太陽の上方の空に、虹に似た光の帯が現れる現象です。地平線に向かって凸型の虹に見えることから、「逆さ虹（さかさにじ）」ともいいます。

中世ヨーロッパのゴシック建築のような岩塊は、数億年前に生まれました。

166
カテドラル・ビーチ

所在地　スペイン王国　ガリシア州

まるで大聖堂のような岩塊の競演

　スペイン北西部のガリシア地方に、スペイン語で「プラヤ・デ・ラス・カテドラリアス」、英語で「カテドラル・ビーチ」といわれる海岸があります。意味は「大聖堂のビーチ」。その名のとおり、干潮時には砂浜に美しい岩のアーチが連なり、中世ヨーロッパのゴシック建築の大聖堂のような光景が見られます。

　この"大聖堂"は、波による岩石の侵食で形成されました。

　カテドラル・ビーチに多いのは、スレートと呼ばれる粘土岩をはじめ、粘板岩や頁岩、またそれらが熱や圧力によって変成した片岩で、いずれも5億～4億年前に形成された岩石です。これらの岩石は薄く平たく、割れやすいという性質をもっています。

　また、縦方向にも割れ目がいくつもあり、その割れ目が波の侵食を受けると、どんどん崩れていきます。

　そうした状況が長く続いた結果、岩石のアーチがいくつもでき、大聖堂のような光景がつくられたのです。

もっと知りたい！　ガリシア地方は、スレートと呼ばれる粘板岩の一大産地として有名です。スレートは昔から屋根の材料として使われており、この地ではいまも重要な産業となっています。

青白く光るバードゥ島の海岸。

6月
15日

【本日のテーマ】母なる海に抱かれる！

167

モルディブの光る海岸

所在地 モルディブ共和国　バードゥ島

闇に輝く砂浜の光の正体は？

白い砂浜と青い海のコントラストが美しいモルディブは、ダイビングやシュノーケリングなどを楽しめる人気の観光スポットです。しかも、ここには、星空のように夜に輝く砂浜があって、島をさらに魅力的なものにしています。

輝く砂浜が見られるバードゥ島は、5分程度で一周できる小さな島。その星空のような輝きの正体は、渦鞭毛藻という植物プランクトンのバイオ・ルミネッセンス。つまり、生物発光現象によって輝いているのです。

地球上の生物は、食物連鎖のなかで、食べる、食べられるという関係にある厳しい環境で生活しています。多くの生物が、生き残るための戦術をいくつも生み出していますが、渦鞭毛藻の発光現象もそのひとつ。外的刺激を受けると、ルシフェラーゼという酵素の触媒作用によって酸化されて青色の光が放出されるのです。最近、渦鞭毛藻の細胞膜において電気信号に反応する特殊なチャンネルの存在が発見されました。それが発光現象に関係していると推測されています。

もっと知りたい！ 化学反応により生じたエネルギーが光に変わる現象を、化学発光（ケミルミネッセンス）といいます。生物は、この生物発光を、生殖・捕食・防御といった生きるためのさまざまな営みに活用しています。

「絞め殺しの木」が木ではなく、遺跡に力強く絡みついています。

168

タ・プローム

所在地 カンボジア王国　シェムリアップ州

アンコール遺跡に絡みついた大木

　カンボジアの北西部に位置するアンコール遺跡は、9世紀初頭〜15世紀初頭に栄えた古代クメール王国アンコール王朝の時代につくられた遺跡群です。そのなかでとくに有名なアンコール・ワットの東方には、タ・プロームが存在しています。

　タ・プロームは12世紀後半の遺跡で、王朝の最盛期に君臨した王ジャヤヴァルマン7世が母の菩提を弔うために仏教寺院として建立しました（のちにヒンドゥー教寺院に改修）。およそ40の祠堂や回廊があり、多数の神々が祀られています。その祠堂や回廊を覆い尽くしているのが、ガジュマル（スポアン）です。

　ガジュマルは「絞め殺しの木」といわれるように、ほかの木の幹に根を絡ませ、その木を絞め殺すように成長していきます。タ・プロームでは遺跡の各所に根を食い込ませており、遺跡そのものだけでなく、生命力あふれるガジュマルの姿が見所になっているのです。

　このまま放っておくと侵食が進み、遺跡が潰れてしまいそうですが、いまのところ除去する予定はないそうです。

もっと知りたい！　ガジュマルは、かなりの樹高にまで成長するケースがあります。それは寄生した木をどんどん侵食して枯死させ、独立したようになった場合です。独立状態のガジュマルには20mを超えるものが少なくありません。

173

草原、森林、湖。ンゴロンゴロの広大なカルデラのなかには多様な自然が広がっています。

169

ンゴロンゴロ

所在地 タンザニア連合共和国　アルージャ州

【本日のテーマ】大地の鼓動に耳を傾ける！

野生動物が生息する「大きな穴」

　タンザニア北部、セレンゲティ平原の東に位置するンゴロンゴロ自然保護区は、およそ350種、2万5,000頭近くの野生動物が生息している通称「世界の動物園」。広大なサバンナに昇る朝日や沈む夕日の美しさも魅力的な自然豊かな地域ですが、その実態は東西19km、面積250km²に及ぶ巨大な窪地です。

　そもそもンゴロンゴロとは、現地の言葉で「巨大な穴」という意味。では、どんな理由で穴ができたのかというと、大昔の火山活動の結果です。

　元来、この一帯は火山帯で、ンゴロンゴロ付近には7つの円錐形の火山がそびえ立っています。最も高いロールマラシン山は標高3,648mに達しますが、かつては現在のアフリカ最高峰であるキリマンジャロ（標高5,895m）に匹敵する山も存在していました。

　200万〜300万年前、その高い山が噴火を起こすと、山頂部が陥没。巨大なカルデラが生まれ、その周囲を高さ600〜700mの外輪山が取り囲むようになりました。これが現在のンゴロンゴロです。つまり、巨大な窪地は火山が生み出したものなのです。

もっと知りたい！

ンゴロンゴロのオルドヴァイ渓谷では、ホモ・ハビリスと呼ばれる初期の人類の化石や足跡などが発見されており、人類史的にも重要な場所となっています。

円錐形の火山を背景に、エメラルドグリーンの湖水をたたえるラグナ・ベルデ。

170
ラグナ・ベルデ

所在地 ボリビア多民族国　スールリペス州

銅成分が美しい「緑の湖」を産んだ銅成分

　南米のボリビアには、たくさんの湖があります。ペルーとの国境地帯に延びるアルティプラノ高原の南西部、リカンカブール成層火山の麓にあるラグナ・ベルデもそのうちのひとつです。標高4,300mと、世界で最も高所に位置する塩水湖です。

　ラグナ・ベルデとは「緑の湖」という意味。

　その名のとおり、湖水が美しいエメラルドグリーンをしています。風で湖面が波立つと、湖水はターコイズブルーや深緑色に変化。ときには湖面が鏡のようになり、火山を映し出すこともあります。

　この緑色は、水質によるものと考えられています。ラグナ・ベルデは銅成分の含有量が高い湖で、それらが湖水中に分散しているため、太陽光の差し込む角度によって緑色に輝いて見えるのです。

　湖水の色もさることながら、ラグナ・ベルデから眺める地平線も見逃せません。標高が高く、視界を邪魔するものがない場所だからこそ堪能できる絶景です。

> **もっと知りたい！**　アルティプラノ高原には、ラグナ・ベルデだけでなく、ウユニ塩湖やチチカカ湖もあります。高原はいくつかの盆地に分かれており、その盆地ごとに湖ができているのです。

175

いかにも熱帯らしい雰囲気を演出するマングローブの森。

171
シュンドルボン

所在地 インド共和国、バングラデシュ人民共和国

【本日のテーマ】生命の息吹を感じる!

マングローブが海水で生育できるメカニズム

シュンドルボンは、インドとバングラデシュにまたがる総面積100万haの大森林地帯。その特徴は、世界最大規模のマングローブの天然林があることです。

マングローブは、熱帯・亜熱帯地域の海岸や河口部など、淡水と海水の混ざり合う場所に生育している塩生植物。このあたりはガンジス河のデルタ地帯に位置する、泥が平たく蓄積した湿地帯で、数千の川と水路・入江が複雑に入り組んでいます。満潮になると海水に浸ってしまうため、普通の植物は育ちませんが、マングローブは生息できます。

その理由は、海水への適応能力が高いからです。たとえば、マングローブの一種であるヤエヤマヒルギやオヒルギは、根で塩水を吸い上げるときに塩分をある程度濾し、濾しきれなかった塩分は葉に貯めて、落ち葉にして捨ててしまいます。また、ヒルギダマシは、塩類腺という特別な器官をもっており、葉の裏側から塩分を排出しています。

このような能力により、マングローブは海水でも生きていくことができ、見事な天然林を形成しているのです。

もっと知りたい! ベンガル湾のあたりは、サイクロンで極めて大きな被害を受けることがありますが、シュンドルボンのマングローブはその被害から一帯を守る役割も担っています。

グリーンフラッシュは、太陽が水平線に沈む一瞬、緑色の光が放たれる現象です。

172

グリーンフラッシュ

所在地 日本　小笠原諸島など

日の出や日没に一瞬だけ緑色に輝く太陽

　日の出や日没の際、太陽が水平線から現れたり、隠れようとしたりする瞬間に、美しい緑色の光を放つことがあります。グリーンフラッシュと呼ばれる現象です。

　太陽光線にはすべての色の可視光線が含まれていて、それぞれが異なる波長をもっています。最も短い波長は青色で、最も長い波長が赤色です。日の出・日没時の太陽光は、大気によって短い波長の光が散乱するるため、波長の長い赤色だけが地表に届くことになります。これが、朝焼けや夕焼けが赤くなる理由です。

　しかし、大気がとても澄んでいると、赤色より波長の短い緑色も散乱せずに地表に届くため、一瞬だけですが、緑色に発光して見えることがあるのです。

　グリーンフラッシュは、原理的には毎日起こっている可能性があります。しかし実際には、よほど空気が澄んでいないと、人間の目が緑色を認識できないため、非常に稀な現象になっています。日本では、小笠原諸島のほか、沖縄の石垣島や宮古島などで、この現象を見ることができます。

もっと知りたい！　グアム島やハワイ諸島では、グリーンフラッシュを見ると「幸せになれる」とか「夢がかなう」といった伝説が語り継がれており、発見した人は興奮して親しい人に伝えます。

6月20日

【本日のテーマ】気象と天体がもたらす奇跡！

久井の岩海。ゆるい谷に無数の巨岩が集まり、海のような光景を形成しています。

【本日のテーマ】奇岩・洞窟が生み出す謎を解く！

173
久井・矢野の岩海

所在地 日本 広島県

山のなかに巨岩が集まり海のようになっている謎

　広島県三原市にある宇根山の中腹には、巨岩によって埋め尽くされた場所が2か所あります。「久井の岩海」と「矢野の岩海」です。そこにある岩石は、どれも直径1m以上、大きなものでは6〜8mにも達し、まさに"岩の海"のような光景が展開されます。

　岩海に転がる巨岩は、1億〜6,000万年前に形成された花崗閃緑岩という花崗岩の一種。花崗岩は冷えて固まる際、規則正しい節理（割れ目）ができやすいという性質があります。その節理に雨水や地下水がしみ込み、冬の寒さで凍結し、春にそれが溶けるということが長きにわたって繰り返され、岩石の表面はどんどん風化していきました。

　風化した岩石の表面は剥がれ落ち、細かく崩れることで真砂（土）になります。一方、もとの花崗岩の岩盤は、角の取れた岩石が積み重なった状態になります。やがて真砂が雨によって流され、巨岩だけが山中に、まるで川や海のように帯状に重なり合って、とり残されました。

　こうして宇根山の岩海はできあがったのです。

もっと知りたい！　久井の岩海と矢野の岩海は、地元では「コウモリ岩」とも呼ばれています。花崗岩とは無関係でしょうが、岩石のすき間に大量のコウモリが棲みついているためです。

ロックアイランドには400種類ものサンゴをはじめ、さまざまな動植物が生息しています。

174
ロック・アイランド

所在地 パラオ共和国　ロックアイランド

キノコのように浮かぶ島々を生んだ波食とは？

「南国の楽園」として知られるパラオ南部の海に、ロック・アイランドと呼ばれる大小200〜300の島々が浮かんでいます。青く澄んだ海と、緑に覆われた島々のコントラストが美しい場所です。そのなかでもとくに目を引くのが、マッシュルーム型の島々が連なるセブンティ・アイランド。40ほどの島々が寄り添うように浮かぶ光景は、パラオのシンボルとなっています。

セブンティ・アイランドを上空から眺めると、ミルクを注ぎ込んだようなライトブルーの海「ミルキーウェイ」や、干潮時にだけ姿を現す海浜「ロングビーチ」などが確認でき、外観だけでなく内部も魅力にあふれていることがわかります。

この独特の地形は、波食によってつくられました。サンゴ礁に由来する石灰岩が堆積した土地が隆起して島ができると、海の潮流や波食を受けることになります。水面部分のみ侵食された島は、横から見るとマッシュルームに似た姿に変化。そうして現在のような光景が誕生したのです。

もっと
知りたい！
ロック・アイランドには、淡水と海水とが入り混じった湖がたくさんあります。海から取り残された塩水湖も多く、「クラゲの楽園」として知られるジェリーフィッシュ・レイクもそのひとつです。

モラヴィアの肥沃な丘陵地帯は、絨毯のように整えられています。

175
モラヴィアの大草原

所在地 チェコ共和国 南モラヴィア州

緑の絨毯の正体は小麦畑だった！

　チェコ南東部のモラヴィア地方では、緑の絨毯が幾重にも重なる絶景を見ることができます。まるで波打つ大海原のようで、風景画の題材としてピッタリです。つい最近まで、この地はとくに有名ではありませんでしたが、ポーランドの写真家が紹介したことがきっかけとなり、「チェコの秘境」として広く知られるようになりました。

　この緑の絨毯の正体は、小麦畑です。ヨーロッパではどこにでもある小麦畑ですが、モラヴィア地方のキヨフという町の近辺では、絨毯が敷かれているように波打って見えるのです。その理由は、かつてこの地で鉱山産業が盛んだったことに由来するといわれています。

　モラヴィア地方では、石炭や鉄鉱石などが産出しました。そうした鉱山開発により、キヨフのあたりは起伏のある地形に変化しました。その後、鉱山が寂れると小麦を栽培することになり、起伏の上に小麦畑がつくられることに。その結果、緑の絨毯が波打つような景色が生まれたのです。小麦が色づく前、4〜6月頃に訪れると、息をのむほど美しい緑の小麦畑が見られるでしょう。

もっと知りたい！　モラヴィア地方のワイン生産量は、チェコ全体の生産量の96％を占めています。とくにモラヴィア南東部はワインの名産地として知られています。

海底火山の噴火から新島を形成したという点で、日本の西之島とよく似ています。

176

スルツェイ

所在地 アイスランド共和国　ヴェストマン諸島

島一面が真っ黒で何もない火山島の「価値」とは？

　スルツェイはアイスランドの南に浮かぶ島。島全体が火山灰や溶岩に覆われているため真っ黒ですが、上空から見ると、青い海、白い雲とのコントラストがきれいです。

　この島は今から60年前の1963年、海底火山が噴火し、1週間ほどでつくられました。その後も3年半にわたって激しい爆発や溶岩の噴出が続き、面積2.5㎢、高さ171m（海底からは290m）にまで拡大しました。

　こうした誕生の経緯から、スルツェイは、「進化の過程がわかる場所」もしくは「壮大な実験場」と呼ばれています。この島は誕生以来、人間の干渉を一切受けずに保護されているため、生態系の進化の過程を知ることができるのです。1965年に維管束植物の生育が初めて観察され、1998年には、より複雑で生育条件が厳しい灌木が見られるようになりました。また、1970年頃からは海鳥の糞が島に堆積し、土壌が変化しています。

　一見、何もなさそうな島ですが、実は貴重な環境の島。それを守るため、許可を得た研究者以外は足を踏み入れることが禁じられています。

もっと知りたい！　スルツェイという名前は、北欧神話に登場する炎の巨人スルトにちなんだものです。神話のラストの最終戦争では、スルトが放った炎により、世界は焼き尽くされてしまいます。

チチカカ湖は10万年以上も存在し続けている非常に古い湖です。

177

チチカカ湖

所在地　ボリビア多民族国、ペルー共和国

【本日のテーマ】湖・川・滝の不思議を味わう！

世界一標高が高く、10万年以上存在している古代湖

　ボリビアとペルーの国境地帯、アンデス山中に位置するチチカカ湖。その標高は日本の最高峰、富士山を上回る3,810mで、汽船が航行する湖としては世界一高い湖です。その面積は8,372㎢に達し、日本最大の湖、琵琶湖の10倍以上もあります。

　通常の湖は、数千年から数万年で寿命を迎えるといわれています。水とともに流入する堆積物によって、埋め立てられてしまうからです。

　ところが、チチカカ湖はすでに10万年以上も存在し続けており、まだ寿命が尽きる気配はありません。これほど古い湖（古代湖）は、世界に20か所ほどしかないといわれています。

　チチカカ湖は、断層活動によって生じた裂け目に、水が流入したことによってつくられました。そのため、堆積物が湖を埋め尽くすまでに長い年月がかかります。さらに、周辺が山に囲まれているので、水がほとんど流出しません。そうした理由で、誕生から10万年以上経った今も、大量の水をたたえているのです。

もっと知りたい！ チチカカ湖以外の古代湖としては、ロシアのバイカル湖、アフリカ東部のヴィクトリア湖、そして日本の琵琶湖などがよく知られています。

竜血樹は「インド洋のガラパゴス」と呼ばれるソコトラ島のシンボルです。

178
ソコトラ島の竜血樹

所在地 イエメン共和国　ソコトラ県

砂漠気候の島に生きる巨木の生存戦略

　中東のイエメンにあるソコトラ島の標高600〜800mあたりの高原に、竜血樹という木が数多く生えています。「ドラゴン（ブラッドツリー）」とも呼ばれるこの木は、笠を広げたキノコのような姿をしていて、高さは10mくらい、笠の直径も10mくらいという巨木です。

　ソコトラ島は砂漠気候に属しており、年間の雨量は250mmと、東京の6分の1くらいしかありません。そんな厳しい自然環境にあって、竜血樹のような巨木が生育できるのはどうしてでしょうか？

　その秘密は、木の形にあります。竜血樹は、笠を広げたような枝や葉によって高原に発生する朝霧を集め、幹を伝わせて根元に水を送っているのです。ほかにも、クネクネと密集している枝が風通しを悪くして水の蒸発を防いだり、木の根元に影をつくることで地面の乾燥を防いだりしています。

　これが竜血樹の生存戦略。砂漠地帯で生き残る知恵なのです。

もっと知りたい！ 竜血樹の幹に傷をつけると、ドロっと赤黒い樹液が出てきます。「竜血樹」という名前は、ここから来ています。この樹液を固めたものは、血止めや痛み止めのほか、塗料などにも使われています。

ヴィクトリアの滝の水しぶきが月に照らされ、きれいな虹が発生します。

179

ヴィクトリアの滝の月虹

所在地 ザンビア共和国、ジンバブエ共和国

月の光によって発生する幻想的な虹

　虹は、雨の後に太陽の光が空気中に浮かんでいる水滴に反射することで発生する現象です。それと同じ原理で、月の光によって虹が発生することもあります。月虹あるいはルナ・レインボーと呼ばれる現象です。

　月虹が発生する条件としては、月の光量が十分であること、適度な湿度と水滴、虹が見えるくらいの暗さなどがあり、それらをクリアするのは簡単ではありません。実際、観測できる機会は極めて稀なのですが、条件さえあえば各地で見ることができます。

　月虹の"名所"といえるのはアフリカ南部、ザンビアとジンバブエの国境に位置するヴィクトリアの滝。滝の水しぶきに月の光が反射することにより、月虹が発生しやすくなっています。滝の水量が多い3月から7月にかけての満月の夜とその前後の数日間、ヴィクトリアの滝を訪れれば、月虹を観測できるかもしれません。

　ちなみに、ジンバブエ側からよりもザンビア側からのほうが、きれいに見えるといわれています。

もっと
知りたい！ 月の光は太陽の光ほど強くありません。そのため、月虹を肉眼で見ると7色というよりも白っぽく感じます。また、これとよく似た現象に、霧やぬか雨の際に見られる白虹（はっこう）というものもあります。

古来、「生き物を殺す石」として語り継がれてきた殺生石。最近、2つに割れました。

180

殺生石

所在地 日本　栃木県

妖狐伝説が語り継がれる謎の石の正体

　栃木県北部、那須岳の標高850m付近の斜面に、殺生石と呼ばれる高さ2mほどの石が転がっています。名前からして怪しい気配が漂いますが、あたり一帯に立ち込める火山性ガスの臭いのせいで怪しさがさらに際立ちます。

　この石については古来、妖狐伝説が語り継がれてきました。平安時代、鳥羽天皇の寵姫玉藻前に化けた九尾の狐が陰陽師に正体を見破られ、射殺されます。その後、狐は恨みをもったまま石に変身し、毒を発して近寄る人や鳥獣を殺すようになったというのです。

　もちろん、それはフィクションで、殺生石の正体は溶岩です。那須岳は活火山であり、過去の火山活動により殺生石が生み出されました。また、付近一帯から硫化水素や亜硫酸ガスなどの有毒な火山ガスが噴出しているため、それによって命を落とした鳥獣もいたのでしょう。そうした火山に関する事象が妖狐伝説につながったと考えられています。

　なお現在、那須岳の火山活動は落ち着いており、山に登り、殺生石を観察することもできるようになっています。

もっと
知りたい！

2022年3月、殺生石が割れていることが確認されました。自然に割れた可能性が高いとされていますが、妖狐伝説の石だけに、世間では不吉なことが起こるのではないかと噂されることになりました。

ホタルイカは水揚げされるとき、あるいは自ら海岸に"身投げ"するとき、青白く光ります。

181
富山湾

所在地　日本　富山県

波打ち際に見える青白い光は何？

　富山県北東部にある滑川港の沖合では、春の早朝に青白い光が輝きます。海中から発せられる光は、周囲を幻想的なムードに包み込みます。

　この光の正体は、寿司ネタや醤油炒め、釜茹でなどにして食べると美味しいホタルイカです。ホタルイカは4〜7cmの小さなイカですが、体に1,000個もの発光器をもっています。春になると富山湾沿岸（とくに富山市水橋から魚津市の海岸沿い15kmと沖合1.3kmの海域＝ホタルイカ群遊海面）にやってきて、海に投げられた定置網が引き揚げられるときに青白い光を放つのです。

　ホタルイカの発光器は、腕発光器・皮膚発光器・眼発光器の3つに分けられ、捕まえられたときに刺激を受けて腕発光器を光らせると考えられています。逃げるときに腕発光器を一瞬強く光らせて姿をくらますこともあるようです。

　ホタルイカの発光のメカニズムについては、よくわかっていないことも多いのですが、外敵から身を守るために発光器を光らせるのではないかと考えられています。

もっと知りたい！　春のホタルイカは、昼は太陽光が届きにくい水深200m以下の海で生息し、夜になると産卵のために富山湾の海面近くまで浮上します。その時期は3〜6月で、ホタルイカ漁の最盛期となります。

遊牧民は移動式住居のゲルなどで伝統的な遊牧生活を営んでいます。

182

オルホン渓谷

所在地　モンゴル国

壮大な渓谷に点在する遊牧民の家屋

　モンゴル中央部を流れるオルホン川の両岸には、壮大な渓谷が広がっています。オルホン渓谷です。

　オルホン渓谷は豊かな水と肥沃な土地に恵まれており、先史時代からモンゴル帝国の時代まで、多くの遊牧民が活動の拠点としてきました。その理由としては、豊穣な土地ということに加え、遊牧民のテングリ（天上界）信仰で神聖視されるウテュケン山があることが挙げられます。遺跡も多く、オルホン川の畔では突厥（とっけつ）という遊牧騎馬民族の王ビルゲ・カガンを称えた碑文が発見されています。

　そんなオルホン渓谷では、いまも遊牧民が暮らしています。彼らが住まいとして利用しているのが、ゲルと呼ばれる昔ながらの移動式住居。モンゴル高原は、真冬にはマイナス20℃といった厳しい寒さになりますが、動物の毛皮を張り巡らしたり、フェルトを二重張りにしたりして防寒対策を施したゲルのなかにいれば、寒さにも耐えられるのです。

　どこまでも続く渓谷にゲルが点在する光景は、圧巻の一言です。

もっと知りたい！　ゲルの総重量は、床板を除いても250～300kgありますが、遊牧民は部材ごとに牛やラクダなどの家畜にのせて移動します。ただし、近年はトラックが使われることも多くなりました。

マッターホルンの尖った山頂は、スイスとイタリアの国境となっています。

183
マッターホルン

所在地 **スイス連邦、イタリア共和国**

【本日のテーマ】大地の鼓動に耳を傾ける！

天を突くようなスイス・アルプスを代表する名山

　マッターホルンは、スイスとイタリアの国境にあるアルプス山脈の山のひとつ。標高は4,478m。天を突くように鋭く尖った頂が特徴的な美しい山です。この個性的な山容は、地殻変動と氷河の侵食によって誕生しました。

　1,000万〜数百万年前、アフリカ大陸がヨーロッパ大陸に衝突します。このとき、地殻が圧縮されて褶曲し、大きく押し上げられたことにより、アルプス山脈がつくられました。

　その後、アルプス山脈では、氷河の拡大と縮小が10万年間隔で繰り返され、氷河による侵食がさまざまな氷河地形を生み出すことになりました。マッターホルンもそんな氷河地形のひとつです。

　マッターホルンの場合、まず山を囲むように3〜4の氷河ができ、それらが地面を削ったことで、カール（圏谷）と呼ばれる椀状の谷ができました。さらに氷河による侵食が進むと、谷は深く大きく成長。最後には山の大部分が削られ、ホーン（尖塔）と呼ばれる、細く尖った中心部分だけが残ったのです。

もっと知りたい！

マッターホルンとは、「牧草地にそびえる、角のように尖った山」という意味。日本の北アルプスにある標高3,180mの剣岳が鋭く尖っているのもマッターホルンと同じ理由です。剣岳は「日本のマッターホルン」とも呼ばれています。

エンジェル・フォールは、水量の増す 7 〜 9 月が最も迫力を感じます。

184
エンジェル・フォール

所在地 ベネズエラ・ボリバル共和国　ボリバル州

落差世界一の滝には滝壺が存在しない

　南米大陸の北西部に広がるギアナ高地。そこには高さ数百〜1,000 mに達するテーブルマウンテンが屹立しています。その驚異的な山から流れ落ちている落差世界一の滝が、エンジェル・フォールです。

　この滝は標高約2,560mのアウヤンテプイ（「悪魔の鼻」という意味）から流れ出し、白い飛沫を上げながら落ちていきます。その落差は979 m。なんと、東京タワー3本分もの距離を落下していくのです。

　そんなエンジェル・フォールで不思議なのは、多くの滝に付き物の滝壺がないことです。通常、滝の脚下は落下してくる流水や石などによる侵食が進み、円形の穴ができています。それがこの滝にはありません。

　その理由は、エンジェル・フォールの落差があまりにも大きいからです。979mもの高さから落ち、ほとんど岩にぶつかることなく直下すると、流水は途中で霧となって消えてしまいます。それゆえ、滝壺が存在しないのです。

もっと知りたい！　エンジェル・フォールという名前は、20世紀前半にこの滝の上空を飛んだアメリカ人飛行士、ジミー・エンジェルに由来します。彼は金鉱山を探しながら飛行機を飛ばしていました。

レインボーユーカリは紅葉と同じ原理でカラフルに色づきます。

185
ドール・プランテーション

所在地 アメリカ合衆国ハワイ州

【本日のテーマ】生命の息吹を感じる！

ペンキを塗ったようにカラフルなユーカリの木

　ハワイ・オアフ島の観光農園ドール・プランテーションに行くと、赤、青、黄、緑、紫などのペンキを塗ったようなカラフルな木を見ることができます。人間の手で染められているわけではありません。幹を自ら鮮やかに染めるレインボー・ユーカリという樹木です。

　レインボー・ユーカリは、個体によっては高さが60〜75m、幹の太さが240cmにもなる巨木で、北半球で見られる唯一のユーカリ属の植物とされています。

　まるで芸術品のように美しいレインボー・ユーカリですが、この色の秘密は樹皮に隠されています。この木は幹でも光合成を行っているため、樹皮にも葉の色素成分が含まれています。樹皮が剥がれると葉緑素が分解され、別の色素が湧出。樹皮が剥がれた直後は葉緑素の色である緑ですが、時間の経過と色素の関係により、青、紫、橙、赤……と色を変えていきます。

　樹皮がはがれるタイミングはばらばらなので、結果的にペンキで塗り分けたようなカラフルな見た目になるのです。

もっと知りたい！　レインボーユーカリは本来、観賞用ではなくパルプの原料です。面白いことに、レインボー・ユーカリを原料にして紙にすると、他の樹木を原料としたときと同じように白い紙になります。

デカポ湖では、天の川や南十字星などが手に届きそうなくらい近く感じられます。

186
テカポ湖の星空

所在地 ニュージーランド　マッケンジー地区

世界一美しい星空が見られる場所

　ニュージーランドの南島にあるテカポ湖は、「世界一美しい星空」を見ることのできる場所のひとつとして知られています。湖畔に立つ「善き羊飼いの教会」越しに見る星空はとくに美しく、南十字星、大マゼラン星雲、小マゼラン星雲などを見るため、多くの観光客が訪れます。

　このあたりは晴れの日が多く、1年のうち290日以上が晴れだといわれています。年間晴天率は80％。東京の晴天率が60％程度ですから、いかに晴れの日が多いかがわかるでしょう。さらに自然が豊かで、空気もきれいに澄んでいます。

　そのため、テカポ湖では「世界一美しい」と評価される見事な星空を見ることができるのです。

　テカポ湖の地元では、世界遺産登録を目指す動きがあります。世界遺産は基本的に不動産を対象としているため、テカポ湖の星空が登録されるハードルは高いのですが、もし登録されれば、世界で最初の星空世界遺産となります。

 テカポ湖では、1年中、美しい星空を見ることができますが、星空を鑑賞するベストシーズンは、ニュージーランドの冬にあたる5〜8月です。ときにはオーロラを見ることもできます。

人間が彫ったようにも見えますが、自然の風化・侵食が生み出した自然石仏です。

187

千体地蔵

所在地 日本　石川県

自然石仏と窓の空いた岩穴

　能登半島の西に位置する曽々木海岸の海岸線や断崖では、複雑な模様の岩石や奇妙な形の岩塊を多数見ることができます。そのひとつが千体地蔵です。

　千体地蔵は自然の風化・侵食が生み出した「自然石仏」。地蔵が何体も立っているように見える様子からこう呼ばれるようになりました。

　露出している岩石は、1,200万～1,500万年前の火山活動によって地表に噴出したマグマが、急速に冷却されて固まった流紋岩です。その流紋岩が冷えて収縮する際、柱状の割れ目ができ、雨風によって削られた結果、自然石仏が生まれました。

　もうひとつ、窓岩も特異な存在です。その名のとおり、流紋岩に直径2mほどの穴がぽっかりと空いた岩山が島となって、沖合に浮かんでいるのです。

　硬い流紋岩が日本海の荒波にさらされ、長い間、侵食を受け続けたことにより、その一部に穴が穿たれました。夕方、沈む太陽が窓岩の穴にぴったり収まった光景は、言葉にならないほどの美しさです。

もっと知りたい！

曽々木海岸の冬、白い綿状の「波の花」が大量に現れます。これは、海中に漂う植物性プランクトンの粘液が、荒波にもまれて、石鹸状の白い泡をつくったものといわれています。

魚津埋没林博物館に保存されている直径 2m、樹齢 500 年以上の埋没林の樹根。

埋没林

所在地 日本　富山県

海中に埋没した巨大な切り株

　　1930年、魚津港で建設工事が行なわれた際、海底から200株以上の樹根が発見されました。樹根の大部分は杉の木でした。このように水中や土中などに埋没した森林を「埋没林」といいます。

　　埋没林が発見されたことから、現在の魚津で海になっている場所がかつては陸上であり、そこに森林が広がっていたことがわかります。2,000年前、片貝川の氾濫によって流れ出た土砂が杉の原生林を埋め、その後海面が上昇したことで、埋没林となったのです。

　　一般的に木材は、空気中では20年ほどで腐ってしまいます。しかし、魚津の埋没林は海底に沈んだ杉の原生林の上に砂や泥炭層が厚く堆積したことで、そのままの状態の樹木を数千年も保存し続けたと考えられています。

　　埋没林は、その森林が生育していた場所全体が地下に密閉されるため、木の切り株だけでなく周囲の種子や花粉、昆虫などもそのまま残されており、過去の環境を推定する大きな手がかりになります。

埋没林は、火山活動による火砕流や大規模な土石流に埋まることによってできることもあります。魚津の埋没林は現在、魚津埋没林博物館で保存・展示されています。

7月6日

【本日のテーマ】母なる海に抱かれる！

大岩の上にせり出しているチャイティーヨー・パゴダ。

189
チャイティーヨー・パゴダ

所在地 ミャンマー連邦共和国　モン州

落ちそうで落ちない金箔を貼られた不思議な巨石

　ミャンマー中東部、標高1,000mほどのチャイティーヨー山の頂上に、高さ8m、胴回り24m、重さ560トンにもなる巨大な黄金の岩塊があります。ゴールデンロックと呼ばれるきらびやかな巨岩です。その上にはチャイティーヨー・パゴダと呼ばれる高さ7.3mの黄金色の仏塔が載っており、ミャンマーの仏教徒にとって聖地となっています。

　ゴールデンロックはいまにも転がり落ちてしまいそうに見えますが、落ちることはありません。大きな地震でも、びくともしなかったといいます。訪問者が岩に触れたりしていて危険なようにも思えますが、人間の力でどうにかなるものでもありません。

　なぜ、ゴールデンロックは落ちないのでしょうか？　その理由ははっきりとはわかっていません。一説によると、岩の上に仏塔が載っていることで、絶妙なバランスが取れているのではないかといわれています。しかし敬虔な仏教徒たちは、そうした科学的な解釈より、この岩がかつてブッダの遺髪の上に乗せられていたため、ブッダの霊力で落ちないという伝説を信じているそうです。

もっと知りたい！ 仏塔とはブッダの遺骨などを収めているとされる塔のことで、ミャンマー様式の仏塔をパゴダといいます。日本でもなじみのある五重塔や故人の追善供養のために立てる卒塔婆なども、仏塔の一種です。

東京都の2倍以上もある広大な峡谷に、「地球史」が刻まれています。

190
グランドキャニオン

所在地 アメリカ合衆国　アリゾナ州

地層に刻まれた縞模様が大地の記憶を呼び起こす

アメリカ西部のアリゾナ州にある、全長360km、幅6〜30m、深さ1,700mの大峡谷がグランドキャニオンです。1540年にスペインの探検隊が到達した際、この圧倒的な景色を見て、「魔の谷」と恐れたといわれています。むき出しになった断面は、規則的な地層の重なりによって、美しい縞模様を呈しています。

最も古い地層は、18億4,000万年前のもので、その上には12億年前、5億2,500万年前、5億1,500万年前と、次々と新しい時代の地層が積み重なっています。

7,000万年前、太平洋プレートと北米プレートが衝突したことで、現在の北米大陸南西部で地盤が海底から隆起。地上に出現した大地は、高さ3,000mまで持ち上げられ、コロラド高原となりました。

コロラド高原は、600万年前からコロラド川によって侵食されはじめ、次第に深い谷ができていきました。こうして誕生したのが、グランドキャニオンなのです。まさに、地球表層の成り立ちの歴史を実感できる場所です。

もっと知りたい！　グランドキャニオンの地層からは、植物・昆虫・陸生動物・サメ・サンゴなどの化石が大量に発掘されています。2016年には3億年前のものとされる脊椎動物の足跡化石が発掘され、足跡化石の"最古の記録"を更新することになりました。

シャンパンプールとはいいますが、その成分から飲むことはできません……。

191

シャンパンプール

所在地　ニュージーランド　ワイオタプ

地熱活動によってつくられた泡立つパレット

　ロトルアは、いたるところから温泉が湧き出しているニュージーランド屈指の温泉地域。お湯の癒しを求める人々が世界中から押し寄せてきます。その郊外にあるのが、ワイオタプ・サーマルワンダーランドという色鮮やかな泉です。

「画家のパレット」とも呼ばれる中央の泉は、パレット上に黄や緑、橙などの絵の具が置かれているように見えます。その隣の「シャンパンプール」と呼ばれる泉は、エメラルドグリーンと橙の2色にはっきりと色分けされているのが特徴です。ロトルアからは少し離れていますが、1日1回、界面活性剤を投入することで高さ20mまでお湯を噴き上げる「レディー・ノックス・ガイザー」という間欠泉もあります。

　これらはみな数千年に及ぶ火山活動のたまもの。ワイオタプは地熱地帯に位置しているため、地下から熱泉やガスが噴出し、多数の温泉や泉を形成しているのです。泉は900年前の熱水爆発によって出現したと考えられています。泉の鮮やかな色は熱水に含まれる硫黄や鉄の酸化物に由来しています。

もっと知りたい！　シャンパンプールの湖水には多くの毒性のある化学物質が含まれています。そのため、ロトルア付近から水が流れ込むワイオタプ川には魚が棲んでいません。

長い飾羽をもつのは繁殖期のオスだけ。メスには長い飾羽がありません。

192
タラマンカ山脈

所在地 **コスタリカ共和国、パナマ共和国**

「幻の鳥」といわれるケツァールとは？

　コスタリカとパナマに跨がるタラマンカ山脈。この山脈には、標高3,819mもの高さを誇るチリポ山や、その次に高いセロ・デ・ラ・ムエルテ峰など、中南米を代表する山がいくつも連なっています。貴重な生物が多数生息している地域としても知られており、ここに「世界一美しい」といわれる鳥が棲んでいます。

　その鳥の名はケツァール（和名は「カザリキヌバネドリ」）。体長35cmほどのキヌバネドリ科の鳥です。全身を翡翠色に近い緑を基調とした鮮やかな色の羽で覆われ、胸から尾にかけて広がる深紅の羽毛が目を引きます。

　オスのケツァールは繁殖期になると、2本の長く華やかな飾羽を伸ばし、全長が1mにもなります。深い森のなか、きれいなケツァールが静かにたたずむ光景は息をのむほど美しく、「世界一美しい」という形容が大袈裟でないことがわかります。

　ただ、その美しさゆえ、ケツァールは乱獲されて数を大きく減らし、現在は準絶滅危惧種に指定されています。

もっと
知りたい！ 古代から中米ではケツァールは崇拝の対象となっていました。古代のマヤ人やアステカ人の王族や聖職者は、儀式の際にケツァールの羽毛を身につけていたとされています。

197

国際ダークスカイ協会によると、北半球ではアイベラ半島で見る星空がナンバーワンです。

193
アイベラ半島の星空

所在地 **アイルランド共和国　ケリー州**

アイルランドで見られる世界一澄んだ星空

　アイルランド南西部のアイベラ半島は、星空が美しいことで有名です。世界の夜空の保護活動をしている国際ダークスカイ協会から、「金賞」を与えられました。ここから眺める星空がきれいなのは、空の透明度が高く、人工的な光源が少ないからといわれています。

　全長50kmのアイベラ半島はケンメア湾に面し、中央に山脈を有する自然豊かな地域で、きれいな空気に包まれています。そのうえ、この地の人々は、星空を守るために人工的な光源を極力減らす努力を続けています。

　その甲斐もあり、アイベラ半島では4,000個もの星を眺めることができるといわれているのです。これは日本の都市部で見られる40倍もの数です。

　人が肉眼で見ることのできる星の明るさは6等星までで、その数は全天で8,600個あります。ただし、地平線より上半分しか見えないことを考えると、およそ4,300個。さらに、地平線近くの星はもやなどであまりよく見えないので、一度に見える星の数はおよそ3,000個です。そう考えると、4,000個がいかにすごい数かがわかります。

もっと知りたい！　国際ダークスカイ協会から金賞を与えられた場所は、ニュージーランド・テカポ湖のアオラキ・マッケンジー、ナミビア・ナミブ砂漠のナミブランド自然保護区、そしてこのアイベラ半島の3か所だけです。

夕陽に染まるデリケートアーチ。このアーチはユタ州のシンボルでもあります。

194
アーチーズ国立公園

所在地 アメリカ合衆国 ユタ州

岩のアーチの誕生に影響したのは塩だった

　アメリカ西部のグランドサークルと呼ばれるエリアでは、グランド・キャニオンやアンテロープ・キャニオン、ザ・ウェーブなど、大地が織りなす絶景が数多く見られます。ユタ州にあるアーチーズ国立公園もそのひとつ。映画『インディ・ジョーンズ』のロケ地としても有名な公園内に、巨大なアーチ型の岩塊が2,000以上も集まっているのです。

　最も長大なランドスケープアーチは、全長100mを誇る"看板アーチ"。高さ13m、幅約10mのデリケートアーチは、クルマのナンバープレートにも描かれている州のシンボルで、夕陽を浴びるとオレンジ色に輝いて見えます。現在、このあたりは年間降水量がわずか200mmしかない乾燥地帯ですが、3億年ほど前には海の浅瀬でした。やがて海水は蒸発し、1億年ほど前には最大1,500mの厚さの塩が堆積。岩塩の層が表層を押し上げ、陸上に岩塩ドームがつくられました。その後、岩塩ドームは風雨による侵食を受け、塩分が溶けることで裂け目ができたり、薄い砂壁になったりしました。侵食はさらに進んで、やがてアーチ状に。こうして彫刻作品のような岩塊ができあがったのです。

もっと知りたい！ アーチーズ国立公園は、毎年6〜9月には40℃を超える酷暑となり、1日の気温較差が22℃以上にもなる過酷な環境です。シカ、マウンテンライオン、クビワトカゲ、イヌワシ、ハイイロギツネなどの野生動物が棲んでいます。

フレーザー島は砂でできた「砂の島」としては世界一の大きさを誇ります。

195

フレーザー島

所在地 **オーストラリア連邦　クイーンズランド州**

【本日のテーマ】母なる海に抱かれる！

世界最大の「砂の島」の砂はどこからやってきた？

　オーストラリア東部に位置するフレーザー島は、世界最大の砂の島。南北120km、東西25km、面積184,000haの島が砂でできています。

　島の大部分を熱帯雨林が占めていますが、高さ200m以上の熱帯樹木も砂の上に群生しています。また、川や湖も多く、その数は100以上。砂丘のくぼみに雨水が溜まってできる宙水湖の半数がこの島にあるといわれています。

　そんなフレーザー島の砂は、オーストラリア東部のグレートディバイディング山脈から運ばれてきました。グレートディバイディング山脈の砂が海まで運ばれてきて長年にわたり堆積し続けた結果、島となったのです。

　島の砂は、スポンジの役割を果たし、雨水を蓄えます。地下に染み込んだ大量の水は川や湖を生み出しました。湖面の高さが上がったり下がったりするのは、地下水の量の変化を示すものと考えられています。

もっと
知りたい！　フレーザー島の湖のうち、マッケンジー湖の水は100％雨水からなっています。湖底には柔らかな感触の白い輝きのあるシリカサンド（珪砂）が広がっています。

朱塗りの社殿が印象的な厳島神社。赤色は魔除けになるとされています。

196
厳島神社

所在地 日本　広島県

なぜ、海上に社殿がつくられたのか？

世界遺産の厳島神社は、大鳥居をはじめとする社殿の大半が海上に建てられている珍しい神社。満潮時に海に浮んでいるように見える美しい景観は、「日本三景」のひとつに数えられています。

創建は6世紀後半で、宮島（厳島）一帯を治めていた豪族・佐伯氏が、古くから海上交通の神として崇められていた市杵島姫命などを祀って建造しました。平安時代末期になると、時の権力者であった平清盛の援助を受けて社殿などがつくられ、大いに繁栄。その後、火災に見舞われましたが、13世紀に再建されて現在に至ります。

海上に社殿が建てられているのは、宮島自体が神聖視されていたからだと考えられています。古の人々は、御神体である宮島の木や土にも神が宿っていると信じており、社殿をつくる際、宮島の地を傷つけないように思案しました。その結果、海上に社殿を建てることにしたのです。柱や礎石は固定せず、社殿の一部にすることによって全体が浮くように設計されているのが特徴です。

もっと知りたい！　厳島神社の背後にそびえ立つ弥山には原始林が広がっています。神聖視されてきたことから手つかずの自然が残っており、南方系の高山植物と暖温帯性の針葉樹が一緒に見られたりします。

人工衛星から捉えたリシャット構造。あまりに大きいため、平地では全貌を確認できません。

197

リシャット構造

所在地 モーリタニア共和国

宇宙から観測された「アフリカの目」

　アフリカのサハラ砂漠の西部に、ぽっかりと空いた巨大な穴があります。巨大な目のように見える、異様に大きな直径の穴です。1965年、アメリカの宇宙船「ジェミニ4号」が打ち上げられ、人類史上初めて数日間の宇宙遊泳を実現した際、搭乗員の1人が発見しました。ずっと前から存在していた穴ですが、直径が50kmもあるため、それが穴だとは誰も気づかなかったのです。

「アフリカの目」や「サハラの目」と呼ばれるようになった"大穴"は、当初、巨大隕石が地球に衝突してできたクレーターだと考えられました。しかし、どれだけ調査をしても隕石特有の鉱物や衝撃石英が見つからず、また深さも浅いことから、自然の隆起や侵食によってできた円形の地形だと結論づけられました。

　現在、その大穴は「リシャット構造」と名づけられています。よく見ると、同心円状の山が幾重にもきれいに連なっていますが、本当に隆起と侵食だけでできた地形かどうかについては、いまなお多くの謎が残っています。

もっと知りたい！ リシャット構造の全貌は、あまりにも大きいため、宇宙から見ないとわかりません。大穴のなかに入ることはできますが、ひたすら荒涼とした土地が続くだけの不思議な場所です。

タムコックには、水墨画に描かれるような世界がどこまでも広がっています。

タムコック

所在地 ベトナム社会主義共和国　ニンビン省

古代生物の死骸が生んだ奇岩群

　水平線から大小3,000もの奇岩が突き出すハロン湾は、水墨画のような入り江が美しく、ベトナムを代表する景勝地です。そのハロン湾の"陸上版"ともいえるのが、同地の南西140kmに位置するタムコックです。

　タムコックでは、周囲を取り囲む奇岩の間に水田が広がっており、田園のなかを流れる川を小舟に乗って進むことができます。この風景は、古生代の生物の死骸が積もってできた石灰層が炭酸塩岩となり、それが侵食されてつくられました。2億数千万年前、海の底に沈んでいた一帯が隆起して陸上に現れると、風雨や川によって侵食され、奇岩群を生み出したのです。

　その後もタムコック周辺は、ずっと山中にあって侵食され続けましたが、ハロン湾周辺は再び海の下に没しました。

　こうした理由によって、ハロン湾とタムコックという姿の異なる2つの景勝地が近隣に並び立つことになったのです。

もっと知りたい！ タムコックの川下りでは田園風景のほか、岩山や洞窟のなかの鍾乳洞などを観察することができます。太古から現代、そして未来に至るまで、水の力の大きさを感じられる場所です。

アンデスイワドリの鮮やかな橙色は、オスだけに見られる特徴です。

199

マチュピチュの自然

所在地 ペルー共和国　ウルバンバ渓谷

【本日のテーマ】生命の息吹を感じる！

豊かな生態系が存在する理由とは？

ペルーにあるマチュピチュは、標高2,400mという高所の断崖に突如として姿をあらわす都市遺跡。5k㎡の域内に神殿や住居、段々畑、灌漑施設などがつくられており、山裾から見えないことから、「空中都市」などと呼ばれています。

マチュピチュの魅力は有名な都市遺跡だけにとどまりません。その周辺には手つかずの自然が残されているのです。たとえば、ペルーの国鳥であるアンデスイワドリ。陽気なペルー人の国民性を象徴するかのように、オスは鮮やかな橙色をしています。ほかに、鳥類が420種、蝶類が380種、植物が1,000種以上生息しているとされ、非常に豊かな生態系がつくられているのです。

こうした自然環境が残されているのは、標高差が大きく影響しているといわれています。マチュピチュ周辺の最高地点は6,300mで、最低地点は1,700m。およそ4,600mもの標高差が、豊かで複雑な生態系の背景にあるというのです。そのため、都市遺跡とともに自然環境や景観などを含めて世界遺産に登録されています。

もっと知りたい！　ペルーの代表的な動物といえば、リャマやアルパカですが、マチュピチュにもいます。都市遺跡を背景に草をはむ微笑ましい姿を見ることもできます。

大山から見る天の川。「星取県」を自称するだけあって、鳥取県の星空は格別です。

200
鳥取県の星空

所在地 日本　鳥取県

日本一星が見えやすい理由とは？

　大自然の眺望のなかで、最大のものは「星空」と考えることもできます。ほかの光に照らし出されるものではなく、それ自身の光による景色・絶景という見方もあるでしょう。

　星空が美しく＆壮大に見えるためには、観察を邪魔するものがないことが必要です。

　雲・雨・風は、星空をくすませたり、歪めたりします。空気中の塵埃（黄砂や花粉）は、ヴェールのように像を滲ませることでしょう。もちろん気象や天候も、星空の観望に大きく影響してきます。

　なかでも、星の光を可視光線として眺める場合には、「他の光」が最大の邪魔者です。そのため星の観測は、人工的な光の少ないところを求めて実施されます。科学的な調査や観察も、ハワイのマウナロア山頂や、チリのアタカマの山々を利用しています。

　日本では鳥取県が「全国一星が見えやすい県」に何度も選ばれ、「星取県」と名乗るようにもなりました。鳥取県は日本一人口が少ない県ということもあり、大気が清浄で人工光が少なく、星を見るのに絶好の環境となっているのです。

もっと
知りたい！　鳥取県では「サーチライト等の投光器やレーザーについて、特定の対象物を照らす目的以外での使用を禁止する」「星空環境や光害防止に関する普及啓発を実施する」などの条例が定められています。

【本日のテーマ】気象と天体がもたらす奇跡！

先住民は古来、この岩山を信仰の対象としてきました。

201
デビルズタワー

所在地 アメリカ合衆国　ワイオミング州

マグマが冷えて固まりUFO着陸の舞台に!?

　アメリカ西部、ワイオミング州北東部の周囲の草原地帯に、デビルズタワーと呼ばれる岩山が突き出ています。青い空を背景に屹立するその姿は圧巻の一言です。

　デビルズタワーができたのは、およそ6,000万年前。地下からマグマが上昇し、堆積岩の地層に入り込んだことから始まりました。地下のマグマは、火成活動で地層を突き破りながら上昇。マグマはそのまま冷えて固まり、硬い火山岩となって地中に残りました。

　その後、雨や風によって柔らかい堆積岩が削られると、火山岩だけが地上に露出することになったのです。

　岩体には縦の筋や亀裂がたくさん入っており、柱の集合体のようになっています。また、崩れ落ちた岩柱の折れた面はおよそ正六角形をしています。これは柱状節理と呼ばれる火山岩特有の現象です。

　熱いマグマが岩石になると、通常の温度に冷えるまでに体積がわずかに収縮し、それによって規則正しい形になるのです。

もっと知りたい！ デビルズタワーは1977年公開のSF映画『未知との遭遇』に登場したことで一躍有名になりました。高さが386m、頂上の広さが100㎡の岩山は、CGのない時代にあって、UFOの着立地点としてぴったりだったのです。

ふだんは白い岩肌ですが、夕陽に照らされると朱色に染まり、また違った景色が楽しめます。

202

滝瀬海岸

所在地 日本　北海道

500mにわたって続く白い断崖絶壁

イギリスのドーバー海峡にセブン・シスターズという白亜の断崖絶壁がありますが、それによく似た絶景が日本にも存在します。北海道南西部、日本海に面した滝瀬海岸です。

滝瀬海岸では、高さ15mほどの白い断崖絶壁が500mにわたって続いており、アイヌ語で「白い傾斜地」を意味する「シルフラ」とも呼ばれています。セブン・シスターズと瓜ふたつということで、「東洋のセブン・シスターズ」と呼ばれることもあります。

はるか昔、このあたりは海の底でした。そこに500万年前の火山活動で噴出した軽石や火山灰が堆積し、貝や珪藻類の死骸とともに地層を形成。その地層がやがて隆起して陸上に露出すると、波浪や風雨によって侵食されていきました。

陸上に姿を現した当初、地層は傾斜した状態でしたが、波による侵食が進むにつれて垂直になっていき、ついには現在の白い断崖絶壁になったのです。

滝瀬海岸の入口の近くに「くぐり岩」という奇岩がありますが、これも同じような経緯で形成されたものです。

明治時代はじめのことです。ある漁師が断崖に埋まっている岩石を見つけ、神聖なものとして崇めるようになりました。それを滝之神社にもっていき、石神様として祀るようになったと伝えられています。

美しい「水の都」ですが、高潮の影響などでたびたび浸水被害に見舞われています。

203

ヴェネツィア

所在地 **イタリア共和国　ヴェネト州**

泥と砂でできた干潟の上に都をつくった理由

　イタリアの観光地としてつとに有名なヴェネツィアは、干潟（砂の小島）を水路でつないだ上につくられた「水の都」。カナル・グランデなどの運河が流れており、サンマルコ寺院をはじめとする歴史的建築物が立ち並んでいます。そんなロマンチックな町並みをゴンドラや水上バスから眺めるのが、ヴェネツィアの楽しみ方のひとつといえるでしょう。

　この世界的にも稀有な水の都を築いたのはヴェネティ族です。5世紀、アジアの騎馬民族・フン族がイタリアへ攻め入ると、この地方に暮らしていたヴェネティ族は湿地帯に避難しました。そして177の干潟に杭を打ち、建物を建設。干潟は潮が満ちると海に変わり、天然の迷宮水路になるため、敵の侵入を防ぐことができたのです。

　やがて人口が増えると、ヴェネツィアの住民は海を埋め立てて土地を広げ、運河をつくっていきました。その結果、東京湾の半分ほどの面積に400の橋と150以上の運河が巡る海上都市が完成。中世には海運国家ヴェネツィア共和国の大きな商港として栄え、19世紀にイタリアが近代国家として統一されるまで、独立した都市国家として覇権を保ちました。

　ヴェネツィアの街は狭い路地が多く、自動車などの車両は乗り入れ禁止となっています。そのため人々は徒歩かゴンドラ、または水上バスなどで移動しています。

人ひとりが通れるかどうかの狭い谷がどこまでも続いています。

ハンコック峡谷

所在地 **オーストラリア連邦　西オーストラリア州**

秘境の宝庫にある水と岩が織りなす垂直の谷

　オーストラリア大陸には秘境といわれる地が数多くあります。西オーストラリア州のピルバラ地域にあるカリジニ国立公園もそのひとつで、いくつもの峡谷が見られます。そのなかでとくに注目したいのがハンコック峡谷です。

　この峡谷は、深い谷底へ降りていくことから「地球の中心への旅」と呼ばれ、1人しか通れないような狭い場所が数多くあります。そして狭い峡谷の奥には、カーミッツプールというエメラルドグリーンに輝く池がたたずんでいるのです。それは幻想的で、別世界のような光景です。

　ハンコック峡谷は、25億年もの歳月をかけて形成されました。そもそも峡谷とは、幅が極端に狭く、急傾斜の壁をもつ谷のことで、流水によってつくられます。硬い岩盤に水が流れると、その侵食作用は川幅を広げる方向よりも川底方向に集中し、ときには滝を形成します。侵食作用が強ければ強いほど、谷は深くて幅も狭くなり、壁もほぼ垂直の急斜面になります。ハンコック峡谷は、そんな強い侵食作用によってつくられた峡谷の典型です。

もっと
知りたい！　カリジニ国立公園で注目したい渓谷は、ハンコック峡谷だけではありません。レッド峡谷、ウェアノ峡谷、ジョフル峡谷、デールズ渓谷、ビー渓谷なども一見の価値のある見事な渓谷です。

7
月
22
日

【本日のテーマ】大地の鼓動に耳を傾ける！

父母ヶ浜は最近、「ボリビアのウユニ塩湖のような写真が撮れる」と話題になっています。

205
父母ヶ浜

所在地　日本　香川県

【本日のテーマ】湖・川・滝の不思議を味わう！

日本にもウユニ塩湖が存在した!?

　香川県三豊市仁尾町の父母ヶ浜（ちちぶがはま）は、汀線（浜の長さ）が1kmほどもあるロングビーチ。その光景が、世界的な絶景地として名高いボリビアのウユニ塩湖に似ていることから、「日本のウユニ塩湖」と呼ばれるようになりました。ここは夕陽の名所でもあり、「日本の夕陽百選」にも選ばれています。

　父母ヶ浜は、潮が引いたときには500m沖合まで干潟となり、タイドプール（潮だまり）があちこちに出現します。

　タイドプールは、風がないと波が立ちません。また水深が極端に浅く、対流などの撹拌が最小限に抑えられています。そのため非常に穏やかな水面になり、鏡面反射（入射角と反射角が等しくなる完全な光の反射）が起こります。これを利用することで上下対称の写真を撮影することができるのです。

　シャッターチャンスは日没の前後30分間。この時間帯に干潮の時刻が重なり、風もなければ、素敵な写真を撮ることができるでしょう。

もっと知りたい！

かつて、父母ヶ浜を埋め立てて工業用地にする構想がありました。しかし、地元のボランティア「ちちぶの会」が熱心な清掃活動と保全活動を続けていたおかげで、美しい干潟は残されることになりました。

イリオモテヤマネコは生息数が極めて少なく、絶滅危惧種に指定されています。

206
西表島

所在地 日本　沖縄県

小さな島で生きながらえた野生のネコ科動物

　西表島は、沖縄県の琉球列島に属する島です。島の大部分が亜熱帯のジャングルで覆われており、多様な固有種が生息していることから「東洋のガラパゴス」とも呼ばれています。数ある固有種のなかでも、最も有名なのは天然記念物のイリオモテヤマネコでしょう。島の豊かな自然を背景にたたずむイリオモテヤマネコの姿は眼福です。

　イリオモテヤマネコは西表島だけに生息するネコの仲間で、先祖は20万年前に大陸から渡来したベンガルヤマネコであることが明らかになっています。ただ、283㎢しかない狭い島に、中型の肉食獣が住んでいるのは世界的にも珍しいこと。そもそもこの島には、エサとなるネズミやウサギなどが生息していないのです。

　それでもイリオモテヤマモコが島で生き延びることができたのは豊かな生態系のおかげです。イリオモテヤマモコは、トカゲ、ヘビ、カエル、鳥などを捕食。しかも、それらのエサを取るため、ネコ科の動物としては珍しく水に入ることを嫌がりません。島独特の環境と、イリオモテヤマネコの順応性の高さが種の保存の背景にあるのです。

もっと知りたい！　ネコ科の野生動物が暮らすためには、ある程度の広さが必要です。狩りをして生活するには狭いと不都合なのです。西表島はネコ科の野生動物が暮らす島としては世界最小とされています。

ブロッケン山で発生したブロッケン現象。自分の影の周りに光の環が見えます。

7月25日

207
ブロッケン現象

所在地　世界各地

【本日のテーマ】気象と天体がもたらす奇跡！

自分の頭部に後光が射す不思議な現象

　ドイツ中央部に位置するハルツ山地のブロッケン山に由来する自然現象があります。雲や霧に映った自分の影のまわりに虹の後光が射す、幻想的な現象が起こることがありますが、これが「ブロッケン現象」と呼ばれているのです。

　この不思議な現象は、虹と同じように、太陽を背にしたときにその光が散乱することで発生します。虹が水滴による光の屈折によって発生するのに対し、ブロッケン現象は、前方の雲や霧を反射して戻ってくる太陽光が、雲や霧の水滴によって回り込むことで発生します。このように、光が回り込むこと現象のことを「回折」といいます。

　雲や霧に映る太陽の方向を見ている人にとっては、光が自分の影の位置から戻ってくる状態になるため、ブロッケン現象で現れる後光は、隣に人がいても自分の影の頭部に後光が見えます。隣の人は隣の人で、自分の頭部に後光が見えているのです。ちなみに、虹は見る人に対して約40°の大きさに見えますが、ブロッケン現象は約3〜5°の大きさで見えるため、この2つの現象の違いはすぐに区別がつきます。

もっと知りたい！　ブロッケン現象は、高い山に登って雲や霧を見下ろした際に、どこでも見ることができます。また、太陽と逆側の近い位置に雲や霧があれば平地でも観測可能です。たとえば、福島県の只見町では早朝、橋の上から見ることができます。

どこかのテーマパークかと勘違いするほど人工的な雰囲気が漂うフライガイザー。

208
フライガイザー

所在地 アメリカ合衆国 ネバダ州

荒涼とした大地にあるカラフルな岩山

　フライガイザーはアメリカ西部、ネバダ州のブラックロック砂漠にある間欠泉です。赤・橙・緑などの強烈な色あいもさることながら、岩山の頂から熱水が絶えず噴き出しており、テーマパークのようにも見えます。

　この奇妙な間欠泉は、天然のものではありません。1964年、ある地熱エネルギー会社がここに井戸を掘ると、93℃に熱せられた熱湯が噴出。これがそのまま放置された結果、熱水に含まれるミネラル分が空気に触れて固まり、積もり積もって3mもの高さに成長してしまったのです。吹き出しはじめてすでに60年近く経っているので、1年間に5cm成長していることになります。

　一方、岩山を覆う鮮やかな色彩は、シアノバクテリア（藍藻）によるもの。シアノバクテリアは高温多湿の環境を好む生物。湿地や水たまりなどに発生し、緑色のねばねばした膜状になります。このシアノバクテリアによって岩山が覆われているのです。フライガイザーの景観は、人と自然の共同作業によってつくられたともいえるでしょう。

もっと知りたい！ フライガイザーがあるフライ牧場には間欠泉がもうひとつありました。1917年に砂漠を農地にしようとして掘り当てたものですが、新しい間欠泉が最初にできた間欠泉の水圧を奪ったため、噴出口は放置され、現在では乾いたままになっています。

213

山脈の"切れ目"に見えるのが水平滝。海水が数mの落差を流れ落ちています。

水平滝

所在地 オーストラリア連邦　西オーストラリア州

7月27日

【本日のテーマ】母なる海に抱かれる！

特殊な地形と世界最大級の干満差が生む海の滝

　海のはずなのに、川のように激しく流れ、ついには滝までつくり出す不思議な場所があります。オーストラリア北西部、キンバリー地域沿岸のタルボット湾です。

　タルボット湾には、山脈に挟まれた横幅10kmほどの細長い2つの湾が並んでおり、山脈の"切れ目"が2つの湾と外海をつないでいます。この湾で潮の満ち引きが起こるとき、海に滝ができるという非常に珍しい現象が発生するのです。

　じつは、このあたりは世界で最も潮の干満差が大きい場所でもあります。そこで潮の満ち引きが起こり、大量の海水が山脈の"切れ目"に押し込められると、海面の水位に最大5mもの落差が生じます。その結果、海水に外海へ向かう流れができ、その"切れ目"に滝が誕生するのです。

　こうしてタルボット湾にできた滝は「水平滝」と呼ばれています。ターコイズブルーの穏やかな海面に、突然生まれる滝ですが、世にも珍しい水の動きは、特殊な地形と世界最大級の干満差によってつくられるのです。

もっと知りたい！ タルボット湾で大潮が発生すると、一気に潮が引き、数十kmにわたって海底が露出します。干満差世界最大級のスポットだからこそ見られる光景です。

棚田は稲が育つと緑色、収穫時期は黄金色、稲刈り後は土色と、季節によって色が変化します。

210

コルディリェーラの棚田群

所在地 フィリピン共和国　コルディリェーラ行政地域

「天国への階段」と呼ばれる棚田を支えた豊富な水

　フィリピン・ルソン島北部のコルディリェーラには、見渡す限りの棚田が広がっています。標高1,000〜2,000mの山地を拓いた一帯の総面積は、2万haを誇り、すべての畔をつなぐと、地球半周分相当の2万kmに達するといわれています。どの棚田もきれいに整えられており、夏には緑色、秋には黄金色の美しい光景を見せてくれます。

　この棚田をつくったのは山岳民族のイフガオ族。2,000年前、彼らは稲作の技術を携えて大陸から渡来し、急峻な山地での稲作に挑みました。そこで問題になったのが、米作りに不可欠な水です。

　イフガオ族は棚田の上に広がる熱帯雨林に注目。そこから用水路を引いて下の田へと水を導きました。決して容易な作業ではありませんでしたが、長い年月をかけて水路をつなぎ、自然の力で水が流れ落ちるようにしたのです。

「天国への階段」と呼ばれるこの棚田では、いまも手作業で稲作を行っています。それが古くからの技術の伝承に役立っています。

もっと知りたい！ イフガオ族は田植えや収穫の際の儀式で、「ハドハド」という歌を歌います。200以上の物語を歌にしたものですが、メロディはひとつだけというのが面白いところです。

高千穂峡を流れ落ちる真名井の滝。神秘的な雰囲気を醸し出しています。

211
高千穂峡

所在地　日本　宮崎県

阿蘇山噴火が生んだ神話の舞台

　日本神話の舞台として知られる高千穂峡は、火山活動によって生まれた地形です。12万年前と9万年前の2回、阿蘇カルデラをつくった大噴火によって噴出した火砕流が、当時の峡谷沿いに流れ下って堆積しました。その堆積物が冷却されて固まり凝灰岩となると、柱状節理が発生。凝灰岩は、川の侵食によって鋭く削り込まれ、V字峡谷となりました。それが平均の高さ80m、断崖が7kmも続く高千穂峡です。

　高千穂峡の断崖の下には、五ヶ瀬川が流れています。阿蘇山から30kmの距離にありますが、悠久の時を経て、静かに深く、大地が削り込まれていきます。

　この静寂の地は、天照大神の命により、瓊瓊杵尊が降り立ち、日本の歴史がはじまった地とされています。その場所が、日向高千穂の久士布流多気とされ（諸説あり）、この地を統治して、農業文化を広めていったと伝えられています。『古事記』や『日本書紀』が伝える、いわゆる「天孫降臨」の物語です。川面に小舟を浮かべて、流れ落ちる滝の音を聞いていると、荘厳な雰囲気のなかに、神話が生まれた環境や背景を感じます。

もっと
知りたい！　高千穂峡の近くには、天照大神が隠れた「天岩戸」とされる場所もあります。この話には、皆既日食・天変地異・飢饉なども関連しているという説もあります。

青く澄んだ水の底に、腐ることなく、化石のように沈んだ倒木が見えます。

212
神の子池

所在地 日本　北海道

摩周湖の地下水がつくった青い清水の池

　北海道東部の清里町から裏摩周湖方面へ向かう林道の途中に、摩周湖の地下水から生まれ、青く保たれた神の子池があります。摩周湖（「カムイトー」＝神の湖）の伏流水からできたことから、「神の子池」と名付けられました。

　神の子池には、流れ込む川も、流れ出す川もありません。それにもかかわらず、春に雪解け水が流れ込んできても水位は変わりません。その理由は、池の周辺に湧水を出しているからと考えられています。その水量は１日あたり推定12,000tにもなり、神の子池以外にも伏流水を湧出している場所があるといいます。

　周囲220m、水深5mの小さな池ですが、底まで見えるほど水が澄んでいます。倒れた木が水中でも腐らずに沈んでおり、その間を朱色の斑点をもつオショロコマが泳いでいます。無色透明の池の水が青く見えるのは、微生物や鉱物による反射光のため。高い透明度と適度な水深で太陽光が池底まで届き、底に積もった白い火山灰がスクリーンとなって青い色を目立たせています。

もっと知りたい！　神の子池のある清里町には、標高1,547mの斜里岳があり、多くの登山者が訪れます。晴れた日には、網走方面から清里へ向かう道で、斜里岳の美しい姿を見ることができます。

森の巨人といわれるサキシマスオウノキ。日本では先島諸島などが属する南西諸島でのみ見ることができます。

7月31日

【本日のテーマ】生命の息吹を感じる！

213

先島諸島のサキシマスオウノキ

所在地　日本　沖縄県

平らに突き出た巨大な根っこの役目と使い道

　先島諸島にはサキシマスオウノキ（先島蘇芳木）という、樹高5〜15mの巨木が存在しています。アオイ科の常緑高木で、その特徴は根にあります。

　サキシマスオウノキの根は「板根」と呼ばれる平らな板状の根。しかも、極めて大きいのです。島の南部を流れる仲間川の上流に生育している高さ18m（日本最大）のサキシマスオウノキの板根は、人間の背丈をはるかに超える3.1mもあります。

　なぜ、これほど変わった形の根になったのでしょうか？　それは巨木を支えるために必要だったからです。西表島のような亜熱帯地域の土壌は非常に浅く、植物が深く根を張ることができません。そこでサキシマスオウノキは、地面との接地面積を少しでも増やそうと、根を特殊な形状に進化させたと考えられています。

　沖縄では古くからサキシマスオウノキの板根が、まな板やクワなどの生活用品や、伝統的な舟であるサバニの舵として利用されてきました。また、樹皮のタンニンは染料、薬用として使われています。

 もっと知りたい！　「サキシマ」は先島諸島（宮古列島と八重山列島の総称）のことで、「スオウ」は、染料として利用されるスオウ（蘇芳木、マメ科の落葉小高木）に由来しています。

八代海北部で確認された不知火。不知火という名称は、焼酎の銘柄などとしても使われています。

214
不知火

| 所在地 | 日本　熊本県 |

八代海にゆらめく無数の小さな炎

　旧暦8月1日（八朔）前後の未明、八代海（不知火海）の沖に無数の小さな火が浮かんで見える、「不知火」という現象が起こります。かつては物の怪のしわざとみなされていたため、そのまま妖怪の名前にもなっています。

　不知火の正体は、海面上に発生した蜃気楼です。日中に暖められた海面が、夜の冷気で急激に冷やされることで、暖気と寒気が混ざり合った複雑な空気の層がつくられます。その層によって通常とは異なる光の屈折が起こり、その場にはない遠くの光が見えるのが不知火なのです。光源の大部分は漁火や街灯などです。

　ちなみに『日本書紀』には、不知火に関する逸話が残っています。

　九州巡幸に赴いた景行天皇が八代海を航行中、夜になり方角が分からなくなってしまいました。しかし、遠方に見えた火を目指して進むと、無事、岸に到着。天皇が「誰が火を灯してくれたのか？」と尋ねたところ、誰もその火のことを知らず、「（誰も）知らぬ火」＝「不知火」となったという逸話です。

もっと知りたい！
八代海に面した場所にある永尾劔神社からは、不知火がよく見えるとされています。また、不知火は八代海だけでなく、有明海などでも発生することがあります。

219

ローソクに火が灯ったように見えるため、ローソク島と呼ばれるようになりました。

215

ローソク島

所在地 日本 島根県

ローソクの火が灯る高さ20mの岩柱

　隠岐諸島は、600万年前から40万年前まで続いた火山活動によって生まれた島です。この火山活動と日本海の荒波や風によって、特徴的な地形がたくさん生まれました。そのなかでも興味深いのが、隠岐島の北西の沖合に浮かぶローソク島です。

　ローソク島はローソクのような形をしているだけでなく、高さ20mの岩柱の頂点に夕日が落ちるときに美しい姿を見せてくれます。太陽とのコラボレーションで、ローソクに火が灯ったように見えるのです。

　ローソク島の岩柱は、アルカリ成分の多い溶岩が急激に冷えてできた粗面岩と火山噴出物が堆積してできた火砕岩で形成されている「離れ岩」です。つまり、元々は隠岐島から突き出た岬の一部分でしたが、長い時間をかけて波に削られ、離れ岩だけが海に取り残されたのです。

　離れ岩に火が灯るのは、波の穏やかな晴天の日。陸側からではなく、船上からだけ見ることのできる絶景です。

もっと知りたい! この岩石は、波や風の侵食を受けると、柱状節理や流理構造に沿って割れやすい性質があります。流理構造は、流紋岩によくみられる模様で、溶岩の流れに沿って縞状を呈することがよくあります。

奥に見えるのがボラボラ島。その周囲をサンゴ礁の島々が取り巻いています。

216
ボラボラ島

所在地 フランス領ポリネシア　ソシエテ諸島

ネックレスのような島々ができた経緯

　ボラボラ島は、ポリネシアのソシエテ諸島に属する島のひとつです。南太平洋の青い海に浮かぶ火山島で、サンゴ礁でできた小さな島々がネックレスのように取り囲んでいます。その姿から「太平洋の真珠」とも呼ばれています。

　太平洋の真珠は、次のような経緯ででき、発達してきたと考えられています。

　まず、火山島の周囲の浅い海にサンゴ礁が発達しました。その後、島は波などによる侵食を受け、次第に沈んでいきます。しかし、島の周囲にできていたサンゴ礁は、島が完全に沈没してからも海面近くで成長を続けました。

　やがて中央部は巨大なラグーン（サンゴ礁や島嶼に囲まれた海）となり、周囲のサンゴ礁の上にはサンゴのかけらが積み重なってネックレスのようになりました。「環礁」と呼ばれる地形の誕生です。

　ソシエテ諸島では、ボラボラ島のほかにモーレア島やツパイ島などにも環礁が見られます。この諸島はネックレスだらけなのです。

もっと知りたい！　サンゴ礁の特徴的な地形は3つあります。サンゴ礁だけがネックレスのようにつながる環礁、陸地とサンゴが接した裾礁、陸地とサンゴ礁の間に礁湖がある堡礁です。

インドでは菩提樹、無憂樹（むゆうじゅ）、娑羅双樹（さらそうじゅ）が「三大聖木」とされています。

217
ブッダガヤの菩提樹

所在地 インド共和国　ビハール州

2,500年前に釈迦が悟りを開いた場所

　インド北東部を流れるガンジス川の支流、ナイランジャナー川を遡ったところに、天高くそびえる大塔が見えます。その場所こそ、釈迦（ブッダ）が悟りを開いたブッダガヤです。ブッダガヤは仏教における最大の聖地。世界各地から仏教徒が集まってきて、祈りを捧げる光景が見られます。

　そのブッダガヤでとりわけ重要なのが、大塔の脇にある巨大な菩提樹です。何本もの枝を大きく広げた姿は、仏教の伝播を表しているようで、尊い感情が芽生えてきます。

　この菩提樹は、釈迦の在世時に存在したものではありません。当時の菩提樹はイスラム勢力による弾圧で焼失してしまいました。しかし、その残木に由来する菩提樹がスリランカで育てられ、そこから接木したものがブッダガヤに移植されました。つまり、現在の菩提樹は、オリジナルの菩提樹の"子孫"なのです。

　菩提樹の下には、釈迦が悟りを開いたと伝わる金剛宝座があります。菩提樹は悟りの場所を覆うように立っています。

もっと知りたい！　釈迦が悟りを開いた菩提樹は、日本でよく見かけるものとは別種のインドボダイジュだといわれています。明るい緑色をした大きな葉は、その先端が細長くしっぽのようになるのが特徴です。

赤い砂岩で形成された縞模様の地層がグラデーションとなっています。

218
張掖丹霞地貌

所在地 中華人民共和国　甘寧省

極彩色の山肌が魅力的な「東洋のグランドキャニオン」

　中国では丹霞地貌（丹霞地形）と呼ばれる独特の地形がいくつかの場所で見られます。丹霞とは、赤く染まった霞や、日の出や日没のときに赤く色づく雲のこと。この地形を構成する砂岩が赤いことから、その名が付きました。最も有名なのは中国北西部、甘寧省張掖市の近くにある張掖丹霞地貌でしょう。山肌が赤・橙・黄・青などの鮮やかな縞模様になっていて、「東洋のグランドキャニオン」とも呼ばれています。

　丹霞地貌は、4,000万年前にはじまったヒマラヤ造山帯の活動をきっかけに生まれました。造山活動で隆起した砂岩や礫岩の地層が、風雨による侵食や風化を受け、嶮しい断崖、独立した岩の塔、洞窟などを形成したのです。そのひとつが張掖丹霞地貌で、激しい地殻変動の結果、横倒しになった地層が地表に露出したのです。

　地層ごとの色の違いは、鉱物や有機物の違いです。赤色は堆積岩に含まれる鉄分が酸化したもの、もしくはマンガンによるもの。黄色は硫黄によるもので、青色に関しては、よくわかっていません。色は、朝日や夕日を浴びたとき、とくに鮮やかに輝いて見えます。

　張掖丹霞地貌の存在は、つい最近まで知られていませんでした。2002年に発見され、2008年から一般公開されはじめた比較的、新しい絶景スポットなのです。そのため、中国にもこの絶景の存在を知らない人がたくさんいます。

223

その名は「寒い気候が引き起こした肌の傷」という意味のイヌイットの言葉に由来します。

219
ピングアルク湖

所在地　カナダ　ケベック州

宇宙からきた物体がつくった円形の湖

　カナダ・ケベック州のアンガヴァ半島には、ピングアルク湖という直径3.5kmの湖があります。水深は270mありますが、流入・流出する河川がないため、水が増えるのは雨と雪によってのみ。減るのも蒸発によるものだけと考えられています。

　そんなピングアルク湖の最大の特徴は、隕石の衝突が起源であること。「ピングアイルト・クレーター（ニュー・ケベック・クレーター）」という別名がルーツを物語っています。

　ピングアイルト・クレーターは、かつて火山活動によって生じたクレーターだと考えられていました。しかし1990年代の研究により、隕石の衝突のような強い衝撃でのみ生じる石英の面状変形組織が発見され、巨大隕石の衝突によって生成したクレーターであると認定されたのです。

　衝突年代は140万年前。直径100〜300mの隕石が秒速15〜25kmの速さで衝突したと考えられています。上空から見ると、きれいな円形をしていますが、衝突時の衝撃は相当なものだっただろうと推測されます。

もっと知りたい！　6,500万年前、メキシコのユカタン半島の先端に、直径10〜15kmの隕石が時速7万km以上の速度で落下しました。日光が大量の塵に遮られて植物は死滅し、食物連鎖が断絶。その結果、恐竜も絶滅したと考えられています。

バイカモはウメのような白い花（梅花）を咲かせることから、その名が付けられました。

220
醒井のバイカモ
所在地 日本　滋賀県

水中で咲き誇る梅の花のような水草

　滋賀県米原市 醒井 を流れる地蔵川では、毎年7月下旬から8月下旬頃にかけて、川のなかに白い花が咲き誇る光景を目にすることができます。この水中花はバイカモ（梅花藻）という植物で、山地や平地の流れのある川や湖の底に群生する、多年草の水草です。

　バイカモは水温が14℃前後の清流でしか育ちません。また、水深が30〜50cm前後で適度な流れがあり、砂や小石が数cm程堆積している場所に群生しやすいとされています。地蔵川はこれらの条件を満たしています。特に水温は年間を通して安定しています。

　一方、バイカモの弱点は水質の汚れです。泥水が流入して水が濁ったり、大量に発生した植物プランクトンに光を遮られて光合成がうまくできないと、姿を消してしまうのです。

　バイカモは開花時期になると、細長い3〜5cm程度の花茎を水中や水面に出して、直径1.5cmの花をつけます。花弁が5枚あり、梅の花によく似ているため、このような名前が付けられました。兵庫県の田君川や福井県の治佐川、北海道などでもバイカモを見ることができます。

もっと知りたい！　バイカモは、水生昆虫や小魚に棲家を提供しています。水の流れにゆらめく緑の束のなかに、たくさんの生物が暮らしています。バイカモの存在が動植物の共生を可能にしているのです。

225

浮世絵と勘違いするほど美しい赤富士。一瞬の美しさが人々を魅了してきました。

221

赤富士

所在地 | 日本　静岡県、山梨県

年に数回しか見られない赤く色づく富士山

　日本のシンボル「富士山」は、季節や時間帯によってさまざまな姿を見せてくれます。そのなかでとくに縁起がいいとされ、多くの人々に喜ばれてきたのが「赤富士」です。赤富士とは、冠雪していない夏、ふだんは青みがかって見える富士山が、朝焼けによって真っ赤に染まる現象のことです。

　富士山の雪がなくなるのは7〜10月上旬までの短い期間に限られ、そのほかの条件もなかなか揃わないため、赤富士は年に数回程度しか見ることができません。あまりに貴重なことから、葛飾北斎の浮世絵『富嶽三十六景』など、多くの芸術作品のモチーフとされてきました。では、真っ赤な富士山が出現する条件とは、どのようなものでしょうか？

　まず、朝焼けが発生するためには、空気中の水蒸気量が多くないといけません。太陽光のうち、波長の長い赤い光が水蒸気によって散乱し、富士山を赤く染めるのです。朝焼けがきれいになるには、気温が高いこと、風が強くないこと、多少の雲があることなどの条件が加わります。すべての条件が整うことはなかなかありません。

もっと知りたい！　赤富士のほかに紅富士と呼ばれる現象もあります。真冬の朝夕、富士山が冠雪した状態で太陽に照らされ、鮮やかな紅色に染まる現象のことです。

足元から、そして天井から鍾乳石が連なり、洞窟内を幻想的な雰囲気にしています。

222

玉泉洞

所在地 日本　沖縄県

無数の鍾乳石が連なる洞窟の起源はサンゴ礁

　沖縄には600か所を超える鍾乳洞があります。そのなかで最大のものが南城市にある玉泉洞です。全長5km、鍾乳石の数は100万本以上になり、日本全体でも最大級の大きさを誇ります。見所は、天井から尖った槍のような無数の鍾乳石が垂れ下がる「槍天井」。その下に立つと、怖いくらいの眺めです。

　玉泉洞の周辺には、サンゴ礁からできた琉球石灰岩が広く分布しています。その石灰岩が雨水や地下水によって溶解し、侵食されてつくられたのが鍾乳石です。

　鍾乳石は、水に溶けた石灰分（炭酸カルシウム）が再び鉱物（方解石）として晶出したもの。下に垂れるだけでなく、横につながりカーテンのように広がることもあります。純粋な方解石の色は無色（透明）ですが、混入物が入ることにより、いろいろな色合いを見せます。

　玉泉洞の鍾乳石は30万年ほど前から成長し始め、3年間に1mmのペースで成長してきたと考えられています。

もっと知りたい！　玉泉洞は1967年に愛媛大学の研究者によって調査され、そのスケールや保存状態が非常によいことなどが明らかにされました。洞内からは、1万5,000年前の絶滅種であるリュウキュウジカの骨の化石も見つかっています。

極めて透明度の高い海水が「空飛ぶ船」の不思議な光景をつくり出しています。

223

ランペドゥーザ島

所在地 **イタリア共和国　シチリア島**

「空飛ぶ船」が見られる驚異的な透明度の理由とは？

　シチリア島の南西、200kmに位置するランペドゥーザ島は、海水の透明度が非常に高いことで有名です。海水があまりに透明なため、海面に浮かんでいる船が、まるで空中に浮かんでいるかのよう見えます。

　透明度が高い理由はいくつかありますが、最も大きいのは砂の質です。このあたりでは、石灰分が多く、大粒の白い砂が崖から海に落ちて堆積し、遠浅の海を形成しました。その砂が光をよく反射・透過するため、水深15〜20mの海底まではっきりと見えるのです。もうひとつ、生物による影響も見逃せません。この島には河川がなく、陸から海に流れ込む栄養分を餌とするプランクトンがあまり生息していません。その影響で、海水の濁りがほとんど見られないのです。また、沿岸に生息するカイメンという生物が水の汚れとなる有機物微粒子や微生物を食べ、水質を浄化しています。カイメンはろ過摂食者であり、ろ紙（フィルター）のようなものともいえるでしょう。

　こうした条件が重なり、ランペドゥーザ島の海水は驚異的な透明度を誇っているのです。

 ランペドゥーザ島の沿岸では、なぜか磯の香りがしません。それは磯の香りの原因である海藻が生育していないからです。日本の海岸の雰囲気とはだいぶ異なっています。

現在は大仙古墳への立ち入りは禁止されていますが、江戸時代までは自由に出入りできました。

224

百舌鳥・古市古墳群

所在地 日本　大阪府

月日

【本日のテーマ】自然と人とのつながりを知る！

仁徳天皇陵の水は枯れず、あふれず、汚れない

　日本の古代の政治の中心地であった大阪や奈良には、時の権力者を祀る古墳がたくさんあります。多くの古墳が集まっている古墳群も少なくありません。なかでも日本を代表する古墳群が、大阪平野に位置する百舌鳥・古市古墳群です。

　百舌鳥・古市古墳群はそれぞれ東西・南北4kmの範囲に広がり、4世紀後半〜5世紀後半に築造された数十の古墳が残っています。最大のものが仁徳天皇陵とされる大仙古墳。墳丘が三重の水濠に囲まれ、木々が生い茂る巨大な前方後円墳です。近くで見るとわかりにくいのですが、俯瞰して見ると、緑あふれる整然とした形状がわかります。

　大仙古墳の白眉は、緑を支える水濠。濠の水を南海高野線・百舌鳥八幡駅の北側にある芦ヶ池からひいています。地下250mからくみ上げた水を2基の井戸に溜め、1.4kmもの長い水路で濠へと流しています。定期的に水が入るように大量の水を供給しているのです。

　古代の人々がどうやって水を維持していたのかはわかりませんが、現在の努力も並大抵のものではないのです。

 もっと知りたい！　水路のスタート地点は、芦ヶ池の西側の2基のポンプ式の井戸。ここから水がくみ上げられ、水路によって流れています。じつは大仙古墳の水濠は、農家がため池として利用しており、その水が周辺の田畑を潤していたのです。

229

東京の約4分の1の面積が純白に染まった光景は圧巻のひと言です。

225

ホワイトサンズ

所在地 アメリカ合衆国　ニューメキシコ州

【本日のテーマ】大地の鼓動に耳を傾ける！

世界最大の石膏砂丘はどのようにできた？

　ホワイトサンズはアメリカ南西部、ニューメキシコ州の荒野にある純白の砂漠です。白い砂丘上には風がつくりだした波紋が刻まれ、訪れる人の目を楽しませてくれます。また、時間帯によって太陽光が当たる角度が変わるので、白い砂丘の表情も刻々と変わっていきます。「枯山水の石庭」で有名な、京都の龍安寺を彷彿させる風景です。

　白い砂の正体は、アラバスター（雪花石膏）という鉱物の変種です。石膏は水溶性なので、通常は雨などで溶かされ、川から海へと流れていってしまいます。しかし、この一帯には川などがなく、雨や雪解け水によって溶け出した石膏が、大地を覆うように溜まるため、乾燥して結晶に変化します。

　その結晶が長い年月をかけて風化し、侵食され、砂状に砕かれた結果、現在の白い砂漠が形成されたのです。このような現象はとても珍しく、ホワイトサンズは世界最大の石膏砂丘とされています。

もっと知りたい！　石膏は硫酸カルシウムと水からなる鉱物です。爪で傷がつくくらい柔らかいので、彫刻品や建造物によく用いられます。壁や天井といった内装材料に使われる板状の石膏ボードは、建築業界で欠かせません。

岩塩の上に1本の木が立っており、島のような光景が生まれました。

226
死海

所在地 **イスラエル国、ヨルダン**

人が浮くほど塩分の濃い湖ができた理由

「死海」と聞くと、プカプカと湖に浮いている観光客の姿をイメージする人が多いことでしょう。人が浮かぶのは、湖水の比重が人の比重より大きいからで、その秘密は死海の塩濃度にあります。

　一般の海水の塩濃度は3.4％ですが、死海はその10倍相当の33％と、塩濃度がとても高いのです。塩濃度が高いと浮力が大きくなり、比重がほぼ1の人間も簡単に浮きます。ただし、ここまで塩分が高いと生物はほとんど生きていけません。まさに「死海」です。

　イスラエルとヨルダンの国境に位置する死海は、南北50km、東西15kmと、細長い形をしています。海面の標高は海抜マイナス430m、最深部は水深433mで、湖としては世界一低いところにあります。ヨルダン川などから水が流れ込んでいますが、流れ出る川はありません。そのため湖水は高温と乾燥により蒸発し、ナトリウム、マグネシウム、カルシウムなどのミネラルがどんどん蓄積し、塩濃度が高くなるのです。ちなみに、一般の海水の主成分は塩化ナトリウムですが、死海はかなりの量の塩化マグネシウムを含んでいます。

もっと
知りたい！ 近年、ヨルダン川の利用や運河開拓により、死海の湖面低下が問題視されています。これを解決するため、運河を建設して、紅海の海水を死海に取り入れる計画が進行しています。

デイジー（ヒナギク）によって橙色に彩られたナマクワランド。

8月14日

【本日のテーマ】生命の息吹を感じる！

227

ナマクワランド

所在地 南アフリカ共和国　北ケープ州

雨が降れば砂漠から花畑に大変身！

　アフリカ大陸の南端付近に位置するケープ半島は、半島一帯が自然保護区に指定されていることもあって、さまざまな動植物が生息する自然豊かなエリアとなっています。そのケープ半島から北上した南アフリカ共和国とナミビアとの間に、ナマクワランドという不思議なスポットが存在します。

　ふだんのナマクワランドは荒涼とした砂漠地帯です。ところが、8月中旬〜9月中旬の2〜3週間はまったく異なる光景に変貌します。なんと、44万㎢ともいわれる広大な土地が美しい花畑になってしまうのです。花の種類は4,000を超え、橙色、紫色、黄色、桃色と、カラフルな花々が大地を覆い尽くします。少し前まで砂漠だったとは信じられません。

　実は、この土地の下には花々の種や球根が埋まっています。それらは、雨がほとんど降らない乾季（12〜2月）にはじっとしており、6〜7月頃にわずかな雨が降ると、開花の準備をしはじめます。そして8月中旬〜9月中旬に、一斉に花を咲かせるのです。開花期間は短いものの、「奇跡の花園」として注目を集めています。

もっと知りたい！ ナマクワランドの気候や雨量は、常に同じではなく、毎年少しずつ変化します。それにともない花畑も変化するため、どの花がどのあたりに咲くかはわかりません。

薄明光線は、明け方や夕方によく見られます。

228
薄明光線

所在地 **世界各地**

聖書の世界を思わせる放射状の光線

　太陽が雲に隠れているとき、その雲の隙間から光が差し、光線の柱が放射状に地上へ降り注いで見えることがあります。これは薄明光線と呼ばれる現象です。世界中で観測可能で、「光芒」「天使の梯子」「天使の階段」「ヤコブの梯子」「レンブラント光線」など、さまざまな呼称があります。

「天使の梯子」や「ヤコブの梯子」という呼び名は、旧約聖書のヤコブの逸話に由来します。ヤコブの夢のなかで、雲の切れ間から差す光のような梯子が登場し、それを天使が上り下りしていたというものです。一方、レンブラント光線というのは、17世紀オランダの画家であるレンブラント・ファン・レインが好んで画題にしたことからつけられました。

　薄明光線は、大気中に小さい水滴や塵などの細かい粒子があるとき、それに太陽の光が当たって乱反射することで発生します。つまり大気中の粒子がスクリーンの役目を果たして、光の通り道を見せてくれるのです。そのため、大気に水滴や塵などがなければ、この光の帯を見ることはできません。

もっと知りたい！

『銀河鉄道の夜』で知られる作家の宮沢賢治は、この現象を「光のパイプオルガン」と表現しました。確かに、光の柱はパイプオルガンのパイプようにも見えます。

120mの断崖絶壁が8kmも続き、見事な絶景を形成しています。

229
モハーの断崖

所在地 アイルランド共和国　クレア州

「破滅の崖」の意味をもつ断崖

　アイルランド西部に位置するモハーの断崖は、大西洋を望む、高さ120m、長さ8kmにもなる断崖絶壁です。映画『ハリー・ポッターと謎のプリンス』などにも登場した名所でもあります。

　この断崖は、3億2,000万年前の頁岩と砂岩から形成されています。石炭紀と呼ばれるこの時代は、多くの地域で気温の変化の少ない温暖な気候でした。当時、モハーの断崖がある一帯は大きな川の河口で、川の上流から砂が運ばれてきていました。やがて砂が厚い堆積岩の地層になると、その地層が波と風に削られ、現在のような断崖絶壁になったと考えられています。

　モハーの断崖付近の天候は曇り・強風・雨などが多く、その日の天候によってさまざまな顔を見せてくれます。しかも、断崖のすぐ下の海はよく荒れており、迫力のある波の音が響き渡ります。そもそもモハーの断崖とは、「破滅の崖」の意味。たしかに、見方によっては破滅を感じるかもしれません。

もっと知りたい！　崖とは、山や岸などの、険しくそば立っている場所をさします。切り立った険しい崖を上から見下ろした場合に「断崖」、下から見上げた場合に「絶壁」と使い分けますが、特に区別しないで「断崖絶壁」ともいいます。

青島の周囲の海岸をノコギリの歯のような岩が取り巻いています。

230
鬼の洗濯板

所在地 日本　宮崎県

鬼がつくった規則正しい岩石の帯

　宮崎県南部の日南海岸にある青島の周りには、鬼の洗濯板と呼ばれる海岸が8kmにわたっ
て続いています。打ち寄せる波がそのまま岩石になったかのような景観で、本当に鬼が洗
濯で使いそうな岩地です。

　この不思議な光景は、次のような経緯でつくられました。

　まず、3,000万〜1,500万年前、海中で砂岩と泥岩とが交互に重なりあった地層ができま
した。それが地殻変動などで隆起すると、波による侵食がはじまり、柔らかい泥岩層は波
で少しずつ削られていきました。その結果、硬い砂岩層との間に凹凸が生まれ、水平に堆
積した砂と泥の合わさった地層には、褶曲の影響で15〜20度前後の緩い傾斜ができました。
潮間帯において絶えず侵食の影響を受けることになりますが、削られる厚さは侵食に強い
砂岩と弱い泥質岩とで異なるため、洗濯板のような凸凹ができたのです。

　こうして誕生したのが鬼の洗濯板。干潮時になると沖に向かって100mほど広がる奇岩地
帯には、太古の記憶が刻まれているのです。

もっと
知りたい！

鬼の洗濯板がある青島は、周囲が1.5kmほどの小さな島ですが、ビロウジュなどの亜熱帯性植物が多く見られます。これぞ
南国・宮崎といった雰囲気が漂っています。

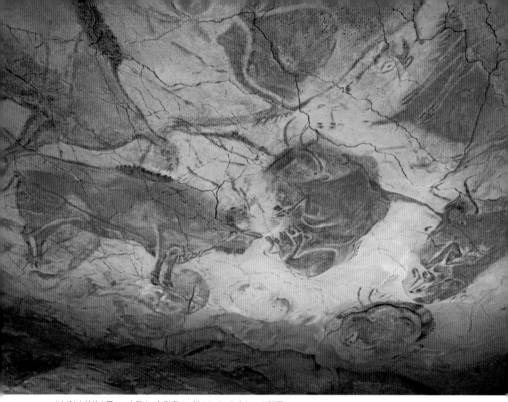

さまざまな技法を用い、力強く、色彩豊かに描かれているバイソンの壁画。

8月
18日

【本日のテーマ】自然と人とのつながりを知る！

231
アルタミラ洞窟

所在地 スペイン王国　カンタブリア州

壁画からわかるクロマニヨン人の芸術的才能

　1879年、スペイン北部の洞窟で、旧石器時代に描かれた壁画が発見されました。壁画は動物を躍動感たっぷりに描いた見事なもので、作者はクロマニヨン人とされています。クロマニヨン人はおよそ4万年前、ヨーロッパにやって来て、精巧な装飾骨角器や石器などを残した現生人類の先祖。発掘された道具や装飾品からも、彼らの優れた芸術の才能が垣間見えます。

　一般的な洞窟壁画はシンプルで単色のものが多いのですが、アルタミラ洞窟の壁画はカラフルな色づかいで描かれています。技法も多様で、あのピカソに絶賛されたほどです。壁画の半分くらいは、ひとりの天才画家が描いたのではないかともいわれています。

　また、この洞窟の壁画の多くは、洞窟の数十m奥で、人がひとり入れるかどうかという狭い場所に描かれています。このような状況から、宗教的な意味合いがあるのではないかとも考えられています。

もっと
知りたい！
巨匠・ピカソを唸らせたのは「バイソンの壁画」です。筆や絵の具のない時代に、ウシやヤギなど合計100頭もの動物を描いた匠の技は圧巻です。ただ、何のための壁画なのかはわかっていません。

国土地理院発行の地図に「砂漠」と表記された場所は、日本でここしかありません。

232

大島裏砂漠

所在地 日本　東京都

東京都に存在する日本唯一の「砂漠」

　伊豆半島の南東25kmに位置する伊豆大島。そのほぼ中央にそびえる三原山の東側一帯では、「裏砂漠」と呼ばれる珍しい光景を見ることができます。砂漠とはいうものの、地面を覆うのは小さな黒い色の岩片。一面に広がる黒い世界は、まるでSF映画に出てくる別の惑星のようです。

　この砂漠をつくったのは、三原山の噴火です。

　三原山は何度も噴火しており、その度に大地を焼き、植物を燃やしてきました。さらに、スコリア（岩滓）と呼ばれる火山砕屑物を噴出します。スコリアとは玄武岩質のマグマに由来する黒っぽい火山噴出物で、冷やされて粘性が高まったマグマから、水などの揮発性成分が発泡して抜けることでできます。つまり、黒砂漠は焼かれた大地にスコリアが広がってできたのです。

　この一帯は風が強く吹きぬける地形になっているため、植物が定着しにくく、砂漠がいつまでも保たれています。

もっと知りたい！　伊豆大島は富士箱根伊豆国立公園に属し、自然環境や生態系が十分に保護された地区となっています。「裏砂漠」周辺への車両の乗り入れは禁止されています。

毒々しい色に加え、高い塩濃度、高温の湖水が特徴のナトロン湖。

233

ナトロン湖

所在地　**タンザニア連合共和国　アルーシャ州**

水に触れると石灰化してしまう怖い湖

　タンザニア北部のアルーシャ州にあるナトロン湖。「ナトロン」とは古代エジプトのミイラづくりに使われた乾燥剤の名前で、この湖の水に落ちて命を落とした生物はやがて石灰化してしまいます。そのため、「死の湖」とも呼ばれています。

　ナトロン湖での石灰化には、水質と周辺環境が大きくかかわっています。

　この湖は強アルカリ性の塩湖。一帯が大地溝帯のグレート・リフト・バレーの谷底部分に位置しており、標高は610mあるものの、周囲よりも低く、多量のミネラルを含む水が流れ込んできます。また、乾いた気候で水分の蒸発率が高いため、塩分やミネラルの濃度がどんどん高くなっていきます。

　このような湖に生物が落ちて命を落とすと、大量の塩分を含んだミネラルが遺骸から水分を奪い取って乾燥させ、表面を白い結晶で覆い固めるのです。その結果、怪物メデューサに凝視されて石化したような遺骸が、湖の湖岸に残されることになるのです。

もっと知りたい！　ナトロン湖の水が赤く見えるのは藍藻類の影響です。塩濃度の高い水を好み、赤い色素をもつ藍藻類が大量発生することにより、湖水が真っ赤に染まるのです。

ムクドリの集団飛行は、デンマークでは「黒い太陽」と呼ばれています。

ムクドリの集団飛行

所在地 **イギリスや北欧**

【本日のテーマ】生命の息吹を感じる！

奇跡のような集団飛行のメカニズム

　ムクドリは日本のどこでも見ることのできる、ごく身近な鳥で、群れる習性があります。大量のムクドリが、まるでひとつの生き物のようになって飛んでいる姿がよく見られます。

　そうしたムクドリの集団飛行は、日本では数百羽程度の規模であることがほとんどですが、イギリスや北欧では数千羽から、多いときは1万羽以上で飛びます。

　ムクドリたちは、天敵であるワシやタカなどから身を守るために集団をつくり、1羽が敵を察知して飛行方向を変えると、ほかのムクドリたちも同じように方向を変えます。その際、お互いの位置関係をきれいに保ったまま飛ぶため、まるで全体でひとつの生き物のように見えるのです。夕焼けの空を背景にした整然とした動きは、空を飛ぶ芸術品のようです。

　ただ、ムクドリたちは群れ全体の動きを把握して、このような集団行動をとっているわけではありません。1羽のムクドリは、周囲の7羽だけの行動を認識して飛んでいると考えられています。その動きが次から次へと連鎖することにより、全体として統一した動きとなっているのです。

近年、ムクドリの集団飛行のメカニズムについて研究が進んでおり、将来的にはクルマの自動運転や、物流システムなどへの応用が期待されています。最先端の物理学などで注目されるほどの動きなのです。

世界の観測史上最高気温（56.7℃）を記録した場所だけに、写真からも暑さが伝わってきます。

235
デスヴァレー

所在地 アメリカ合衆国　カリフォルニア州

世界で最も暑い場所となったのはどうして？

「死の谷」という意味をもつデスヴァレーは、カリフォルニア州のシエラネバダ山脈東部に広がる乾燥地帯です。19世紀半ばのゴールドラッシュの時代、この地を訪れた開拓者の多くが命を落としたことが、名前の由来になったとされています。

　その名にふさわしく、デスヴァレーは過酷な環境で知られています。とくに暑さが厳しく、「世界でもっとも暑い場所」とも呼ばれています。記録に残されているなかで、世界の観測史上の最高気温は、1913年7月10日にこの地で観測された56.7℃です。最近では、2020年8月16日に54.4℃を記録しました。

　デスヴァレーがここまで酷暑となるのは、独特の地形が影響しています。

　この地の谷は狭いうえ、標高が最も低い地点は海抜マイナス86m。こうした場所では空気の循環が悪く、また太陽光を吸収する植物もほとんど存在しません。そのため、デスヴァレーは想像を絶するほどの灼熱地帯となっているのです。

もっと知りたい！ デスヴァレーが最も暑くなるのは7月で、平均最低気温ですら30℃をなかなか下まわりません。ただし、冬はそれなりに寒く、最も寒い12月の平均最低気温は3.5℃程度になります。

この光景を見ると、「自然こそが世界最高の芸術家」といいたくもなります。

236

アンテロープ・キャニオン

所在地 アメリカ合衆国　アリゾナ州

砂漠地帯の峡谷で自然がつくった"大地の彫刻"

　アメリカのアリゾナ州にある砂漠地帯に、アンテロープ・キャニオンという峡谷があります。岩山が連なる道なき道を進んでいくと、幻想的な光景を見ることができます。頭上の太陽が縞模様の岩で囲まれた空間をビームのように照らし、桃色や赤色、橙色などの鮮やかな色彩が踊り現れるのです。

「大地の彫刻」ともいわれるこの峡谷は、砂岩が侵食されることによって生み出されました。1億8,000万年ほど前、風によって運ばれてきた砂が堆積し、ナバホ砂岩と呼ばれる砂岩層がつくられます。このあたりでは、雨がほとんど降りません。しかし夏になると、雷をともなう豪雨が発生することがあり、大量の雨水が鉄砲水となって砂岩層を削るのです。さらに、岩間を吹き抜ける風も砂岩層を削りました。

　雨と風による侵食は、気の遠くなるほど長い間、続きました。その結果、巨大な砂岩層に美しい縞模様が刻まれ、太陽光とともに唯一無二の絶景をつくり上げることになったのです。

もっと知りたい！ アンテロープ・キャニオン周辺は、先住民のナバホ族の居住地です。アンテロープ・キャニオンはいまもナバホ族によって管理されています。

241

鳥取砂丘はふだんは穏やかな気候ですが、夏の暑い日には砂の温度が 50℃を超えます。

237
鳥取砂丘

所在地 日本 鳥取県

日本最大級の砂丘はこうしてできた

　日本で砂丘といえば、鳥取砂丘が真っ先に思い浮かぶことでしょう。この砂丘は、東西16㎞、南北2㎞もある大砂丘。起伏も大きく、最大高低差は90mにもなります。

　砂丘のすりばちの斜面には、流れるように崩れ落ちた形が簾を連想させる砂簾の模様や、風速5〜10m程度の風によって形作られる風紋と呼ばれる筋状の模様が見られます。

　この砂丘の砂がどこからきたのかというと、中国山地です。9,000万年前に中国山地で生成した花崗岩が風化し、もろくなって砂となり、千代川によって日本海へ流されました。海中の砂は、海岸に向けて流れ寄せる潮流で海岸線に堆積し、強い北西の卓越風の働きで吹き寄せられ、内陸へと運ばれました。こうした動きが長年にわたり繰り返された結果、14〜15万年前に鳥取砂丘ができはじめたと考えられています。

　どこまでも続く砂丘を歩いていると、日本海の波の音が聞こえてきて、ますます情緒が高まります。

もっと
知りたい！
鳥取砂丘の砂の間には火山灰の層が含まれています。通常の砂丘には歴史を知る手がかりになるようなものが含まれていませんが、この砂丘は火山灰層のおかげで形成の歴史を調べることができるのです。

ジープ島は野生のイルカが生息する環礁内にあり、ドルフィンスイムを楽しめます。

238
ジープ島

所在地 ミクロネシア連邦　チューク州

直径34mの宿泊できる島

　南太平洋に位置するミクロネシア連邦のチューク環礁に、「ジープ島」という絶景の島が浮かんでいます。外周わずか110m、直径34m、ゆっくり歩いても一周3分もかからない小さな島ですが、11本のヤシの木が生えている真っ白いビーチとコバルトブルーの海のコントラストが美しく、これぞまさに「南国の楽園」という趣です。

　もともと、この島は名もなき無人島でした。1920年から第二次世界大戦終結までの間、この地域は日本の統治下にあり、その時期に「婚島」と命名されましたが、その頃も誰も住んでいませんでした。戦後、日本の統治が終わると、ふたたび名もなき島に戻りますが、1997年に日本人の吉田宏司氏が移住し、ジープ島と名付けて宿泊できる島へと開拓したのです。

　島の魅力は、なんといっても360度海を見渡せるロケーション。目の前の海に飛び込めば、すぐに野生のイルカやカラフルなトロピカルフィッシュ、サンゴ礁などの美しい自然に触れることができます。

もっと知りたい！ ジープ島は現在も吉田氏が管理しています。予約をすれば、日本人限定で島にあるコテージに宿泊することができます。運がよければイルカと泳ぐ「ドルフィンスイム」も可能だそうです。

243

ここが2つのプレートが生まれる境界部分です。

239
アルマンナ・ギャオ

所在地　アイスランド共和国　シンクヴェトリル国立公園

めったに見られない「地表の割れ目」

　　アイスランドの中央部には、ほぼ南北に並行して走る巨大な亀裂がいくつもあります。大きな力で大地が引き裂かれたような亀裂で、「ギャオ（アイスランド語では「ギャウ」）」と呼ばれています。シンクヴェトリル国立公園にあるアルマンナ・ギャオを上空から見ると、その迫力に圧倒されることでしょう。

　　こうした亀裂ができるのは、アイスランドが地球上を覆う2つのプレートの境目に位置しているからです。

　　アイスランドは島の中央が大西洋中央海嶺に貫かれており、西半分は北米プレート、東半分はユーラシアプレートに乗っています。その2つのプレートは互いに反対方向に移動しているため、両側に引っ張る力によって大地に裂け目が生まれるのです。その裂け目がアルマンナ・ギャオをはじめとするギャオです。

　　海嶺の大部分は海中にありますが、北大西洋中央海嶺の一部はアイスランドの陸地に上陸しています。そのため、大地の裂け目であるギャオを直接見ることができるのです。

もっと知りたい！　アイスランドでは年平均で2cmくらいずつギャオが広がっているといわれています。ただし、毎年平均的に広がっているのではなく、数十年あるいは数百年に一度のペースで大規模な沈降があるようです。

スクラディンスキブク、ロシュキスラップなど、7つの滝が公園内にあります。

240
クルカ国立公園

所在地 クロアチア共和国 ダルマチア地方

光り輝く滝が7つもある魅惑の地

　クロアチアの滝といえば、世界遺産にも登録されているプリトヴィッツェ湖群国立公園が有名ですが、クルカ国立公園の滝も見逃せません。「ヨーロッパでも最も美しい滝のひとつ」といわれることもある景勝地です。

　クルカ国立公園は、ダルマチア地方を流れ、アドリア海に注ぐクルカ川の沿岸に位置しており、7つの美しい滝を擁しています。緑あふれる大自然のなか、白い滝が轟音を立てて流れ落ち、エメラルドグリーンに輝く滝壺を形成しています。

　この滝がこれほどまでに美しい色合いに彩られているのは、クルカ川の水質に秘密があります。

　クルカ川の水は、ディナル・アルプスの雪解け水を源泉としています。そのため不純物が少なく、驚くほど透明度が高いのです。そのきれいな水が川底で光を吸収し、屈折現象を起こすと、エメラルドグリーンの光を反射するのです。これがクルカ国立公園の滝をヨーロッパ屈指のものにしているメカニズムです。

もっと知りたい！　クルカ国立公園は世界遺産に登録されていますが、滝に入って泳ぐことができます。真夏でも冷たい温度を保っており、この地を訪れる旅行客の多くが滝壺での遊泳を楽しんでいます。

245

この木は、聖書に登場するエデンの園の場所を示すために植えられたと伝えられています。

8月28日

241
生命の木

所在地　バーレーン王国

【本日のテーマ】生命の息吹を感じる！

砂漠の真ん中で400年も生きた大木

　中東のバーレーンは大小33の島からなる島国で、国土の大半が砂漠に覆われています。そんな不毛の砂漠の真ん中に、高さ10m、樹齢400年もの大木がぽつんと生えており、その驚異的な生命力から「生命の木」と呼ばれています。

「生命の木」が生えている場所は、周囲に水がなく、平均気温は41℃、日によっては49℃にも達する灼熱の砂漠です。砂嵐もよく発生します。このように過酷な環境で生命の木が生育できている理由は、はっきりとはわかっていません。

　ただ、この生命の木はメスキートという乾燥に強い常緑低木で、その根は地下50mの深さまで伸びています。これによって、地下水を吸い上げているのかもしれません。この土地は、かつては地下水が豊富な場所だったとも伝えられています。また、メスキートは空気から湿気を集めることもできます。この能力も、砂漠のなかで生きていくのに役立っているのでしょう。ただ、地下の水源が見つかっているわけではないので、砂漠で大木が生育している謎は、完全には解かれていません。

 もっと知りたい！　「生命の木」という名前の由来は、『旧約聖書』に出てくる、エデンの園にあったとされる木。アダムとイヴが暮らしていたエデンの園は、バーレーンにあったという説もあります。

2012年5月にアメリカ・テキサス州で発生したスーパーセル。

242
スーパーセル

所在地 アメリカ合衆国　中西部など

【本日のテーマ】気象と天体がもたらす奇跡！

竜巻やゲリラ豪雨の原因になる巨大化した積乱雲

　近年、世界各地でゲリラ豪雨や竜巻などの被害が頻発しています。その原因となっているのが、積乱雲の一種であるスーパーセルです。

　積乱雲は、夏の日差しで地表近くの空気が急激に暖められ、暖かく湿った空気が上昇して冷たい空気と混じり合うことで発生します。その積乱雲が巨大化したものをスーパーセルといいます。通常の積乱雲の水平方向の広がりは十数km程度ですが、スーパーセルは数十kmにもなります。また、通常の積乱雲が数十分で消えるのに対し、数時間もの寿命をもっています。そのために甚大な被害がもたらされるのです。

　では、積乱雲が巨大化するのはどのようなケースでしょうか？　それは、積乱雲のなかに上昇気流と下降気流が1つずつ、異なる位置に発生したときです。1つずつだと、互いに打ち消し合うことがなく、強い上昇気流が発生します。その結果、積乱雲は巨大化し、スーパーセルへと成長するのです。

もっと知りたい！　1999年の愛知県豊橋市、2006年の北海道佐呂間町、2012年の茨城県つくば市など、これまで日本で発生した最大級の竜巻は、すべてスーパーセルが原因だといわれています。

桂林はカルスト地形で知られます。そのカルスト地形の代表が盧笛岩です。

243
盧笛岩

所在地　中華人民共和国　広西チワン族自治区

【本日のテーマ】奇岩・洞窟が生み出す謎を解く！

「水の都」に多様な鍾乳石ができた理由

　盧笛岩（ろてきがん）は、中国で「水の都」と呼ばれる桂林にある鍾乳洞です。全長2kmにわたる内部には、悠久の時間によってつくられた石筍、石柱、石幔、石の花（華）などの多様な形状の鍾乳石が存在します。

　はるか昔、この一帯は海であり、海底では石灰岩が生成していました。その後、1億8,000万年前に地殻変動が起こり、海底が隆起して地上に出現します。

　それから200万年の間、石灰岩が炭酸を含んだ水、たとえば、空気中の二酸化炭素を溶かして酸性になった雨水によって侵食され続けました。その結果、水には溶けにくい石灰岩の主成分である炭酸カルシウムが溶けて地下へ染み込んでいき、石灰岩中に穴が誕生。これが鍾乳洞になりました。

　そして70万年前から、地下水の侵食によって炭酸カルシウム成分が含まれた雫、流水、貯留水などから水分や二酸化炭素が蒸発して抜けると、溶けていた炭酸カルシウムが固体化し、再び沈殿。こうして鍾乳石がつくられたのです。

もっと知りたい！　「盧笛岩」という名は、岩洞の外に生える葦で笛をつくって美しい楽曲を奏でることに由来するといわれています。笛の音とともに、鍾乳洞も美しいままであってほしいものです。

天橋立を一望するなら、南側にそびえる文珠山山頂の展望台がおすすめです。

244
天橋立

所在地 日本　京都府

松が生い茂る細長い砂州がつくられた理由

　京都府北部、宮津湾と阿蘇海を隔てるように位置する天橋立は、陸奥（宮城県）の松島、安芸（広島県）の宮島と並ぶ「日本三景」のひとつです。全長3.6km、幅20〜170mの細長い砂州地に、6,000〜7,000本もの松が生い茂り、見事な絶景を形成しています。その名のとおり、天に舞う架け橋のような姿です。

　この地形は、自然が何千年もかけてつくりました。4,000年前、丹後半島の東側を流れる世屋川などの河川から砂礫が流れ出ると、それが海流に乗って、宮津湾のほうへ流されていきました。一方、阿蘇海に注ぐ野田川からも砂礫が流れてきて、世屋川などから流出した砂礫と衝突。その結果、砂礫が直線上に堆積し、現在のような形の砂州が生まれました。

　やがて、砂州の上に松が生えてきます。松は生育に必要な光合成の量が多い陽樹ですが、水分や栄養分が少ない土壌でも生育可能なため、この地に根を張り続けてきたのです。

　なお、鳥取県の弓ヶ浜も天橋立と同じタイプの砂州です。全長18km、幅1.5〜2kmもあり、中海と美保湾を隔てるように横たわっています。

もっと知りたい！
　陽樹とは、生育に最低限必要な光合成量が比較的多いタイプの樹木のことです。十分に光を浴びた場合の成長量は比較的大きいものが多いため、若い雑木林ではこの陽樹が優勢となります。

シギリヤ・ロックの頂上には、王宮の跡が残されています。

245

シギリヤ

所在地 **スリランカ民主社会主義共和国　中部州**

【本日のテーマ】自然と人とのつながりを知る！

シンハラ王が岩山の頂上に王宮を築いた理由

　スリランカ中部の熱帯林のなか、周囲の山から離れてそびえ立つシギリヤ・ロック。高さ200mのこの巨岩は、古代の王宮跡として有名です。

　5世紀末、シンハラ王朝のカッサパ1世が岩の頂上に城を築き、王宮や要塞として使いました。なぜ、このような場所に建設したのかというと、報復を恐れたためです。

　実はカッサパ1世は、父王のダートゥセーナを殺害して王位を得ました。そのせいで配下に復讐されるのではと脅えるようになり、わざわざ岩山の頂上に王宮を築いたのです。

　この巨岩の正体は岩頸（岩栓）ではないかと考えられています。20億年前の火山活動で地下からマグマが上昇してきたのですが、そのマグマは自らの通り道である火道のなかで固まってしまいました。

　やがて火山本体が侵食されると、火道を埋めていた溶岩や火砕岩だけが取り残され、塔状に突出。その突出部分が岩頸なのです。つまり、カッサパ1世は岩頸の上に城を築いたのではないかと考えられているというわけです。

もっと
知りたい！
　王宮は王家の内紛によって陥落してしまい、結局のところ18年しか使われませんでした。その後、仏教徒に寄進されると、王宮は僧院として使われることになりました。

形といい、模様といい、まさに大きな波のようなウェーブ・ロック。

246
ウェーブ・ロック

所在地 オーストラリア連邦　西オーストラリア州

いまにも飲み込まれそうな巨大な岩の波

　オーストラリアの内陸部にあるウェーブ・ロックは、打ち寄せる大波がそのまま固まって岩になったような不思議な場所。緩やかな曲線を描いた岩の波は、高さ15m、長さ100mあり、いまにも押し寄せてきそうな迫力です。

　こうした地形は侵食や風化によってつくられるのが一般的ですが、ウェーブ・ロックには水流や波・風・氷河などによって侵食された痕跡がいっさい見つからず、どうやって生み出されたのか、長年の謎となっていました。しかし近年の研究により、地下で形成されたという説が定説になりつつあります。

　まず、地下において花崗岩に含まれる雲母や長石と岩層の境目にしみ込んだ雨や地下水が化学反応を起こし、岩塊の下部が少しずつ崩壊します。次に、ウェーブ・ロックを覆っていた岩層全体が侵食されたことで、ウェーブ・ロックが地上に出現。そして花崗岩の風化した部分が取り除かれた結果、現在のような姿になったというのです。花崗岩は2億5,000万年前のもの。それだけ長い時間をかけてつくられた、いわば自然のアート作品なのです。

もっと
知りたい！
　ウェーブ・ロックを波のように見せている岩の縦縞模様。この模様は雨水との化学反応で溶けだした鉱物成分や、表面に生えた藻類によって構成されています。まるで葛飾北斎の浮世絵『神奈川沖浪裏』のようです。

251

美しい湖ですが、上流での大規模開発によって淡水量の減少という危機に陥っています。

247

トゥルカナ湖

所在地 ケニア共和国　エチオピア連邦民主共和国

ターコイズブルーに輝く砂漠のなかの湖

　ケニア北部からエチオピア南部に広がる砂漠のなかの湖、トゥルカナ湖。南北250km、東西最大32kmの細長い湖です。砂漠にある塩湖としては世界で最も大きく、面積は6,400km²（琵琶湖の10倍）もあります。

　そんなトゥルカナ湖の魅力は、なんといっても湖水の美しさ。円錐丘のなかにたたえられた湖水が、ターコイズブルーに輝いて見えるのです。

　かつてこの地域では、オモ川・タークウェル川・ケイロ川の3本の川が、インド洋まで流れていました。しかし、200万年前に起こった巨大な火山噴火の結果、川の水がトゥルカナ盆地に注がれ、湖が誕生しました。

　湖は排水河川のない閉塞湖だったため、湖水のアルカリ濃度が上昇。また、乾燥した砂漠地帯だったため、湖水が蒸発して塩濃度も高くなりました。

　この環境は生物にとってはとても過酷なものですが、植物プランクトンはたくさん棲んでいました。それによって湖水が深い緑色に染まることになったのです。

もっと知りたい！　トゥルカナ湖は、200万〜300万年前の人類の骨が発見されたことや、渡り鳥やフラミンゴなど350種以上の鳥類、ナイルワニやカバが棲息していることなどでも知られています。

塩分の多い湿地帯に生える1年草のアッケシソウが湖面を真っ赤に染めます。

248
能取湖

所在地 日本　北海道

湖面が真っ赤な絨毯のようになる理由

　網走国定公園内にある能取湖は、毎年8月末〜9月中旬にかけて、湖面が真っ赤に染まります。その赤い色の正体は、アッケシソウというヒユ科アカザ属の植物です。厚岸湖で最初に発見されて命名されました。

　能取湖の一部はオホーツク海とつながっており、湖水の成分は海水とほぼ同じです。アッケシソウは塩分の強い海岸の湿地に生える強塩性植物で、能取湖に大量に生育しています。北海道の寒冷な気候も、この植物の生育にとって最適な環境となっています。

　アッケシソウは、花も葉も小さく、茎と枝だけしかないように見える不思議な形をしています。濃緑色の茎と枝は、秋になると鮮やかな紅紫色に変色します。そのような形と色から、別名「サンゴソウ」とも呼ばれています。色素は、同じヒユ科に属するテンサイの根で合成される色素と同種のもの（ベタシアニン）です。

　赤い絨毯のような湖は、能取湖や厚岸湖のほか、道内ではサロマ湖やコムケ湖、風連湖、道外では瀬戸内海沿岸などでも見ることができます。

もっと知りたい！　アッケシソウと同じヒユ科の塩性植物に、シチメンソウがあります。九州北部では、このシチメンソウが秋になると紅葉して海岸線を赤く染めます。

253

巨大な砂嵐に飲み込まれると、あたり一面が橙色に染まります。

249
サハラ砂漠の砂嵐

所在地 アフリカ大陸 サハラ砂漠

大西洋を越えてアメリカにまで達する砂の嵐

　サハラ砂漠はアフリカ北部のほぼ全域を占める世界最大の砂漠。一面が砂また砂の世界です。なかでもエジプト西部から南方へ500km続くグレート・サンド・シーには大砂丘が広がり、太陽が昇り、そして沈むにつれて刻々と色合いを変える様子を眺めることができます。その一方で、サハラ砂漠は砂嵐の世界でもあります。とくに2月から10月にかけて、地球上で最大の砂嵐が発生します。すさまじい風によって巻き上げられた砂や泥は、アフリカ大陸を飛び出していくこともあるのです。

　毎年、サハラ砂漠で舞い上がる砂や泥の量は推定1億8,200万tに達し、アフリカ大陸から大西洋へと飛翔。その途中、5,000万tは海に落ちますが、残りの1億3,200万tはアメリカ大陸まで到達します。そして最終的には、3,000万tがアマゾンの熱帯雨林に均等に降り注ぐといわれているのです。また、「シロッコ」と呼ばれる南寄りの風に乗ったものは、ヨーロッパ南部にも届き、風向きによってはイギリスなど北部にまで到達します。

　サハラ砂漠の砂埃は、実に壮大な旅をするのです。

もっと知りたい！ サハラ砂漠のなかで砂丘のような光景が広がるエリア（砂砂漠）は、実は全体の14％ほどにすぎません。残りの大部分は、岩石や岩屑で覆われた「岩石砂漠」です。

鋭く尖った山頂が特徴の孤島です。

250
ボールズ・ピラミッド

所在地 **オーストラリア連邦　ニューサウスウェールズ州**

海上にそびえ立つ「歯」のような孤島

　ボールズ・ピラミッドは、オーストラリアとニュージーランドの間のタスマン海にある孤島です。1788年、H.R.ボールというイギリス海軍士官がオーストラリアに向かう途中で発見し、彼の名にちなんで島名が付けられました。

　この島の特徴は、高さが562mもあるのに、水平面は1,100m×300mと非常に狭く、「歯」のような形をしていることです。なぜ、こうした形状になったのでしょうか？

　そもそもボールズ・ピラミッドは、640万年前に形成された楯状火山とカルデラの上にそびえる岩頸(がんけい)で構成されています。その火山が噴火すると、熱せられた玄武岩質溶岩流が流れ、広い海底棚が生まれました。平均50mの深さの海底にできた海底棚の中央には、北から南へ20km、幅平均10kmの地層が形成されます。その後、波によって海上に姿を表した地層が削られたことにより、現在の形となったのです。

　このように海に浸食された岩盤を海食柱といい、ボールズ・ピラミッドは世界一高い火山岩の海食柱として知られています。

もっと知りたい！　海食柱の大半は海岸の近くに存在し、ゆくゆくは海に侵食されて消滅してしまいます。その意味で、ボールズ・ピラミッドは侵食過程にある島と見ることもできるでしょう。

野付半島は東京・日本橋から横浜くらいの距離と同じくらいの長さです。

251

野付半島

所在地 日本　北海道

日本最大の砂嘴はどこまで伸びる？

　北海道東部、知床半島と根室半島の間に位置する野付半島。オホーツク海に細長く突き出たこの半島は、全長28kmもある日本最大の砂嘴です。半島内には砂浜や干潟をはじめ、湿原、草原、森林、さらにトドマツが立ち枯れた「トドワラ」など、豊かな自然が広がっています。

　野付半島を上空から見ると、砂嘴独特のカギ針状の地形を確認することができますが、こうした地形はどのようにつくられるのでしょうか？

　砂嘴は、砂が沿岸流によって運ばれ、長年にわたり堆積することでつくられます。沿岸流がまわり込むように流れていると、砂もその流れに沿って堆積するため、先端が鳥の嘴のようになるのです。砂が運ばれ続ければ、砂嘴の先端はどんどん伸びていきます。実際、野付半島はここ半世紀ほどの間、伸び続けていると考えられています。

　近年は、砂の流出も多く、さらに地球温暖化による海面上昇の影響もあってか、長さは伸びているのに対し、幅は狭まっているそうです。

もっと知りたい！
砂嘴と似た地形に砂州があります。砂嘴がカギ針状（鳥の嘴状）に発達するのに対し、対岸またはその付近までに至ると砂州になります。

ヤラ・バレーには70以上のワイナリーが点在しています。

252
ヤラ・バレー

所在地　オーストラリア連邦　ヴィクトリア州

オーストラリアにできた広大なブドウ畑

　オーストラリアといえば暑くて乾燥した気候というイメージがありますが、南東部に位置するヴィクトリア州のヤラ・バレーは、そのイメージとは異なり涼しい土地です。その気候が、白ワイン用ブドウ品種のシャルドネや赤ワイン用ブドウ品種のピノ・ノワールの生育に適しており、同地には広大なブドウ畑が広がっています。

　ヤラ・バレーにブドウが初めて植えられたのは1838年のことで、ブドウ畑は1880年代まで拡大を続けました。しかし20世紀に入ると、ヤラ・バレーでつくられる軽やかなワインの人気が下火になり、ブドウ畑も縮小。農民たちはブドウの木を引き抜き、より利益の出る作物に植え替えてしまいました。

　それ以降、ヤラ・バレーでのブドウの生育は低調のままでしたが、1960年代後半から1970年初頭にかけて、この地のワインが改めて注目を集めるようになり、ヤラ・バレーにふたたびブドウ畑が広がっていきます。そして1990年代には、かつて以上に広大なブドウ畑に覆われるようになりました。

もっと知りたい！　シャンパーニュのモエ・エ・シャンドン社は、ヤラ・バレーに「シャンドン・オーストラリア」を構えており、瓶内二次発酵のスパークリングワイン産地としても有名です。

ウアカチナは「ダカール・ラリー」のコースとしても広く知られています。

253

ウアカチナ

所在地 ペルー共和国　イカ県

砂漠の真ん中にたたずむ「南米のオアシス」

　ウアカチナは砂漠の真ん中にある小さな村。ペルーの首都リマからバスで5時間もかかる秘境の地です。そんな場所でも人が暮らしていけるのは村に小さな湖があるからで、その周囲に青々とした木々が生い茂っている光景は、まるで映画のセットのようです。

　砂漠のなかでも水が得られる場所としては、2つのタイプがあります。ひとつは川沿いです。雨の多い上流部から流れてきて砂漠を突っ切る川を外来河川といいます。たとえば、エジプトは砂漠に覆われていますが、外来河川であるナイル川のおかげで古代エジプト文明が栄えました。「エジプトはナイルの賜物」といわれるのは、そのためです。

　もうひとつは、山脈の麓や窪地です。そのような土地では、砂漠であっても地下水が湧く泉性の水源があり、湧水や井戸から水を得られます。ウアカチナはこのタイプで、アンデス山脈からの湧き水が湖の水源となっています。

　このように砂漠のなかでも河川水や地下水が得られるようなところをオアシスといいますが、ウアカチナは「南米のオアシス」とも呼ばれています。

もっと
知りたい！　ウアカチナではサンドバギーのアクティビティーが人気です。サンドバギーをレンタルして、砂漠のなかを疾走することができるのです。高低差のある砂丘を走るのはスリル満点ですが、一度はまってしまうとなかなか抜け出せません。

一見、崖の上に湖があるような矛盾した構図の湖です。

254
ソルバグスバテン湖

所在地 デンマーク王国　フェロー諸島

まるで海の上に存在しているように見える湖

　イギリスのスコットランド、アイスランド、ノルウェーを結んだ三角形の中間地点に、大小18の島々からなるフェロー諸島が浮かんでいます。千数百年前にはヴァイキングの住処でしたが、いまではデンマークに属する自治領となっています。

　フェロー諸島のなかで3番目に大きなヴォーアル島にあるのがソルバグスバテン湖。この湖は、海から浮いているように見えることで知られています。面積3.4㎢と、それほど大きくありませんが、Windowsの壁紙に使われたことで有名になりました。

　このような不思議な形状になったのは、湖と2つの山（丘）の関係性によります。南北に細長い形をしたソルバグスバテン湖は島の南端に位置しており、その東側には高さ376mの山が、西側には標高142mの丘があります。

　ソルバグスバテン湖の湖面はわずか海抜30mほど。つまり、湖が高い崖に囲まれていることになりますが、崖のほうから湖を眺めると、崖の上に湖があり、ちょうど海から浮いているように見えるのです。

もっと
知りたい！　ソルバグスバテン湖には滝があり、湖水が海に流れ込んでいます。海抜30mほどの湖なので落差はあまりありませんが、一見、川のような滝が海に流れ落ちる様子も珍しい絶景のひとつです。

植物がほとんど育たない過酷な環境でも、ペンギンたちはたくましく生きています。

255

マッコーリー島

所在地 オーストラリア連邦 タスマニア州

【本日のテーマ】生命の息吹を感じる！

大量のペンギンが暮らす草木も生えない島

　マッコーリー島は、タスマニア島の南東1,500km離れたところにある、幅5.5km、長さ34kmの細長い小さな無人島です。風が強い過酷な環境の島ですが、ペンギンの島として知られています。

　現在、マッコーリー島にはキングペンギンと島の固有種であるロイヤルペンギンが合わせて140万羽生息しています。

　ペンギンは数千から数万羽単位でコロニーをつくります。島のいたるところにコロニーがあり、そこで暮らすペンギンたちがかわいい姿を見せてくれます。「ペンギンの楽園」という言葉がぴったりな光景です。

　この島には、アザラシや海鳥など、ペンギンの天敵となる動物もいます。19世紀末～20世紀初頭には、人間に乱獲され、数が激減してしまいました。しかし、オキアミや小魚などのエサが豊富で、コロニーをつくるのに十分なスペースがある島はここしかありません。その後、保護活動が進んだこともあり、ペンギンの楽園はいまなお続いています。

もっと知りたい！　マッコーリー島は、インド・オーストラリアプレートと太平洋プレートが衝突する場所にあります。現在も年数mm単位で隆起し、島の東側は5,000mの深海まで急激に落ち込んでいます。

日本一ともいわれる風紋が刻まれた砂丘が、東西4kmにわたり広がっています。

256
中田島砂丘の風紋

所在地 日本 静岡県

刻々と表情を変える風紋が発生するしくみ

　静岡県の遠州灘海岸にある中田島砂丘は、日本有数の砂丘です。とくに風紋の美しさでは日本一ともいわれ、砂浜に刻まれた縞模様が大きな魅力になっています。

　風紋は、砂丘の表面の砂が風によって動かされることでつくられます。

　この地域では、冬から春先にかけて「遠州のからっ風」と呼ばれる強い季節風が吹き、それによって鮮やかな縞模様が現れます。とくに風が強く吹いた翌日には、見事な風紋が砂丘一面を飾ります。

　吹いている風の強さや向きなど、さまざまな要素が複雑に絡んで模様は変化し続けるため、同じ風紋が現れることはありません。新しい風によって前の姿が儚く消えること、似ているようでも必ず異なったものであること、それらも風紋の魅力といえるでしょう。

　なお、中田島砂丘の砂は天竜川によって運ばれてきたものですが、上流域にダムが作られたことで、海へ運ばれる砂が減り、砂丘は縮小しました。2020年には砂丘の真ん中に津波を防ぐための防潮堤もつくられ、景色が変わりつつあります。

もっと知りたい！　中田島砂丘はアカウミガメの産卵地としても知られています。水はけがよく、満潮時でも海水に浸かることのない環境が、絶好の産卵地となっている理由です。

地面に転がる直径30cmほどの球体状の岩は、生物の死骸を核としてできたと考えられています。

257
カンチャ・デ・ボチャ

所在地 アルゼンチン共和国　サン・フアン州

【本日のテーマ】奇岩・洞窟が生み出す謎を解く！

荒涼とした大地に点在する丸いボールのような石

　アルゼンチン西部、サン・フアン州にあるイスチグアラスト州立公園には岩だらけの荒涼とした光景が広がっています。とりわけ印象的なのがカンチャ・デ・ボチャと呼ばれる場所。そこには直径30cmほどの球体状の岩がいくつも転がっているのです。

　カンチャ・デ・ボチャとは、「ボチャス（複数の球を扱う球技の一種）の競技場」という意味で、まるで砂漠の妖精がボール遊びをした後のようにも見えます。この不思議な岩の正体は何でしょうか？

　じつはカンチャ・デ・ボチャについては、まだ完全には解明されていません。それでも次のような説が有力視されています。生物の死骸などが核となり、カルシウムなどの成分が固まって堆積岩が誕生。それが土砂のなかから浮かび上がると、風雨による強烈な侵食によって柔らかい部分が削りとられ、そこに風によって運ばれた粒子が比較的大きな岩に堆積し、球体となったという説です。ただ、この場所に集中して存在している理由などはわかっておらず、謎は残されたままです。

もっと知りたい！

イスチグアラスト州立公園の白い大地は「月の谷」と呼ばれ、カンチャ・デ・ボチャのほかにもマッシュルームのような岩塊やスフィンクスのような岩石など、奇岩が多く見られます。

白黒のストライプ模様が美しいランプロファイア岩脈。

258
鹿浦越岬
所在地 日本 香川県

白黒ストライプが美しい岩脈の秘密

　香川県東部、瀬戸内海に突き出た鹿浦越岬に、白黒にくっきりと分かれたストライプの岩壁があります。これはランプロファイア岩脈といわれる地質です。

　岩壁の縞模様のうち、白色の部分は花崗岩、黒色の部分がランプロファイアで、白色の花崗岩に割れ目ができたとき、黒色のランプロファイアが入り込んでできました。つまり、厳密には黒色の部分だけがランプロファイア岩脈ということになります。見た目に美しく、地質学的にも貴重なもので、1942年に国の天然記念物に指定されました。

　そもそもランプロファイアとは、角閃石や輝石などの有色鉱物を多く含んだ脈岩のこと。鹿浦越岬の岩壁では、花崗岩との境界面付近でランプロファイアが細粒となっていることから、ランプロファイア岩脈が花崗岩に貫入したことが分かります。ランプロファイアの年代ははっきりとわかっていませんが、1億〜6,600万年前頃と考えられています。

　ランプロファイア岩脈の近くには遊歩道があり、干潮時には岩壁の間近で美しい縞模様を堪能することができます。

もっと知りたい！ 岩脈や岩床などへ貫入した火成岩の表層部が、母岩と接触したり、水中などで急に冷却したりすると、内部の本体より細粒、あるいはガラス質になることがあります。その岩相を急冷周縁相といいます。

石滬に誘い込まれた魚は、戻ろうとしても戻れず、万事休すとなります。

259
雙心石滬

所在地 台湾　澎湖県

伝統漁法としてつくられたハートマークの仕掛け

　台湾には「石滬」と呼ばれる伝統的な漁法があります。浅瀬を岩で丸く囲んでおくと、満潮時に魚が入り込んできて、やがて干潮になって出られなくなります。そのトラップに引っかかった魚たちを一網打尽にするのです。

　石滬の数が多いことで知られているのが、台湾海峡に浮かぶ「台湾のハワイ」こと、澎湖諸島です。

　澎湖諸島にある何百もの石滬のうち、ユニークなのが七美という島の「雙心石滬」。この石滬は、ふたつがつながってハート形をしているのです。

　意図的にハート形にしたのかどうかはわかりません。しかし、そのロマンティックな形から幸福のシンボルとされ、多くのカップルが新婚旅行で訪れます。

　最もきれいに見えるのは、満潮ではなく干潮のタイミングです。引き潮のときにはハートマーク全体がよりはっきりと見え、幸福度がアップするように感じます。事前に、干満の時間をチェックしておくといいでしょう。

 澎湖諸島は雨や風が強いわりに、平均年間降水量が少ないため、一部地域では植物があまり育ちません。そのため、「月世界」と呼ばれる荒涼とした光景をみることができます。

264

夜空にマグマを噴き上げるエトナ山。この山の噴火は珍しいものではありません。

260
エトナ山

所在地 **イタリア共和国　シチリア州**

ストロンボリ式噴火が生んだ美しい山稜

　イタリアは日本と同じように火山の多い国。なかでも有名なのがシチリア島東海岸にあるエトナ山です。エトナ山は地中海の島で最も標高が高く、ヨーロッパで一番活発な火山。何度も噴火を繰り返していますが、美しい山容を誇り、世界中の観光客を魅了し続けています。

　その美しさの秘密は、噴火の形式にあります。エトナ山の噴火のタイプは、ストロンボリ式噴火と呼ばれるものです。このタイプの噴火では、爆発的な噴火をするのではなく、火口を中心に、あまり粘り気のないマグマのしぶきがシャワーのように間欠的に噴き出します。そのシャワーのような溶岩のしぶきが何層にも積み重なった結果、エトナ山の美しい山稜が生まれたのです。

　また、エトナ山の麓はワインの名産地としてもよく知られています。エトナの土壌は溶岩が何層も積み重なっていて、ミネラルも豊富。このような環境はブドウの生育に最適で、そのためにおいしいワインができるのです。

もっと知りたい！

エトナ山はギリシア・ローマ神話にも登場しています。ゼウスは怪物テューポーンをこの山に封印し、風の神アイオロスはエトナ山の洞窟に風を閉じ込めました。また、炎と鍛冶の神ヘパイストスの工房も、エトナ山の麓にあったと伝えられています。

黄龍は九寨溝から3,700mの山を隔てたところに位置しています。

261

黄龍

所在地 中華人民共和国　四川省

「神の造形」と崇められた山奥の絶景

　黄龍（こうりゅう）は岷山（みんざん）山脈の一部である玉翠山の山頂（標高5,100m）から北に向かって伸びる全長7.5kmの峡谷（黄龍溝）で、世界有数のカルスト地形として知られています。棚田のような美しい池（彩池）が3,400もあり、その景観が黄金色の鱗をもつ巨大な龍が昇る姿に見えることから、「黄龍」という名前がつきました。

　3〜4億年前、このあたりは海の底でした。そこにサンゴなどが堆積して石灰岩ができ、やがて隆起します。石灰岩層が氷河に侵食されて巨大な峡谷となり、そこに石灰分に富んだ水が流れ続けた結果、石灰華の沈殿したエメラルドグリーンの美しい石灰華段丘、黄金色に輝く石灰華の層・滝・谷が誕生。陸上となった石灰岩層が雨水や地下水に侵食されると、そこに岷山山脈からの湧き水が流れこみ、池ができました。

　池を縁取る堤防は、湧き水に含まれる石灰分が積み重なったものです。湧き水が流れ落ちる途中で、落ち葉などの障害物にぶつかったり、析出物が窪みに沈んだりして、棚田状の堤防をつくったのです。

もっと知りたい！ 青・黄・緑・茶などに輝いて見える水の色は、池の深さや光の反射によるものです。冬になると池は凍ってしまいますが、春になって氷が融けると、池は鮮やかな色を取り戻します。

『もののけ姫』気分でトレッキングも可能です。シカやサルに遭遇することもあります。

262
白谷雲水峡

所在地 日本　鹿児島県

高温多湿な独自の気候が生み出した「苔むす森」

　屋久島の中央部にそそり立つ宮之浦岳。この九州最高峰の標高600〜1,000mの地点に、白谷雲水峡という原生林があります。白谷雲水峡は宮之浦川の支流である白谷川の渓谷で、冬でも岩肌や木々に這うように苔が生息しているため、「苔むす森」とも呼ばれています。映画『もののけ姫』の舞台のモデルになったと聞けば、ピンとくる人もいるでしょう。

　見渡す限り苔だらけ。種類も多く、ヒロハヒノキゴケ、ホウオウゴケ、フォーリースギバゴケ、ケチョウチンゴケなど数百種の苔が見られるともいわれています。ではなぜ、白谷雲水峡は「苔の宝庫」となったのでしょうか？

　それは屋久島独特の高温多湿の気候のおかげです。屋久島は「1か月に35日雨が降る」といわれるほど降水量の多い島。近くを流れる黒潮（暖流）からの暖かく湿った空気が、標高1,000m超の山々に衝突することで大量の雨を降らせます。

　その豊潤な雨が苔を育み、樹齢1,000年以上の屋久杉などが林立する原始の森を緑の大地に仕立て上げているのです。

もっと知りたい！　白谷雲水峡には樹齢3,000年ともいわれる弥生杉に代表される屋久杉が多数生えており、屋久島の固有種であるオオゴカヨウオウレンの花も咲いています。また、ニホンジカの亜種のヤクシカも生息しています。

267

霧ヶ峰高原北西部にある八島ヶ原湿原。深い霧に覆われ、幻想的な雰囲気が漂っています。

263
霧ヶ峰高原

所在地 日本 長野県

年に200日も霧が発生するのはどうして？

　長野県の中央部に位置する霧ヶ峰高原は、東の車山から西の鷲ヶ峰まで、東西10kmに広がる安山岩の溶岩台地となっています。かつて、この一帯には激しい爆発を繰り返す大きな火山があり、30万年前の大爆発によって車山付近にあった山頂が吹き飛ばされ、現在の地形ができたと考えられています。

　そんな霧ヶ峰は、名前のとおり、霧の多い場所として知られています。年平均で200日以上も霧が発生するのです。多い年は、なんと298日も霧を観測しました。

　このあたりでは、偏西風が塩尻峠から諏訪の平地へと吹き下ろしており、そこから斜面を吹き上がって霧ヶ峰へと到達します。諏訪の標高はおよそ760m、霧ヶ峰の標高はおよそ1,700mなので、900m以上の差があることになります。

　一般的に、気温は標高が100m上がると0.6℃下がります。つまり、風によって諏訪から運ばれた大気は、霧ヶ峰で6℃近く冷やされることになります。一方、大気中の飽和水蒸気量は気温の低下とともに下がるため、霧ヶ峰では余剰の水蒸気が凝結して霧となるのです。

もっと知りたい！

霧ヶ峰高原の車山、八島ヶ原湿原、池のくるみ踊場湿原は「霧ヶ峰三大湿原」といわれています。豊かな自然が残されており、400種類以上の亜高山植物を観察できます。

洞窟の内部空間のほとんどが高さ・幅ともに80m以上となっています。

264

ソンドン洞

所在地 ベトナム社会主義共和国　クアンビン省

熱帯雨林に潜む世界最大級の巨大洞窟

　ベトナム北中部のフォンニャ・ケバン国立公園にあるソンドン洞は、単一の洞窟としては世界最大の規模を誇ります。熱帯雨林のなかに隠れているために知っている人も少なく、2009年からようやく本格的な調査が始まりました。洞窟内は高さ・幅ともに80mを超えます。深度は150mに達し、長さは4.5km超といわれていますが、これは調査隊が水かさの増した地底川に行く手を阻まれた地点までを計測したもので、先はまだ続いています。2009年以前に行われたイギリス・ベトナム合同調査チームの調査では、入口から2.5kmの場所に地底川が流れ、高さ70mの石筍がそそり立っていたといいます。

　圧倒的なスケールを誇るソンドン洞ですが、4億年前、この一帯は海底でした。そこに生物の死骸が堆積し、厚さ数百mの石灰岩の地層に成長。500万年前に地層が隆起して陸地になると、雨水や地下水による石灰岩の侵食がはじまり、さらに割れ目に沿って流れ出る水によって割れ目が広がりました。その結果、巨大な空洞が誕生したのです。100万年前に空洞の天井が崩落し、地面にその入口が見える姿になったと考えられています。

もっと知りたい！　フォンニャ・ケバン国立公園は、アジア最古かつ世界最大のカルスト地帯で、大小合わせて300以上もの天然洞窟が点在します。ソンドン洞には、広大な空間が広がり、光が差し込む場所には植物が生い茂り、鳥や猿も生息しています。

【本日のテーマ】奇岩・洞窟が生み出す謎を解く！

269

桃色は桃色でも、ほんのりとした桃色がかわいらしく、ハネムーンの旅行先としても人気です。

【本日のテーマ】母なる海に抱かれる！

265

ピンク・サンド・ビーチ

所在地 バハマ国　エルーセラ島

貝殻とサンゴがロマンティックな海岸を演出

　カリブ海のバハマ諸島に属するエルーセラ島。ここでは衝撃的な光景を目にすることができます。なんと、砂浜一面が桃色に染まっているのです。ピンク・サンド・ビーチと呼ばれるこの砂浜では、日中は空と海の青、波打ち際の泡立つ白、それに砂浜の桃の3色が渾然一体となり、実にロマンティックな光景が展開します。

　ビーチを桃色に染めているのは、貝殻とサンゴです。砂浜に細かく砕けた赤色の貝（コンク貝）の殻とサンゴが大量に混じっているため、全体が桃色に見えるのです。

　バハマでは、コンク貝が主要な食材のひとつであるだけでなく、貴重な輸出品として経済的に重要な位置を占めています。また、国家の文化の象徴でもあります。この貝の漁に携わる人は、人口の2％にもなります。

　さらに、この貝は海草の枯葉をエサにして海水の浄化に貢献する一方、自らは大型の捕食動物の食料になるなど、エルーセラ島の生態系の重要な一翼を担っているのです。

もっと知りたい！　近年、コンク貝は乱獲によって繁殖に必要な個体数を下回るようになってきました。バハマのコンク貝はあと10年ほどで消える可能性も指摘されています。

雲海の上に浮かぶ竹田城跡。霧は付近を流れる円山川から発生しています。

266
竹田城跡

所在地 日本　兵庫県

「天空の城」はどんなときに現れるのか？

　竹田城跡は、兵庫県にある標高354mの古城山の頂に築かれた山城跡です。このあたりではしばしば雲海が発生し、その雲海の上に城が浮かんでいるように見えることから、「天空の城」とも呼ばれています。

　ただし、雲海はいつでも見られるわけではありません。雲海は山間部の空気中の水分が冷却されることで発生した霧が一面に広がったもので、いくつかの条件が揃わないと発生しません。まず、日中と夜の気温差が10℃以上あること。次に、大気が安定していて風が少ないこと。さらに、湿度が高いことや良く晴れていることも条件となります。

　こうした気象条件が揃いやすいのは、9月下旬から12月上旬。時間帯は夜明けから朝の8〜9時頃までがピークとされています。

　雲海に浮かぶ竹田城を見るには、向かいにある朝来山の中腹にある展望スポットの立雲峡からがベストです。また城内から周囲を見渡すと、雲海が自分を包みこんでいるような不思議な光景を見ることもできます。

もっと知りたい！ 竹田城は、もとは中世に築かれた城で、戦国時代に豊臣秀吉のものとなりました。その後、天正13（1585）年に赤松広英が総石垣の近世城郭に改修。山頂に石垣が連なる様子から「日本のマチュピチュ」とも呼ばれています。

271

19世紀はじめまでは、この山が世界の最高峰とされていました。

267

チンボラソ

所在地 エクアドル共和国　チンボラソ県

【本日のテーマ】大地の鼓動に耳を傾ける！

エベレストより低いけれど「宇宙に一番近い山」

　世界最高峰といえば、ヒマラヤ山脈にある標高8,848mのエベレスト。一方、南米のアンデス山脈にあるチンボラソは標高6,268mの山で、エベレストにはとても及びません。2,600mも水を開けられています。それにもかかわらず、チンボラソは「宇宙に一番近い山」といわれることがあります。一体、なぜでしょうか？

　地球の形は完全な球ではなく、赤道方向に少し潰れた回転楕円体形をしています。地球が自転しているために起きる現象で、これをふまえて地球の中心からの平均距離を基準に測ると、チンボラソが6,384m、エベレストが6,382m。2mだけ、チンボラソが上回ります。

　チンボラソは赤道近く、つまり楕円形の尖ったところに位置しています。その分、チンボラソのほうがエベレストより高くなるのです。

　ただし、一般的に「標高が高い」とか「宇宙に近い」という場合、平均的な海表面からの距離で考えます。したがって、エベレストのほうが「宇宙に近い」と考えるのが妥当かもしれません。

もっと知りたい！ 国土地理院では、東京湾の平均海面を0mの基準面としていて、この基準面からの高さを「標高」と呼びます。また、近隣の海面（たとえば大阪湾など）からの高さは「海抜」と呼びます。

溶岩の隙間から噴き出すように水が流れ落ちるフロインフォッサル。

268
フロインフォッサル
所在地　アイスランド共和国　西アイスランド

「溶岩の滝」と呼ばれる理由は？

　アイスランド西部に広がるハトルムンダルフロインの地に、フロインフォッサルという滝があります。アイスランド語で「溶岩の滝」という意味をもつこの滝では、湖や川からではなく、川壁の溶岩の隙間から噴き出すように水が流れ落ちています。その幻想的な風景が、クヴィートアウ川に沿って1kmにもわたって続いているのです。

　ハトルムンダルフロインは溶岩でできた台地です。その台地に、ラングヨークトル（長い氷河）を源流とする川の水が流入します。溶岩には隙間があるため、染み込んだ水が下側で湧き出し、滝となって川に注ぎます。つまり、湧水がそのまま滝になっているのです。

　溶岩は硬い岩盤ですが、透水性の地盤です。マグマが冷却固結してできる溶岩は、固まるときに体積の収縮を起こすので、それによって生じる節理面が水の通路になります。また、溶岩は火山ガスを発泡しながら固まっていくので、多孔質になっていることがよくあります。滝の上流には川があるのが一般的ですが、フロインフォッサルはそれとは異なるタイプの滝なのです。ちなみに、日本の白糸の滝も構造的に似ています。

フロインフォッサルの先には「バルナフォス（Barnafoss ／子どもたちの滝）」と呼ばれる滝もあります。こちらは豊富な水量を誇る普通の滝です。

乾燥地でもたくましく育つ柱サボテン。最近は日本でも育てる人が増えています。

269

テワカン＝クイカトラン渓谷

所在地 メキシコ合衆国　プエブラ州

密集している綿棒のようなサボテン

　メキシコ中部、テワカン近郊にあるテワカン＝クイカトラン渓谷。ここは熱帯常緑樹林や温帯落葉樹林・針葉混交林・針葉樹林・草原・河岸植生などのさまざまな植生によって成り立っており、日本ではほとんどなじみのない珍しい植物がつくり出す興味深い光景を見ることができます。砂漠地帯の一部に、「柱サボテン」という細長い棒のようなサボテンが密集しているのです。

　テワカン付近のサボテン科植物の密集度は世界一を誇ります。なかでもテワカン＝クイカトラン渓谷に多いのが柱サボテンで、これが所々で顔をのぞかせている光景は、なんともユニークです。

　このあたりは雨が少ない乾燥した土地。植物にとっては非常に過酷な環境です。それでもサボテンは進化によって生きながらえました。すなわち、根や茎、葉などに栄養分を蓄えたり、葉をなくして表面積を減らすことで蒸散による水分の損失を抑えたりして、過酷な環境でも生育できるようになったのです。

 もっと知りたい！ 葉のないサボテンがどのように光合成を行っているのかというと、茎で行っています。茎に気孔が存在しており、昼間ではなく夜間に気孔を開けて二酸化炭素を取り込んでいます。

寒い冬の夜、函館の海岸で観測された光柱。何本もの光の柱が確認できます。

270
北海道の光柱

所在地 　日本　北海道

条件がそろえば出会える夜空に伸びる光の柱

　北海道をはじめとする日本のいくつかの地域で、夜、天に向かって伸びるような光の柱が出現することがあります。サーチライトのようなこの光の柱は、光柱（ライトピラー）と呼ばれる現象です。

　上空の空気が冷えて水蒸気が凍り、六角板状や六角柱状などの形をした氷晶となった際、強い光がそれらの氷晶に反射することで発生するのが光柱。気温が低く、かつ空気中にかなりの量の水分が存在することが発生条件です。光源は沿岸で操業する漁船などの明かりが多いため、漁火光柱とも呼ばれます。

　光柱とよく似た現象に、太陽柱（サンピラー）というものがあります。これは太陽の光によって起こる現象で、日の出や日の入りの際、光柱と同じ原理で発生します。光源が人工の光か太陽光かという違いしかありません。

　光柱も太陽柱も、発生条件が厳しく、実際に見ることができるのは極めて希です。

もっと知りたい！　光柱や太陽柱は寒冷地でなくとも、条件さえそろえば観測することができます。ただ、やはり寒冷地のほうが発生頻度が高めなのはいうまでもありません。

荒野に転がる巨大な丸い岩。思いっきり押せば転がりそうですが……。

271

デビルズ・マーブル

所在地 オーストラリア連邦　ノーザンテリトリー

アボリジニの聖地に転がっている「悪魔のビー玉」

　オーストラリア北部、アリス・スプリングスの北にあるデビルズ・マーブルには、押せば動きそうな巨大な丸い岩が無数に転がっています。岩の大きさは直径数mから十数m。その名のとおり、「悪魔のビー玉」のようです。これらは、1億7,000万年前の火成活動時に貫入した珪長質マグマがゆっくりと固結したもの。すなわち花崗岩です。

　上位の地層が侵食されてなくなると、圧力が解放された花崗岩に節理を中心にした亀裂が入り、巨大な四角い岩塊が誕生。その後、長年の侵食と風化で丸い巨岩となりました。

　花崗岩は冷却固結するときに収縮するので、内応力が働き、節理を生じたり、急な割れ目を生じたりします。ここは砂漠で、昼夜の気温差が著しく、1日のうちに冷えたり暖められたりを繰り返すことから、割れが助長されるのです。また、寒い時期になると、昼間に岩石の割れ目に染み込んだ水が、夜になって凍り、巨岩を割る力となります。液体の水が凍ると、1.1倍の体積の氷になるためです。水の凍る力はすさまじく、巨大な岩塊が内部の水の圧力でいとも簡単に割れてしまうのです。

もっと知りたい！ 先住民族のアボリジニのなかには、デビルズ・マーブルを「レインボー・サーペント（虹蛇の精霊の卵）」と信じている人がいます。虹蛇はアボリジニの崇拝対象で、創造神あるいは死と再生の神とされています。

きれいに角がとれたガラス片が宝石のようになり、海岸を彩っています。

272
グラス・ビーチ

所在地 アメリカ合衆国　カルフォルニア州

輝くビーチを形成する思いもよらないもの

　ビーチといえば砂浜をイメージしますが、砂粒の代わりにガラスの破片でできたビーチがカルフォルニアにあります。カラフルな景色は、まるで宝石を敷き詰めたようです。

　じつは、このビーチのガラスは、すべてゴミでした。20世紀初頭、この浜辺にはガラス製品や電化製品などの廃棄物が大量に投棄されていました。そこで1967年、当時のカリフォルニア市長が浜辺の浄化プログラムを開始し、大部分のゴミは撤去されました。しかし、小さなガラスの破片までは撤去しきれず、放置されてしまいます。その残骸が波に侵食され、角が取れて丸くなって宝石のようになったのが、このグラス・ビーチなのです。

　こうしたグラス・ビーチは世界各地にあります。ロシアのウスリー湾にある深い緑色に輝くグラス・ビーチは、ウォッカの瓶や陶器などでできています。ハワイのカウアイ島の海岸も、近くに廃棄物処理場があったせいで、グラス・ビーチになっています。

　人間も自然の一員で、環境に影響を与えるほど大きな影響力をもっています。そうした観点から、あえてこの「負の絶景」をここに取り上げました。

もっと
知りたい！ カルフォルニアのグラス・ビーチでは、近年、ガラス片をもち帰ってしまう観光客が増えており、以前の宝石のような輝きは次第に失われてきています。

雲海が発生すると、空に浮かんでいるように見えることから話題になりました。

273
ラピュタの道

所在地 日本　熊本県

自然と人の共同作業でつくられた「天空の道」

　阿蘇山は、世界最大級のカルデラ（火山でできた凹地）をもつ山。カルデラを取り囲むようにできた大きな外輪山も特徴的です。その外輪山に、宮崎駿監督のアニメ『天空の城ラピュタ』に出てくるような、すばらしい景観の道があります。ラピュタの道、あるいは天空の道と呼ばれている道です。

　外輪山の頂上と阿蘇の谷底の町とを結ぶ、尾根の断崖に沿って切り拓かれており、本当に天空へと繋がっているのではないかと錯覚するほど見事な景色が展開します。雲海が発生したときには、曲がりくねった道が雲の上に浮かんでいるように見え、道を下るときには、空を飛んでいるような気分を味わうことができます。

　この道は正式名称を阿蘇市道狩尾幹線といい、もともとは外輪山の上にある牧場へ牧草などを運ぶためにつくられた農道でした。しかし、沿道から見る景観があまりに素晴らしいため、いつしかラピュタの道などと呼ばれるようになったのです。

 もっと知りたい！ 2016年の熊本地震によってラピュタの道も被害を受け、崩落してしまいました。2022年5月現在まだ復旧しておらず、通行止めになっています。

黒色の赤茶色の縞模様が印象的なバングルバングル。

274
バングルバングル

所在地 **オーストラリア連邦　西オーストラリア州**

蜂の巣のように見える岩山の縞模様

　オーストラリア北東部、パヌールル国立公園にバングルバングルと呼ばれる岩山が立ち並んでいるエリアがあります。その岩山は黒色と赤茶色の縞模様がついたドーム型の奇岩群で、オーストラリアを代表する秘境のひとつとして知られています。

　4億年前、河川の底に堆積した土砂が岩石になり、地殻変動によって隆起しました。そして2,000万年前以降、乾燥した気候と昼夜の激しい寒暖差、強い雨などによる侵食が続いた結果、このようなドーム型の岩山ができたのです。

　では、岩山の表面の縞模様の正体はなんなのでしょうか？

　黒色の層は赤茶色の層に比べて粘土質物質を多く含んでおり、岩石中の水分を保つことができます。そのため、シアノバクテリアという微生物が岩石の表面で繁殖し、それにより黒くなっています。一方、赤茶色の層は岩石に多数の穴が空いているため乾燥しやすく、シアノバクテリアは繁殖できません。そのうえ、酸化鉄を多く含んでいることから、鉄の錆びた色である赤茶色になりました。

もっと知りたい！　バングルバングルという名前は、先住民アボリジニの言葉で砂岩を意味する「パヌールル」が訛ったものとされていますが、この地域に生えるバンドルバンドルという草の名前に由来しているという説もあります。

ランドマンナロイガルはハイキングコースとしても知られ、高い人気を誇ります。

275

ランドマンナロイガル

所在地 アイスランド共和国　中央高地地帯

あちこちから温泉が湧いている高原地帯の天然スパ

　アイスランド南部、ヘクラ火山近くの高地にあるランドマンナロイガルは、天然の温泉地として知られています。あちこちで温泉が湧き、地面からはスチームが立ち上り、アイスランドだけでなく世界各地から人が集まります。そもそもランドマンナロイガルという地名は、アイスランド語で「人々の水浴場」の意味です。

　ランドマンナロイガルの見所は温泉だけではありません。鮮やかな色彩の流紋岩の景色や溶岩原の景色も見逃せません。アイスランドは世界屈指の火山国。何世紀にもわたる火山活動により、こうした景色がつくられました。

　流紋岩はマグマが地表または地表近くで急激に冷え固まってできた岩石で、マグマの流れを示す縞模様が特徴です。

　一方、溶岩原は溶融した状態で地表に流れ出たマグマが平坦に広がった地形で、長い年月を経て黒い土壌から緑の苔が生えています。

　まるで絵画を思わせるような絶景は、火山からの贈り物なのです。

 ランドマンナロイガルの露天風呂は、温泉と川の水を混ぜたほどよいお湯加減になっています。トレッキングで疲れた身体を癒してくれる存在です。

水揚げ場所が駿河湾などに限られているサクラエビは「海のルビー」とも呼ばれています。

276
富士川

所在地 日本　静岡県

富士川の河川敷に広がる赤い絨毯

　日本三大急流のひとつに数えられる富士川は、山梨県と静岡県の128kmを流れ、駿河湾に注ぐ大きな川です。その富士川の河口近くの河川敷に、毎年春と秋になると、桃色の絨毯が出現します。この絨毯の正体は、サクラエビの天日干し。富士山を背景にした桃色の河川敷は、季節の風物詩になっています。

　サクラエビは深海に生息する体長5cmほどの小型のエビ。日本では素干しや煮干しにしたものが広く出回っていますが、じつは世界的に珍しい生物で、国内では駿河湾と相模湾くらいにしか生息していません。水揚げされているのは駿河湾だけです。

　サクラエビの体はほぼ透明で、外骨格が薄く、色素胞を多く有しています。そのため、桃色を帯びて見えるのです。また、体側や腹面にある150個ほどの発光器が弱い黄緑色の光を放つこともあります。

　駿河湾に多く生息しているのは、富士川などの清流が流入する泥底質の水域が生育に適しているからと考えられていますが、詳しいことはわかっていません。

もっと知りたい！
　サクラエビは、日中は200〜350mほどの深い水深に生息していますが、夜になると水深20〜60mまで浮遊してきます。その習性を利用して、夜間に漁が行われています。

海面に発生した水上竜巻。上陸することもありますが、そのまま海で消滅することもあります。

277
水上竜巻

所在地　世界各地

水を天に巻き上げる竜巻の実態は？

　海や湖などの水面上に発生する竜巻を水上竜巻といいます。通常の竜巻と同じく、地面付近の渦が積乱雲の上昇気流と結びつくか、積乱雲の上昇気流のなかにできた渦が地面に向かって下に伸びて発生します。つまり、水上竜巻と通常の竜巻は陸で発生するか、水上で発生するかの違いしかありません。

　水上竜巻が水を吸い上げているような光景を写真などで目にすることがありますが、水上竜巻にそれほどの力はありません。吸い上げられているように見えるのは、竜巻内部の気圧の低下によって冷やされた水蒸気からなる水滴の集まりです。

　ただし、ときに巨大な水上竜巻が発生することがあります。そのような水上竜巻は力も強く、5tもあるクルーザーが吹き飛ばされたという記録が残されています。

　また、水中や水上の生き物を吸い込むこともあります。古来、空からカエルや魚が降ってくる不思議な現象が世界各地で目撃されていますが、それは水上竜巻に吸い上げられ、上空に運ばれた後で落ちてきたものと考えられています。

 空からカエルや魚が降ってくる現象は、古代ローマの時代から記録されています。日本でも、2009年に大量のオタマジャクシが降ってきたという出来事がありました。

エル・キャピタンはロック・クライミングの聖地としても知られています。

278
エル・キャピタン

所在地 アメリカ合衆国　カリフォルニア州

ヨセミテ渓谷のシンボルの岩壁ができた経緯

　エル・キャピタンは、カリフォルニア州中部の現在のヨセミテ渓谷にある、高さ900m、幅2.4kmの花崗岩の壁です。美しく荘厳なその壁はヨセミテの象徴であり、登山家にとっては世界で最も有名なクライミングルートのひとつとなっています。

　2億2,000万年前、アメリカ大陸が太平洋下の隣接するプレートと衝突した際、その衝撃によりカリフォルニアの下の太平洋プレートが熱をもちました。溶融したマグマは地殻を上昇し、古代の一群の火山を形成。このとき、噴火しなかったマグマは地下にとどまってゆっくりと冷却され、花崗岩のバソリスに変化しました。その後、マーセド川の流れが花崗岩を侵食して崖ができ、さらに300万年前の氷河期には、ゆっくりと動く氷の塊がその谷底を削り取り、エル・キャピタンの垂直の壁ができたのです。

　ヨセミテ渓谷のようなU字型の谷は、氷河が谷の斜面を下り、岩盤の端を滑らかにすることによって形がつくられます。一枚の花崗岩の表面に見える傷跡は、下り坂を流れ落ちる巨大な氷によってできたものなのです。

もっと知りたい！　エル・キャピタンは氷河が後退した後、何千年も、先住民のミウォク族やアワニチ族の生活の場でした。彼らはその渓谷を「ぽっかりとあいた口のような場所」と呼んでいました。

上空から見ると「叶」の文字のようにも見えるクルスの海（写真の左側が南）。

279
クルスの海

所在地　日本　宮崎県

火山噴火がつくった十字の海

　火山から流れ出た溶岩が、ゆっくり冷え固まってできた規則正しい柱のような割れ目を柱状節理といいます。「節理」とは、割れ目のことです。

　宮崎県の日向岬の海岸では、その柱状節理の岩礁の一部が侵食されて削り取られ、節理に沿って東西200m、南北220mに渡って海が入り込んでいます。ここを上から眺めたとき、海面が十字に見えるため、この海は「クルスの海」と呼ばれています。クルスとは、ポルトガル語で「十字」や「十字架」という意味です。

　クルスの海の南側には、海に囲まれた小さな四角の岩があり、日向岬の尾根上にあるクルスの海展望台から眺めると、その四角い岩と十字の割れ目を合わせたとき、「叶」という漢字に見えます。そのため、クルスの海を訪れると「願いが叶う」ともいわれています。

　日向岬一帯に広がっている柱状節理ができた原因は、1,400万年前の尾鈴山の火山噴火です。このとき発生した大規模な火砕流などで生じた堆積物が重さと熱によって圧縮され、その結果誕生した溶結凝灰岩が冷却されたことで、柱状節理ができました。

もっと知りたい！　現在はクルスの海と呼ばれている日向岬の柱状節理ですが、昔は「十文字」と呼ばれていました。展望台には、来訪者の願いを天に託すための「願いが叶うクルスの鐘」が設置されています。

メープルの木々は、秋の訪れとともに朱色に染まりはじめます。

280
メープル街道

所在地 カナダ　オンタリオ州、ケベック州

カエデなどの紅葉が広がるカナダの街道

　カナダ東部のオンタリオ州からケベック州へと続く800kmの道を、メープル街道といいます。カナダの国旗にも使われ、国のシンボルとなっているメープル（カエデ）の木がたくさん植えられていることから、こう呼ばれています。カエデは、北半球の温帯で生育しやすい植物です。

　実は現地では、メープル街道ではなくヘリテージ街道と呼ばれているのですが、日本人観光客の間でとくに人気が高く、メープル街道と名づけたのも日本人だそうです。

　秋になると、カエデやシラカバ、カラマツが美しく色づきはじめ、見事な紅葉が広がります。メープル街道沿いで一番早く色づくのは、標高の高いローレンシャン高原。そこから、およそ1か月間かけてケベック・シティ、モントリオール、オタワ、トロント、ナイアガラと順番に色づいていきます。

　この9月中旬から10月下旬までにかけては、街道沿いのいずれかの場所で、日本の紅葉とはまた違った様子の紅葉を楽しむことができます。

もっと知りたい！ カナダに生えているのは、カエデのなかでも北アメリカ原産のサトウカエデと呼ばれる種類です。カエデ自体は、世界中で自生しています。サトウカエデの葉は、日本のカエデより大きいのが特徴です。

化石の森では、2億年前の自然を楽しむことができます。

10月7日

【本日のテーマ】大地の鼓動に耳を傾ける！

281
化石の森

所在地 アメリカ合衆国　アリゾナ州

乾いた大地に転がる大木の化石

　アリゾナ州北東部にある化石の森国立公園には、木の化石（珪化木）がゴロゴロと転がっています。珪化木の状態は、倒れた幹のままや、幹が輪切り状に割れたもの、切り株状に露出したものなどさまざま。それらが赤茶けた砂漠の荒野に点在する光景は、なんともシュールです。なぜ、化石の森はこのようになったのでしょうか？

　2億年前、これらの珪化木は生きていました。その木はナンヨウスギ科の針葉樹で、大きな森林をつくっていたと考えられています。また、当時の北アメリカ大陸は現在より南に位置しており、気候は雨季と乾季がある熱帯性の気候でした。

　そうした状況下、雨季に洪水が発生し、森林の多くの樹木が倒されます。流木が谷などに集まると、その上に火山灰を多く含んだ大量の土砂が堆積。その後、火山灰の中に含まれていた珪素や酸素が染み込んだことで、倒木は隠微晶質の二酸化珪素や結晶質の石英に変わり、その形や年輪を保ったまま化石となったのです。かつて木だったものが石に変わるのですから、自然の力の大きさをうかがい知ることができます。

もっと知りたい！ 化石の森からは、珪化木だけでなく、巨大なサンショウウオのような両生類や、初期の恐竜の化石も見つかっています。そのことからも、2億年前は多くの古生物が暮らす森林だったと考えられています。

パウエル湖は人造湖であり、湖畔はウォータースポーツを楽しめるようになっています。

282
パウエル湖

所在地 アメリカ合衆国　ユタ州

『猿の惑星』のロケ地にもなった「天国に一番近い湖」

　アメリカ西部、ユタ州やアリゾナ州のあたりは絶景の宝庫。グランド・キャニオン、アンテロープ・キャニオン、アーチーズ国立公園など、大自然によって創造された"芸術作品"がいくつも存在しています。その「グランドサークル」と呼ばれるエリアにおいて、人間が自然とともにつくり上げた景勝地がひとつあります。パウエル湖がそれです。

　パウエル湖は周囲が3,057kmもある、アメリカで2番目に大きい人造湖。最大容量は30km³で、水の保持時間はなんと7.2年とされています。スケールの大きさのほか、荒涼とした大地にたたずむ湖水の美しさも魅力的で、映画『猿の惑星』のロケ地としても有名です。

　かつて、このあたりではコロラド川の水を上水道として利用していました。しかし、電力不足および水不足の懸念から、1950年代半ばに人造湖の建設を計画。高さ200m超のコンクリートアーチでコロラド川を堰き止め、カラフルなナバホ砂岩を削り、1966年にグレンキャニオンダムを完成させます。このダムによって大量の水が湛えられ、パウエル湖ができたのです。

もっと知りたい！ パウエル湖が誕生して以降、豊富な電力・水資源の恩恵を受け、フェニックスやラスベガスなど西部の街が急速に大都市へと発展しました。

白駒の池周辺の原生林は、日本蘇苔類学会による「日本の貴重な苔の森」に選定されました。

283
苔の森
所在地 日本　長野県

北八ヶ岳近くの森が「苔の聖地」になった理由

　長野県と山梨県の境界付近に位置する北八ヶ岳には白駒の池という湖があり、その周辺に原生林が広がっています。原生林に足を踏み入れると、コメツガ、シラビソ、トウヒなどの針葉樹が立ち並び、ゴツゴツした岩が転がっています。そして、地面には緑の苔が絨毯のように広がっています。

　じつはここは、日本屈指の苔の生育地。全部で485種類、国内で見られる苔の約4分の1が自生する「苔の聖地」なのです。

　針葉樹の葉は針のように細く尖った形状であるため、原生林に木漏れ日が差し込みやすくなっています。落葉しても、土の上にたくさんの光が当たります。また、このあたりの大地は、八ヶ岳の火山活動によって生じた溶岩でつくられており、生育できる植物は限られています。そのため日光を遮るような樹高のある植物も少ないのです。そうした環境だからこそ、苔は十分に光合成を行うことができ、繁栄を極めることになりました。

　苔の聖地ができた背景には、こうした事情があったのです。

もっと知りたい！　白駒の池は、標高2,115mにあります。標高2,100m以上の湖としては日本最大の天然湖です。溶岩流によってつくられた窪地に水がたまって生まれました。

峨眉山は道教や仏教の聖地。雲海が発生すると、崇高さが増したように感じられます。

284
峨眉山の雲海

所在地 中華人民共和国　四川省

植物と野生動物の宝庫で見られる雲海

　中国の四川省にある峨眉山（がびさん）は、昔から「峨眉は天下に秀たり」といわれてきた中国を代表する山のひとつ。最高峰3,099mをはじめとする4つの峰で構成されており、少女の眉のような形をしていることからその名が付けられました。標高差が大きく、広大な面積の山域には、3,700種類の植物と2,300種類の野生動物が生息しています。

　峨眉山のなかで、次鋒にあたる標高3,079mの金頂は、美しい雲海のテラスを眺められる絶景スポットとして有名です。

　雲海が発生しやすい条件は、湿度が高く、風が弱く、湿った空気が冷やされやすい環境です。また、雲は大気の層より上には上昇しないため、自分より低い高度に安定した大気の層があれば雲海が発生する確率は高まります。

　大きな2つの大河に挟まれ、麓と山頂の標高差が2,500mもある峨眉山は、この条件にぴったり。もし、麓付近で悪天候に見舞われたら、逆に山頂で雲海を見られることが期待できるでしょう。

もっと知りたい！　峨眉山には、楽山大仏という高さ70mを誇る世界最大の仏像もあります。この大仏は、唐の時代に洪水被害を治める願いを込めて、90年の歳月をかけて建造されたものです。

大小 40 あまりの岩柱が 850 mの列を成してそそり立っています。

285
橋杭岩

| 所在地 | 日本　和歌山県 |

橋の杭のように連なる岩の正体は？

　本州最南端の和歌山県串本町にある橋杭岩は、柱のような岩が850mにわたって直線に並ぶ奇岩群です。岩柱が橋の杭のように直線に連なっている様子から、「橋杭」の名が付いたといわれています。この風景について、地元には次のような逸話が残されています。

　弘法大師と熊野を旅した天の邪鬼が、一夜のうちに橋の架け比べをしようと弘法大師に持ちかけました。弘法大師はみるみるうちに巨大な岩を建設。それを止めようとした天の邪鬼が鶏の鳴きまねをすると、朝が来たと勘違いした弘法大師が作業を止めて立ち去ってしまいます。それがいまも残る橋杭だというのです。

　もちろん、それは伝説にすぎません。1500万年前に地下から上昇したマグマが熊野層群に貫入した石英斑岩の岩脈というのが、その実体です。石英斑岩は非常に硬い石です。紀伊半島の隆起にともない、熊野層群の泥岩や砂岩板状が波浪によってどんどん侵食される一方、石英斑岩は一部が侵食して崩壊されるだけにとどまり、周囲から取り残されました。その結果、橋脚状の岩塔が高くそそり立つようになったのです。

もっと知りたい！　橋杭岩からかなり遠くまで転がっている岩は、大きな津波によって動かされたと考えられています。これらの岩を動かすには、秒速4メートル以上の速い流れが必要とされるからです。

毎年秋になると、マツナという葦の一種が遼河デルタの一角を赤く染めます。

286
紅海灘

所在地　中華人民共和国　遼寧省

秋になると一面真っ赤な世界になる湿地帯

　中国東北部、遼河デルタといわれる三角州の一角に位置する盤錦市には、100km²（東京ドーム2,000個分）もの総面積を誇る世界最大規模の湿地帯があります。その広大な湿地が、毎年秋になると、深紅の絨毯を敷きつめたように真っ赤に染まります。紅海灘、あるいはレッドビーチと呼ばれる絶景です。

　紅海灘が出現するのは9月中旬から10月上旬、わずか1か月ほどの短い期間だけです。ちょうどその時期に白いタンチョウヅルも飛来し、幻想的な絵画のような景色が展開するため、大勢の観光客が集まります。

　赤い色の正体は、海水の影響する砂地に生えるマツナという植物。マツナは海岸の砂地に生息する葦の一種で、いわゆる塩湿地植物や塩性植物と呼ばれています。紅海灘のマツナは2枚の赤い対生葉序をもつユニークなもので、秋になるとこれが一気に紅葉を迎え、レッドビーチを出現させるのです。なお、北海道の能取湖の湖畔にはアッケシソウの群生地があり、毎年9月になると紅海灘と同じように真っ赤な世界が出現します。

もっと知りたい！ アッケシソウをはじめ、ハママツナ、オカヒジキ、アリタソウなどはアカザ科に属していましたが、DNA解析に基づく最近の新分類（APG）ではヒユ科に含まれるようになりました。

松の木は根本から20cmほどのところで北向きに湾曲しています。

10月13日

287

クシュヴィ・ラス

所在地 **ポーランド共和国　西ポモージェ県**

【本日のテーマ】自然と人とのつながりを知る！

90度湾曲して生えている松の木の秘密

　ポーランドとドイツの国境付近、グリフィノという町を流れるオーデル川のほとりに、クシュヴィ・ラスと呼ばれる松の森があります。クシュヴィ・ラスとは、ポーランド語で「曲がった森」という意味で、その名のとおり、森の中心部の一部の松の木が、釣り針状に同じ方向を向いて曲がって生えています。

　このような奇妙な形状の松の木が生えている理由については諸説ありますが、有力視されているのは、人為的に変形させて成長させたというものです。

　曲がった松の木の高さは15m。これを一般的な松の成長速度に当てはめると、およそ80年前の1930年代に植えられたと推測されます。当時、この森はドイツ領でした。ドイツが船の材料として使いやすくするため、あえて曲がって育つように矯正したのではないかというのです。

　ほかには重力場の異常説、吹雪の影響説、若木の時期にソ連の戦車に踏みつけられた説などもありますが、いずれも推測の域を出ておらず、真相は闇のなかです。

もっと知りたい！　曲がった松の木は、通常は100年ほど生きる松より短命で、まもなくすべて枯れてしまうといわれています。人為的に曲げられたことが、寿命が短くなった原因とも考えられています。

黒いピラミッドのような形の丘や山が続く黒砂漠の光景。

288
黒砂漠

所在地 エジプト・アラブ共和国　リビア砂漠

北アフリカに広がる黒い砂漠

　エジプトには、北西から南東にかけて、シワ、バハレイヤ、ファラフラ、ダクラ、ハルガという5つの大きなオアシスがあります。首都カイロから南西に300kmの場所に位置するバハレイヤ・オアシスからさらに南へ行くと、砂漠が次第に黒い色になってきて、やがて黒い色に覆われた異様な砂漠が出現します。それが黒砂漠です。

　砂漠の色は、構成している砂の色を反映して、褐色から淡クリーム色であるのが一般であるため、黒砂漠はことさら異様に感じられます。この黒色の正体は何かというと、玄武岩です。黒砂漠は、大小さまざまな玄武岩片で覆われているのです。

　はるか昔、このあたりはテチス海という海の底でした。そこに存在していた玄武岩が、大地が隆起したことで地表に現れて風化し、さらに表面の砂が強風で飛ばされたことにより、黒い玄武岩が顔を出す黒い砂漠となったのです。

　黒砂漠には、玄武岩で覆われた標高数十mの黒い山もあります。これも、テチス海の海底が隆起し、長い年月をかけて風化してできたものです。

もっと知りたい！　テチス海は2億年前頃にできた海洋です。超大陸パンゲアがローラシア大陸とゴンドワナ大陸に分離すると、その間にテチス海が生まれ、6,500万〜2,400万年前頃まで存在していました。

川の底に広がる藻が2週間だけ絶景を生み出します。

289

キャノ・クリスタレス川

所在地 コロンビア共和国　シエラ・デ・ラ・マカレナ国立自然公園

【本日のテーマ】湖・川・滝の不思議を味わう！

水草によって五色に彩られる「虹の川」

　南米コロンビアのシエラ・デ・ラ・マカレナ国立自然公園内を流れるキャノ・クリスタレス川では、普段は特筆すべき光景は見られません。よくあるきれいな河川といった印象です。ところが、雨季から乾季へと移り変わる9月から11月の間のわずか2週間だけ、鮮やかな色に彩られます。ごく普通の川が「世界一美しい川」や「虹の川」などと評されるほど、見事な絶景になるのです。

　この不思議な現象は、川の底いっぱいに広がる藻類によるものです。この地域の藻類は赤や桃、黄色など、鮮やかな色彩をしています。とくにカワゴケソウという水草（水生植物）の花は、赤系の色がきれいなだけでなく、綿毛のようにフワフワしています。

　乾季になり、川の水位が下がると、太陽光によって川の水温が上昇。それにともない、多彩な色の藻類が急激に成長し、砂の黄色や岩石の黒っぽい色、さらに水に映る空の青色なども合わさって、虹のような色の景観をつくり上げるのです。

もっと知りたい！　カワゴケソウ科の仲間は、分布域が限定されています。コロンビアでは、キャノ・クリスタレス川だけ。日本では宮崎県と鹿児島県（屋久島）にしか分布しておらず、絶滅危惧IA類に指定されています。

150km以上続くジュラシック・コースト。恐竜そっくりなダードルドアが手前に見えます。

290

ジュラシック・コースト

所在地　グレートブリテン及び北アイルランド連合王国　ドーセット州など

【本日のテーマ】生命の息吹を感じる！

アンモナイトなどの化石が次々と見つかる海岸

　イギリスのドーセット州とデヴォン州東部に、ジェラシック・コースト（ジュラ紀海岸）と呼ばれる海岸があります。その名前からイメージできるように、恐竜時代の面影が残る海岸で、アンモナイトなど、多くの化石が発見されています。

　アンモナイトは、巻貝のような殻をもったイカやタコの仲間。4億年前の古生代中期から6,600万年前の中生代末まで、世界中の海で繁栄していました。この海岸で見つかったアンモナイトの化石は、表面が黄鉄鉱という鉱物になっているのが特徴で、研磨すると金色に輝きます。

　ジェラシック・コーストでたくさんの化石が出土するのは、中生代の三畳紀・ジュラ紀・白亜紀に堆積した地層が露出しているからです。時代ごとに積み重なった地層がむき出しになっているため、化石を発見しやすくなっているのです。

　こうした形状の地層は世界的にも極めて珍しく、海岸線を歩くとタイムトラベルしているような気分が味わえます。

もっと
知りたい！

ジェラシック・コーストを象徴するスポットがダードルドアと呼ばれる天然の岩石の橋。「Durdle」は、古い英語で穴やドリルを意味する「thirl」に由来しています。波が岩を削り、大きな穴を開けました。

月の上下に、光が柱のように伸びる月柱。この神秘的な現象は太陽柱の月版です。

291
月柱

所在地 世界各地

月から光の柱が伸びる現象の発生メカニズム

太陽から地平線に対して垂直方向へ光の柱が現れる太陽柱（サンピラー）。その"月版"といえるのが月柱（ムーンピラー）です。月柱は、地平線近くにある月から白い光の柱が立ち昇る神秘的な現象で、月光柱とも呼ばれています。

月柱が発生しやすいのは、上空の風が弱いときといわれています。風が弱いと雲のなかにある六角形の板状をした氷の結晶が地面にほぼ水平に落下していき、地平線に近い月からの光が氷の結晶の表面で反射します。その結果、月の上下に柱のような光が見えるのです。このしくみは、太陽柱とまったく同じです。

ただし、月の光は太陽の強い光とは違って弱いため、満月に近い月齢でないと発生しづらいといわれています。したがって、月柱は太陽柱よりも珍しい現象といえるでしょう。

なお、月柱や太陽柱と似た現象に、街灯や漁火などを光源とする光柱がありますが、その光の柱はより高く伸びるため、月柱や太陽柱と区別がつきます。

もっと知りたい！ 月柱は世界各地で見られます。日本でもときおり観測されることがあります。すぐに見えなくなってしまうことが多く、数十分出続けていることはあまりありません。

この火山岩の海は、浅間山の 1783 年の大噴火でつくられました。

292
鬼押出し

所在地　日本　群馬県

250年前の噴火で固まった溶岩の大地

　浅間山麓にある鬼押出しを訪れると、一帯を覆う無数の奇岩の海に圧倒されます。この奇岩地帯は、次のようにして誕生しました。

　江戸時代の天明 3（1783）年、浅間山が大噴火をしました。7月8日午前10時ごろ、浅間山から突然、数百ｍもの真紅の火炎が空に向かって噴出。大量の火砕流が山腹を猛スピードで下り、山にあった土石は溶岩流により削りとられ、土石流として流れ下りました。

　この噴火による溶岩の規模は、山頂火口から北方へ5.5㎞、幅は800ｍ〜2㎞、その面積は6.8㎢、容積は0.2㎦に達したといわれています。

　鬼押出しの奇岩は、噴火の際に流れ出てきた輝石安山岩の溶岩が冷えて固まったものです。黒くゴツゴツしたその岩塊が広大な土地を敷き詰めている景観から、当時の噴火の規模が大きかったことがうかがえます。

　ちなみに、鬼押出しという名称は、浅間山に棲んでいるといわれていた鬼が噴火を引き起こした、と信じられていたことからきています。

もっと知りたい！　天明の噴火による災害にあった地区では、当時の民家や水田などが見つかっています。長野原町の長野原久々戸遺跡では、このときの泥流に埋まった畑の跡も発見されました。

297

ハートロックの写真をスマートフォンの待ち受け画面にすると、恋がかなうとも噂されています。

293

ハートロック

所在地 日本 鹿児島県

ハート形の潮だまりが出現する条件とは？

　奄美大島の東海岸に、ハートロックと呼ばれるハート型の潮だまりがあります。周囲にはアオサが生えていて、海水の青色とアオサの緑色のコントラストがとてもきれいです。

　潮だまり（タイドプール）とは、干潮時に岩礁地帯の凹所に海水がとり残された場所のことです。潮が引いたときにだけ姿を現し、条件が整えば見ることができます。

　この地にハートロックが出現するのは、まず潮位が80cm以下になったときです。干潮の1時間前後にそこまで下がることが多いといわれています。

　もうひとつ、風の強さも重要です。強風が吹きつけると、波が押し寄せてハートロックが隠れてしまうため、風が弱く、波が穏やかでないといけません。したがって、ハートを見られるかどうかは運次第なところもあるのです。

　ハートは、心臓の形に由来するなどといわれています（諸説あり）。地形や湖の形などの自然の造形とはまったく無関係ですが、似た形のものが存在すると、恋愛のパワースポットなどとしてよく話題になります。

もっと知りたい！ 潮だまりは雨や太陽の直射など気象の影響を強く受け、水質が短時間で著しく変化します。そのため、潮だまりで暮らす生物には、環境変化に柔軟に適応できる能力が必要になります。

ロマンチックな愛のトンネルは世界中のカップルを惹きつけてきました。

294
愛のトンネル

所在地 ウクライナ共和国　リウネ州

ロマンチックな緑のトンネルは列車がつくった

　ウクライナ西部、クレーヴェンは人口1万人に満たない小さな町ですが、その近郊のオルツィブという町との間を走っている6.5km貨物路線の線路上に、おとぎ話に出てきそうなトンネルがあります。そのトンネルは、沿線の木々が列車の形に沿ってできたもの。「恋人同士が手をつないでトンネルをくぐれば、恋が成就する」というロマンチックな噂から、「愛のトンネル」と呼ばれています。

　愛のトンネルをつくったのは鉄道です。

　廃線のような鉄道ですが、まだ現役で使われており、地元の工場へ向かうための列車が1日に3本ほど通っています。その列車が通過する際、車体によって木の枝や葉が切り落とされ、トンネル状のアーチができたのです。

　愛のトンネルを訪れるベストタイミングは、緑のアーチが色鮮やかになる春から夏にかけての時期ですが、木々が色づき紅葉のアーチが出現する秋や、美しい雪に覆われた冬もまた趣が感じられて素敵です。

> **もっと知りたい！** 愛のトンネルに関しては、「恋人同士が手をつないでトンネルをくぐれば、恋が成就する」という噂だけでなく、「列車が通ったときにキスをすると願いが叶う」というジンクスも語り継がれています。

クリムトゥ山の火山湖の湖水の色は、それぞれまったく違っています。

295
クリムトゥ山

所在地 インドネシア共和国　フローレス島

3つの火山湖が3色に染まるメカニズム

　クリムトゥ山はフローレス島中部に位置する成層火山です。頂上周辺の熱帯林のなかに3つの火口湖があるのですが、湖水はみな異なる色を呈しています。

　3つの火口湖のうち、ひとつは深緑、ひとつは青緑、ひとつは黒を呈しています。しかも、かつてはそれぞれ緑、青、赤だったことがあり、それが紙幣のデザインにも残っています。

　火口湖の水は、火山活動により発生する火山ガス（水蒸気や噴気）が地中の鉱物や熱水と化学反応を起こして、さまざまな色になると考えられています。元の水は無色透明ですが、それに金属イオンなどが溶存したり微細な鉱物が混濁したりすると、光がそれによって反射・吸収を繰り返して私たちの目に入ってくるのです。

　クリムトゥ山の場合にも、3つの火山湖で火山ガスに含まれている化学物質の種類や含有量が異なるため、色が異なるのでしょう。また、これらは時刻とともに変化することもあり、湖水の色もそれに応じて変わります。

もっと
知りたい！
現地には、こんな言い伝えがあります。死者の魂がクリムトゥ山に集まり、年齢や生前の特徴によって3つの火山湖のうちどの湖に入るかが決められるというのです。

まさに「馬の蹄」のような形になっているホースシュー・ベンド。

296

ホースシュー・ベンド

所在地 **アメリカ合衆国　コロラド州**

10月22日

【本日のテーマ】湖・川・滝の不思議を味わう！

岩山を囲む水はどこからきたのか？

　ドーナツのような池に囲まれた赤い岩山。これはグランド・キャニオンの中心部から北東に100kmほど離れたところにある「ホースシュー・ベンド」と呼ばれる峡谷の一部です。高さ300m以上の断崖のなか、巨大な岩山がそそり立ち、その周りを池が囲むダイナミックな光景です。

　この写真を見たとき、周囲の水はどこからきたのかと疑問に感じる人もいることでしょう。実はこれは池ではありません。ロッキー山脈を水源とするコロラド川なのです。岩山の周りを蛇行しながら流れる様子が「馬の蹄（＝horseshoe）」のように見えることから、この名が付きました。

　グランド・キャニオンの形成に大きな役割を担ったことで知られるコロラド川は、ここでも大地を削りました。ホースシュー・ベンドは崖下まで300mもあります。観光客はギリギリまで近づくことができますが、最近は転落事故などが多く、柵がつくられることになりました。川がつくった芸術ともいえる絶景スポットです。

> もっと知りたい！　ホースシュー・ベンドは、アンテロープ・キャニオンの近くに位置しています。クルマで約10分も走れば到着するため、両方を一度に見学する人がとても多いです。

301

ハート形の部分だけ、塩濃度の影響でマングローブが生えていません。

297

ヴォーのハート

所在地 フランス共和国　ニューカレドニア島

【本日のテーマ】生命の息吹を感じる！

塩の影響でハート形になったマングローブ林

　　ニューカレドニア本島の北部にあるヴォー村には、生い茂るジャングルとサンゴ礁があり、陸地と海の境目に美しいマングローブ林が広がっています。驚くべきは、そのマングローブ林の形。上空から眺めると、なんと見事なハート型になっているのです。

　　このマングローブ林は「ヴォーのハート」と呼ばれています。まるで人工的につくられたような見事なハート型ですが、人の手は入っておらず、自然にできたものです。

　　このあたりの土壌はところどころ異なり、さらに塩濃度も潮流の影響で異なっています。ハート型の内部は塩濃度が高いため、マングローブは周囲ほど育ちません。結果として、ハート型のマングローブ林ができたのです。

　「ヴォーのハート」に、観光客が地上から足を踏み入れることは禁じられていますが、ヘリコプターや小型飛行機などで上空から見るツアーは人気です。そもそも、空から見なければ、ハート型を確認することはできません。ハード型を最初に発見した人はさぞかし驚いたことでしょう。

 もっと知りたい！　ヴォー村は、ニッケルを産出するコニアンボ鉱山から最寄りの大きな居住地で、1800～1940年代にかけてチャンダンと呼ばれる季節労働者の鉱夫が住んでいました。

魚津湾から富山市の方角（南西）に見えた蜃気楼。対岸の工場が長く伸びて浮き上がっています。

298
魚津の蜃気楼

所在地 日本 富山県

北陸の港町が「蜃気楼のメッカ」となっている理由

　富山県魚津市は、江戸時代以前から蜃気楼の名所として知られる場所です。蜃気楼とは、大気中で光が屈折・反射し、景色が通常とは異なって見える幻想的な自然現象です。具体的には、地上や水上の物体が浮き上がって見えたり、逆さまに見えたりします。理屈を知らなかった昔の人の目には、何とも奇妙に映ったことでしょう。

　蜃気楼が発生する基本条件は、地表や海面近くで温度の異なる空気の層が重なっていることです。この温度差により、光の屈折が起こります。ただし、ほかにも、気温や風などの条件が整わないと発生しません。また、蜃気楼の形は気温や風によって刻々と変わり、同じ蜃気楼は二度と見られないともいわれます。逆にいうと、条件さえ揃えば蜃気楼はどこででも発生します。

　魚津が蜃気楼の名所とされているのは、富山市の方角に呉羽山などの目立つ目標物があり、蜃気楼の出現を察知しやすいためともいわれています。魚津市以外では、琵琶湖や猪苗代湖、四日市、石狩湾、オホーツク海、根室などでもよく発生しています。

もっと知りたい！ 中国や日本では、「蜃という大蛤が気を吐くことで空中に幻の楼台などを現す」と考えられていました。そこから、大気中に浮かぶ虚像を指す「蜃気楼」という言葉が生まれました。

シベリアを南北に流れるレナ川の上流域に、40kmの石柱群があります。

299
レナ石柱自然公園

所在地　ロシア連邦　サハ共和国

川沿いに高さ300mもの石柱群ができたわけ

　レナ川は世界10位の長さ（4,400km）、世界9位の流域面積（249万km²）を誇る、ロシアを代表する川のひとつ。バイカル山脈を水源とし、シベリア東部のサハ共和国とイルクーツク州を悠然と流れ、北極海へと注いでいます。

　この大河沿いに、驚くべき光景が広がっています。高さ150〜300mもの石柱群が約40kmにわたって続いているのです。クルーザーに乗って川岸から眺める石柱群は、まるで森のようにも見え、その造形の美しさに圧倒されます。岩壁の芸術ともいうべき石柱群を生み出したのは、結氷砕石と呼ばれる侵食作用です。

　いまから5億年以上前、石灰岩や泥灰土、ドロマイト、粘板岩などの地層が海底に堆積して石柱の元ができました。やがてその地層が隆起すると、夏は40℃、冬はマイナス60℃の温度差によって、石灰岩の層が侵食されます。その結果、水が細い溝を突き抜け、岩盤の最も硬い部分を引き剥がして石柱群を形成したのです。レナ川の石柱群は、年較差100℃に達するシベリア独特の気候条件がもたらした絶景なのです。

もっと
知りたい！　石柱群がそびえるレナ石柱自然公園は、何年も凍結したままの永久凍土が地下600mまで続いています。そのおかげで、雨の降らない乾燥した気候にもかかわらず、広大な針葉樹の森が育まれました。

ターナゲイン・アームで潮津波が起こると、波乗りを試みるサファーが現れます。

300
ターナゲイン・アーム

所在地 アメリカ合衆国　アラスカ州

【本日のテーマ】母なる海に抱かれる！

極北で発生する唯一の潮津波

　アラスカ・アンカレッジの南クック湾に位置するターナゲイン・アームでは、潮津波（海嘯）が起こります。潮津波とは、満潮のとき、海水が津波のように高い波をともない、河川をさかのぼる現象のことです。巻き込まれると死者が出ることもある危険なものですが、命知らずのサーファーにとっては垂涎の的です。

　潮津波は基本的には春と夏に起こり、世界各地で見られます。ブラジルのアマゾン河やパキスタンのインダス河、中華人民共和国の銭塘江、イギリスのセヴァーン河などの潮津波が有名です。ただし、極北で発生する事例としてはターナゲイン・アームが唯一で、波の高さが1.6～3ｍ、速さは時速16～24㎞にも達します。

　潮津波は、干満の差が著しい満潮時という条件下で発生します。そのとき、潮流の前面がほぼ垂直の壁になって川の水と衝突し、まるで波のように川の上流へ向かって逆流していくのです。河口がラッパ状に開いていることや、流れ込む潮流のスピードが海峡の幅が狭まるにつれ強くなることが原因となって規模が大きくなると考えられています。

もっと
知りたい！
アマゾン川の潮津波は、現地の言葉で「大騒音」を意味するポロロッカと呼ばれています。波高は4ｍを超え、ジャングルの木々をなぎ倒しながら進んでいくこともあります。

人為的に放たれた41頭のオオカミの群れのおかげで生態系が復活しました。

301

イエローストーンの生態系

所在地　アメリカ合衆国　アイダホ州、モンタナ州、ワイオミング州

公園内の生態系を復活させた秘策

　間欠泉で有名なイエローストーン国立公園。1872年にアメリカ初の国立公園となったこの地は、間欠泉のほかにも自然が溢れており、青々とした森林には豊かな生態系が保たれています。実は、現在の生態系が残されているのはオオカミのおかげです。

　この地にはもともと多数のオオカミが生息していましたが、人間に害をなすという理由で駆除されてしまいます。1926年を最後に、オオカミは姿を消してしまいました。

　ところが、オオカミがいなくなったことで増えたヘラジカが、ポプラの若芽などを食べ尽くし、植物が激減してしまいました。オオカミを人為的に駆除したことにより、生態系のバランスが崩れてしまったのです。

　そこで連邦政府は一計を案じました。1995年に41頭からなるオオカミの群れを公園内に放ったのです。結果は大成功。ヘラジカの数は適正となり、植物の緑も元どおりになりました。いわば、オオカミのおかげで生態系が回復したのです。ちなみに、このオオカミの再導入は「20世紀最大の実験」といわれています。

もっと
知りたい！
オオカミに捕食されるヘラジカの生息数は、一定に保たれています。イエローストーンでは干ばつが頻繁に発生しますが、そうした厳しい環境にあっても、ヘラジカの生息数は大きく減ったりすることはなく、安定を保ち続けています。

虹色に輝くレインボーマウンテンは「インスタ映えする山」として人気沸騰中です。

302
レインボーマウンテン

所在地　ペルー共和国　クスコ県

山肌に虹色のペンキを塗ったのは誰?

　南米ペルー、アンデス山脈のなかに「レインボーマウンテン」と呼ばれる美しい山があります。正式名称はヴィニンクカ山という、標高5,200mを誇る山です。この山の最大の特徴は、山肌が色鮮やかなことです。さまざまな色が地層ごとに分かれて折り重なっているため、山全体が虹のように見えるのです。

　歴史を遡ると、アンデス山脈の一帯はかつて海の底にありました。それが1億4,500万年〜6,600万年前、地上に押し上げられます。海底にあった平らな地層は、地殻内部の歪みによって横の圧力を受け、しわを寄せたような波形になりました。その後、プレートのぶつかり合いで地層が隆起し、アンデス山脈でも有数の高さを誇る山が誕生したのです。

　カラフルな色合いは地層に含まれる鉱物によるもの。赤色の層は酸化鉄に富む泥岩、白色の層は石英に富む砂岩や炭酸塩に富む泥灰岩、緑色の層は鉄とマグネシウムに富む粘土鉱物を含む堆積岩、からし色は硫黄を含む鉱物に富む石灰質砂岩などとなっており、それらの鉱物が溶解したり、酸化することによって、虹のような光景がつくられたのです。

もっと知りたい！　レインボーマウンテンの山肌は、最近まで氷河の下に埋もれていました。しかし、地球温暖化の影響で氷河が溶けた結果、カラフルな山肌が多くの人目に触れるようになったのです。

この湖にたまっているのは水ではなく、とても熱い大量の溶岩です。

10月29日

303
ニーラコンゴ山

所在地　コンゴ民主共和国　北キブ州

【本日のテーマ】湖・川・滝の不思議を味わう！

溶岩でいっぱいの湖ができた経緯は？

　アフリカ中部、コンゴ民主共和国にあるニーラコンゴ山には、溶岩に満たされた世界最大の溶岩湖があります。溶岩湖は、火山の火口の一部にできるとても珍しい湖で、世界でも数か所だけしか確認されていまません。

　ニーラコンゴ山の溶岩湖は直径200mととくに大きなものであり、常に溶岩で満たされています。なぜ、この山の溶岩湖からは溶岩が絶えることがないのでしょうか？

　アフリカ大陸東部には、グレートリフトバレーという南北に走る大きな谷間があります。そこは、地球の表面を覆う岩盤（プレート）の境界で、地球の内部からマントルが上昇してくるため、火山活動が起こりやすい状況にあります。ニーラコンゴ山が位置しているのは、そんな場所の真上なのです。

　ニーラコンゴ山には、地下から常にマグマが供給され続けるため、溶岩湖から溶岩が消え去ることはありません。火山活動は活発に続いていて、何度も噴火を繰り返しているのです。

もっと知りたい！　ニーラコンゴ山のほかに有名な溶岩湖としては、ハワイ島のキラウエア火山、バヌアツのアンブリム島のマルム火山、エチオピアのエルタ・アレなどが挙げられます。溶岩湖を形成する溶岩は、流動性の大きい玄武岩質のものが多いのが特徴です。

湿原の8割は雨季に水没し、乾季になってできた水たまりに魚類や鳥類、哺乳類が集まります。

304
パンタナール

所在地 ブラジル連邦共和国、パラグアイ共和国、ボリビア共和国

1,000以上の動物たちが生息する南米の大湿原

南米3か国にまたがる世界最大級の大湿原がパンタナールです。パンタナールとは、ポルトガル語で「大湿原」を意味しています。

日本の本州に匹敵するほど広大な湿原には、1,000を超える鳥類、数百種に及ぶ哺乳類や爬虫類が生息しています。この地の生態系の頂点に立つジャガー、水辺の捕食者メガネカイマン、「アマゾンの王者」と称される金色の魚ドラード、20cmもある巨大な黄色い 嘴 (くちばし) が特徴的なオニオオハシ、コウノトリの仲間のトゥユユー、日本でもなじみのあるカピバラなどなど、まさに動物たちの楽園です。

湿原は水が豊富で植生も豊かなため、草食動物にとって棲みやすい環境です。草食動物がたくさんいれば、それを食糧とする肉食動物も増えます。さらに水辺、草原、森林といった多様な環境が、さまざまな動植物を集めました。こうした条件がそろった結果、パンタナールは類まれな動物たちの楽園になったのです。

もっと知りたい！
パンタナールは大湿原とみなされていますが、正確には雨季の雨によって川が氾濫してできる「氾濫原」です。氾濫原とは、洪水時に河水が常水路からあふれて氾濫する範囲の平野のことです。

太陽の周りに見える虹のような光の輪がハロです。

305

ハロ現象

所在地　世界各地

UFOと間違われることもある現象

「ハロ」とは、暈や日暈とも呼ばれ、雲がかかった太陽の周囲に光の輪ができる現象のことです。上空の高いところに太陽が透けて見える程度の薄い雲がかかっているときに、よく発生します。太陽の光が薄雲のなかの氷の結晶によって屈折し、虹色や白っぽく見えるのです。

　太陽が関連して起きる現象といえば、雨が降った後などに見られる虹や彩雲が有名です。これらは、大気中の水滴によって光が屈折したり反射したりすることで出現します。

　それに対して、ハロは大気中に浮遊する氷の結晶による屈折で生まれます。氷の粒子は水滴よりも形が複雑なので、屈折や反射の程度も弱く、さまざまな状態が生じます。月や金星など明るい星の周囲にもハロが観察されることがあります。

　古代中国では、この現象が戦乱の兆しと考えられていたそうです。現在もこの現象が現れると、UFOなどと間違われることがありますが、これらはしっかりと科学的に説明できる自然現象なのです。

中国の江西省に位置する三清山のひとつ、杯玉山はハロ現象がよく見られることで知られています。ハロ現象とともに、霧やぬか雨などのときに出現する白虹を見ることができることもあります。

スタッファ島はスコットランド沖に浮かぶ無人島。柱状節理の島です。

306

スタッファ島

所在地　グレートブリテン及び北アイルランド連合王国　アントリム県

6,000万年前の溶岩流で形成されている島

　スコットランド西岸に浮かぶスタッファ島。スタッファとは「柱」を意味する古代スカンジナビア語で、洞窟の壁面などをつくっている玄武岩の六角柱に由来します。その言葉のとおり、この島は全体が柱状節理でできているともいえる島です。

　スタッファ島の歴史は6,000万年前にさかのぼります。当時、大西洋中央海嶺のプレート拡大の影響により、大地を引き裂く大噴火が起こりました。その際、玄武岩の溶岩が大量に流出したことで、柱状節理の素地が誕生します。柱状節理とは、溶岩が長い時間をかけて少しずつ冷えていくことでできた地形です。

　やがて厚い溶岩流の下部に柱状節理が、中部には不規則状節理（エンタブラチャ）が生成。1万数千年前までは近隣のマル島とつながっていたようですが、海面上昇にともない、現在の孤島になりました。

　ちなみに、岩石の柱の列が曲がっているのは、もとになった溶岩の冷却の様子を反映しています。

もっと知りたい！　スタッファ島南西部にあるフィンガルの洞窟は、柱状節理の海食崖が波の侵食を受けて形成された海食洞。ドイツの作曲家メンデルスゾーンは、この洞窟からインスピレーションを受け、「フィンガルの洞窟」を作曲しました。

ザキントス島のナヴァイオ・ビーチ。上から眺めると、その美しさがきわ立ちます。

307
ザキントス島

所在地 ギリシャ共和国　ザモントス県

断崖絶壁と砂の白、海の青が美しいナヴァイオ・ビーチ

　イオニア海に浮かぶザキントス島には、きれいな海岸がいくつもあります。そのなかでもひときわ有名なのが島の北西部に位置するナヴァイオ・ビーチです。このビーチの魅力は、真っ白な断崖絶壁と白砂、そして、それらを囲む透明度の高いターコイズブルーの海のコントラストです。

　このあたりの大地は主に石灰岩によって形成されており、断崖や砂も石灰岩でできています。植物プランクトンなどが堆積してできた石灰岩は、炭酸カルシウムの比率が高く、無色透明な方解石結晶の集合体からなります。混入物が少ないため、光は屈折・反射を繰り返し、白色を呈して戻ってきます。

　また、石灰岩は海底にも広がっています。白い石灰岩は太陽光を反射しやすく、屈折の過程で海面をターコイズブルーに染め上げます。

　こうした理由により、ナヴァイオ・ビーチはイオニア海を代表する絶景スポットになっているのです。

もっと
知りたい！
ナヴァイオとはギリシャ語で「難破船」の意味で、1980年に煙草の密輸船が座礁して打ち上げられたことから、こう呼ばれるようになりました。その座礁船は放置され、石灰岩の砂に埋もれています。

鉱山内は岩塩がむき出しの状態になっています。

308
ケウラ岩塩鉱山

所在地 パキスタン・イスラム共和国　パンジャーブ州

馬が見つけた世界最大級の岩塩鉱山

　鉱山で採掘されるものといえば銅や鉄、石炭などがイメージされますが、岩塩を採掘する岩塩鉱山もあります。岩塩とは、海水が地殻変動で陸に閉じ込められ、長い年月をかけて結晶化したものです。そんな岩塩鉱山のひとつが、パキスタンの首都イスラマバードから160kmほど離れたところにあるケウラ岩塩鉱山です。

　ケウラ岩塩鉱山は長さ300km、幅8〜30kmと、「塩の山脈」のような威容を誇り、桃色の岩塩を産出します。この色は塩の結晶の原子配列の乱れや硫黄の含有などに由来し、日本では「ピンクソルト」や「ヒマラヤ岩塩」の名称で流通しています。

　この地で岩塩鉱床が発見されたのは、紀元前326年のことでした。当時、東方遠征をしていたマケドニアのアレキサンダー大王の馬が、岩塩をなめたことで鉱床が発見されたそうです。その後、地元の人々によって岩塩採掘が行われていましたが、19世紀にイギリスの統治下に入ると、大規模な開発がはじまり、世界最大級の岩塩鉱山となったのです。

　岩塩の採掘はいまも続いており、付近には桃色の岩塩が山のように積まれています。

もっと
知りたい！ パキスタンの内陸部で岩塩が産出するのは、かつて、このあたりが海底だったからです。ユーラシア大陸にインド亜大陸が衝突したことにより、岩塩層を含む地層が陸上に隆起しました。

川による侵食でつくられた地形ではないため、厳密には峡谷ではありません。

309
ブライス・キャニオン

所在地 アメリカ合衆国　ユタ州

「円形劇場」と呼ばれる地形は土柱がつくった

　ブライス・キャニオンは、ユタ州南部にあるブライス・キャニオン国立公園内にある峡谷です。俯瞰で見ると、まるで古代ローマの円形闘技場「コロッセウム」のようになっていることから、「円形劇場」とも呼ばれています。

　そもそもキャニオンとは英語で「峡谷」の意味。峡谷とは山にはさまれた川のある地形のことです。そうした地形は基本的には川の侵食によってつくられますが、ブライス・キャニオンは、中央を流れる川による侵食で形成されたものではありません。ブライス・キャニオンの特異な地形は、風、水、氷による川床と湖床の堆積岩の侵食によって、長い年月をかけて少しずつつくられていったものなのです。

　また、ブライス・キャニオンには高さ60mにもなる土柱と呼ばれる土の尖塔が立ち並んでいることでも知られています。土柱は礫や砂からなる段丘礫層（土柱礫層）が、風雨により侵食され柱状になったもの。尖った土の柱が何本もニョキっと立っている光景は世界的にも珍しく、研究対象としても注目されています。

もっと
知りたい！　ブライス・キャニオン国立公園は、近くにあるグランド・キャニオン国立公園より標高が高いところにあります。グランド・キャニオンの縁が海抜2,100mであるのに対し、ブライス・キャニオンの縁は海抜2,400〜2,700mもあります。

血の池地獄。酸化鉄や酸化マグネシウムを含む熱泥がお湯を独特の色にしています。

310
別府温泉

所在地 日本　大分県

「別府地獄」のカラフルなお湯の由来

　別府は日本を代表する温泉地のひとつ。源泉数は世界一、湧出量は日本一とされる温泉郷です。その温泉郷でユニークな企画が「別府地獄めぐり」。「血の池地獄」「白池地獄」「龍巻地獄」など、さまざまな色の温泉を地獄に見立てて、それらを見てまわるのです。

　しかしながら、同じ温泉地でありながら、色が異なるのはどうしてでしょうか？　それは、温泉の成分などによるものです。

「血の池地獄」は、酸化鉄や酸化マグネシウムを含む熱泥に由来し、赤色に見えます。青みを帯びた白色の「白池地獄」は、塩化ナトリウムやケイ酸、重炭酸カルシウムに由来します。噴出時は透明ですが、温度と圧力の低下によって変色します。「海地獄」はラジウム硫酸鉄を多く含んでおり、コバルトブルーに見えます。一定間隔で熱水を吹き上げている「龍巻地獄」は、塩化ナトリウムを含む酸性泉で、飛沫が酸素に触れ、淡い青色になります。

　ほかに灰色の熱泥が沸騰する「鬼石坊主地獄」、熱水が噴気とともに湧出している「かまど地獄」もあり、温泉好きにとっては、地獄というより天国のような場所になっています。

もっと
知りたい！　別府地獄めぐりでは、すべての温泉のお湯につかれるわけではありません。血の池地獄、海地獄、鬼石坊主地獄、かまど地獄には足湯があり、多くの人々を癒しています。

シチメンソウによって赤く染められた光景がこの海岸の晩秋の風物詩になっています。

311
東与賀海岸

所在地 日本 佐賀県

【本日のテーマ】生命の息吹を感じる！

海岸に赤い絨毯をつくり出す塩生植物

　有明海に面した東与賀海岸は、渡り鳥であるシギ・チドリ類の飛来数が日本一のスポットとして知られています。毎年11月頃になると、クロツラヘラサギやズグロカモメなどの絶滅危惧種を含む冬鳥たちが、渡りの中継ないしは越冬地として飛来してきます。

　しかし、それ以上に注目すべきは「海の紅葉」と呼ばれる絶景です。この海岸は毎年10月下旬頃になると、沿岸がシチメンソウ（七面草）という植物で真っ赤に染まるのです。

　シチメンソウは、高さが20〜40cmほどのアカザ科の一年草で、葉がこん棒状に枝分かれして伸びた独特の形をしています。また、体中の塩分濃度を高くすることで、海水に浸っても生きていける塩生植物でもあります。

　東与賀海岸は干潮時には陸地となり、満潮時には海水に浸る場所です。通常の植物が生育するのは困難ですが、塩生植物であるシチメンソウにとっては自生するのに適した環境なのです。かつて有明海を訪れた昭和天皇も、この植物の特異な性質と美しい紅紫色に大層興味を示されました。

もっと
知りたい！
シチメンソウをはじめとして、北海道のアッケシソウ、チシマドジョウツナギ、ウミミドリ、本州のハママツナ、ホソバノハマアカザなどが塩生植物の代表例です。

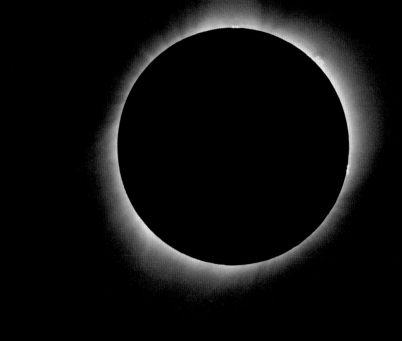

太陽全体が月に隠される皆既食。皆既食は10〜数十年に一度しか見られません。

312
日食

所在地 世界各地

月が太陽を隠してしまう幻想的な天体ショー

　日食は数年に一度くらいのペースで観測できる、比較的身近な天体ショー。晴れた日の昼間に太陽が見えなくなったり、部分的に欠けて見えたりする不思議な現象です。

　日食は地球と月、太陽の動きによって引き起こされます。3つの星の位置関係は、地球と月が公転することによって毎日変化していますが、月（新月）が太陽と地球の間に入り、太陽・月・地球の順で一直線に並ぶことがあります。このとき、月によって太陽の一部または全部が隠されてしまうのです。

　ただし、日食といっても1種類だけではなく、太陽の隠され方によって皆既食、部分食、金環食の3種類に分けられます。

　皆既食は太陽のすべてが月に隠される現象で、ふだんは見られない太陽のコロナやプロミネンスを観察することができます。部分色は太陽の一部が月に隠される現象、そして金環色は太陽のほうが月より大きく見えるため、月から太陽がはみ出して見える現象です。皆既食が観測できる範囲はとても狭いですが、部分食は広い範囲で観測できます。

もっと知りたい！ 地球は太陽の周囲を365日と約6時間かけて一周します。1年＝365日とすると毎年6時間（4年で24時間）ずつズレてしまいます。そのズレを解消するため、4年に1回、閏年をつくって調整しているのです。

海に大きなくさびを打ち込んだような形をしているタプー島。

11
月
8
日

【本日のテーマ】奇岩・洞窟が生み出す謎を解く！

313

タプー島

所在地 **タイ王国　パンガー県**

「ジェームズ・ボンド島」の異名をもつ島

　タイ南東部のパンガー湾にあるタプー島は、海に突き刺さったように屹立する細長い島。頭でっかちの不安定な形が一目見て脳裏に焼き付きます。「タプー」とは、タイ語で「釘」または「スパイク」を意味する「タプ」からきていますが、1974年に007シリーズの『黄金銃を持つ男』で取り上げられたことから、「ジェームズ・ボンド島」と呼ばれることもあります。

　高さ20mのこの島は、石灰岩でできています。2億5000万年前、サンゴ礁と海洋生物の石灰質の殻でつくられた地層が、地殻変動によって隆起。その後、風や海流、波、潮などによって、時間をかけてサンゴ礁を侵食し続けました。とくに、根本の部分は潮の満ち引きによる侵食を強く受けたため、上部に比べて細くなりました。上部が太く、根元が細いユニークな島の形は、このようにしてできたのです。

　パンガー湾には、タプー島のほかにも多くの島々や岩礁が点在しており、奇岩や洞窟が名物となっています。

もっと
知りたい！

タプー島の近くのパンイー島では、断崖の下にモーケン族の人々が家をつくって生活しています。学校やモスクなどが水上に高床式でつくられており、住民は「海の民」として知られています。

ベニサンゴは宝石サンゴと呼ばれるほど貴重なもの。コルシカ島では浅い海でも見られます。

314

ポルト湾

所在地 フランス共和国 コルシカ島

深海ではないのにベニサンゴが生息している理由とは？

18世紀のフランスの英雄であるナポレオン・ボナパルトの出身地として有名なコルシカ島。この地中海の島の西部に位置するポルト湾に潜ると、赤く美しい光景が広がります。それは真っ赤なベニサンゴが形成する絶景です。

ベニサンゴは希少価値が高く、装飾品などによく使われることから、「宝石サンゴ」とも呼ばれています。かつては、純金と同じくらい価値があるともいわれていました。光を嫌う性質があるため、基本的には深海にしか生息していませんが、ポルト湾では、水深30cm程度の浅い海でも生息しています。その理由は、湾周辺の地形に関係があります。

ポルト湾一帯の海の岩礁は複雑な形状をしており、暗い場所が多くあります。そのため、ベニサンゴは多少浅い水深でも生息することができるのです。

貴重なポルト湾のベニサンゴですが、近年は乱獲のため減少しています。赤く彩られた美しい光景を守るため、保護の必要性が訴えられています。

もっと知りたい！　コルシカ島最南端の海岸では、著しく侵食された石灰岩の絶壁がそそり立っています。絶壁の上には城塞都市が築かれており、人気のパノラマスポットになっています。

避暑地でもあるキャメロン・ハイランドは「マレーシアの軽井沢」とも呼ばれています。

315
キャメロン・ハイランド

所在地 マレーシア　パハン州

紅茶畑が延々と広がる熱帯の高原

　マレーシアは熱帯気候で、暑い国というイメージが強いですが、首都クアラルンプールから北へ200kmに位置するキャメロン・ハイランドは、海抜1,500mの高原にあるため、一年中過ごしやすいリゾート地となっています。

　この高原では、茶畑が織りなす絶景が見られます。丘一面に茶畑が広がっており、その美しさは息を呑むほどです。

　キャメロン・ハイランドを開発したのはイギリス人でした。1880年代、イギリス統治下に置かれていたマレーシアに、ウィリアム・キャメロンという人物が地形調査や地図作成の目的で派遣されてきて、この丘を発見。その後、20世紀初頭に年間の平均気温が20〜25度前後の気候を活かし、農業試験場が建設されました。それがきっかけで、紅茶をはじめ果物や野菜がつくられるようになったのです。

　現在、キャメロン・ハイランドには、マレーシア最大の紅茶会社ボーティーのプランテーションが2か所あります。整然とした茶畑を眺めながら飲む紅茶は格別です。

もっと
知りたい！ キャメロン・ハイランドの開発が進んだのは1925年頃からです。イギリス人は別荘を建て、週末や休暇になると、家族で過ごすのを楽しみにしていました。現在は、当時の別荘を改築したホテルなどが人気を集めています。

きれいに咲き乱れる高山植物が、千畳敷カールを彩ります。

316

千畳敷カール

所在地 日本　長野県

スプーンですくい取ったような地形

　中央アルプスには木曽駒ヶ岳や宝剣岳など、標高2,500m超の山々が連なっています。その直下にある、スプーンですくったような椀型から半椀状をした地形が千畳敷カールです。畳を1,000枚並べたほどの広さがあることから、このような名前がつけられました。
「カール」とは、椀型から半椀状をした氷河地形のことです。山頂付近の氷河は、ゆっくりと流動しながら山肌を削り取ります。その結果、椀型にえぐれた谷ができるのです。氷河があるうちは形がわかりませんが、氷河がなくなると、急峻なカール壁と平坦なカール底を持った、特徴的な椀型から半椀状をした地形が出現します。

　中央アルプスにある千畳敷カールをはじめとしたいくつものカールは、2万年前に発達した氷河によって侵食され、形成されたと考えられています。

　千畳敷カールでは、四季折々で姿を変える大自然を体験することができます。夏は高山植物が咲き競い、秋には標高差で3段に分かれる紅葉が、冬には純白の雪の世界が広がります。

もっと知りたい！　中央アルプスには千畳敷カールのほかに、極楽平カール、濃ヶ池カール、摺鉢窪カールなどのカールがあり、日本の氷河時代の研究に役立っています。

四国山地に源を発し、土佐湾へ注ぐ四万十川。全長 196kmは四国最長です。

317

四万十川

所在地 日本　高知県

四万十川が「最後の清流」といわれる理由

　高知県の南西部を流れる全長196kmの四万十川は、「最後の清流」と呼ばれています。清流とは「清らかな水の流れ」という意味ですが、明確な定義はありません。実際、水質だけを見れば、この川よりもきれいな水の川はいくつもあります。

　それにもかかわらず、四万十川が「最後の清流」と呼ばれるのは、地域の開発があまり進んでおらず、豊かな自然が手つかずの状態のまま残されているからでしょう。

　川に棲む生物が多種多様な点も、四万十川の特徴です。アユをはじめ、ツガニ、ウナギ、テナガエビなど、150種以上の魚介類が確認されており、ひとつの水系に生息する種類としては日本一です。

　魚介の種類がこれほど多い理由のひとつは、ダムが存在しないためといわれています。ダムがあると、魚は上流と下流を行き来することができません。四万十川にはそうした人工構築物がないため、魚類をはじめとするさまざまな生き物の宝庫となっているのです。

もっと
知りたい！
　四万十という名前の由来には、アイヌ語の「シ・マムト（とても美しい）」や「シマト（砂礫の多いところ）」、また「数多くの川（四万十の川）」が合流している川など、諸説があります。

バラス島へは西表島から船で10分ほど。シュノーケリングスポットとしても有名です。

バラス島

所在地 **日本　沖縄県**

サンゴのかけらでできた純白の島

　バラス島は、沖縄県の西表島と鳩間島の間にある無人島です。ただし、地図に記載されていないほど小さく、満潮時には海面下に没してしまうこともある「幻の島」です。

　この島の最大の特徴は、島全体が真っ白なことです。なぜ白いのかというと、海流の影響で堆積したサンゴのかけらだけでできた「サンゴ礁州島」だからです。

　このあたりの海面下には、成長速度が早い枝状のミドリイシを中心としたサンゴが多数棲息しており、それらが波浪によって破壊されてかけらとなり、吹き寄せられて集まってバラス島を形成したのです。白い浜をつくるサンゴと青い海とのコントラストは、絵画のように幻想的です。

　また、島の形が一定ではないという不思議な特徴もあります。この島は自然の潮の流れによってできており、季節風などによる海流の変化で「日々形が変わる」ため、同じ形にはならないのです。台風などが発生したあとは、島はとても小さくなってしまいます。

もっと
知りたい！　「バラス」とは本来、船舶などの重りとして積まれたり、線路の枕木の下に敷かれたりする砂利・砕石（＝バラスト）の略語です。この島を構成するサンゴ礫がバラス状であることから島名となりました。

近年、ペニテンテそっくりな光景が冥王星にもあるらしいことがわかり、話題になりました。

319

ペニテンテ

所在地 チリ共和国　アルゼンチン共和国

とんがり帽のような氷の尖塔

　チリとアルゼンチンの国境付近、アンデス山脈の標高5,000m地点に、剣山（けんざん）のように氷の塔が無数に突き出している一帯があります。いわゆる「ペニテンテ」です。

　ペニテンテとは、スペイン語で「懺悔するキリスト教徒」という意味。スペインの聖週間（復活祭前の1週間）に懺悔者がトンガリ帽子をかぶって行進するのですが、その帽子と氷の形が似ていることから、ペニテンテと名づけられました。

　氷の塔は数十cmのものもあれば、5m以上のものもあるなど、大きさはさまざまです。ただ、どのような大きさであれ、先端（すなわち太陽の方向）に向かって細くなっていく形状は共通しています。ペニテンテがどのように形成されるかには諸説ありますが、次の説が有力視されています。まず、降り積もった雪が太陽の熱で溶かされると、水蒸気になって蒸発しますが、気温が氷点下だと再び凍ります。それを何度も繰り返すことで氷の層が厚くなり、その過程で日光の反射によって氷柱の根本が溶けて削られ、次第に先が尖っていくという説です。

もっと
知りたい！ ペニテンテは標高4,000m以上の高地にしかできません。また、太陽が高い位置にあるときに光が届く場所にしかできません。わかっている形成条件はそれだけで、細かい条件は依然として不明のままです。

324

ひらがなの「つ」の字型に曲がったきさば海岸の岩。

320
きさば海岸

所在地 日本　和歌山県

地殻変動から生まれた「フェニックスの大褶曲<ruby>褶曲<rt>しゅうきょく</rt></ruby>」

　紀伊半島南西部のきさば海岸には、太古の地殻変動から生まれた褶曲と呼ばれる地形があります。褶曲とは、水平だった地層が地殻変動の力で波状に屈曲したり折りたたまれたりする状態のこと。きさば海岸の褶曲は「フェニックスの大褶曲」と呼ばれ、「つ」の字型に大きく折れ曲がっていたり、木の年輪状になっていたりと、勇壮な形が魅力です。さらに、この地層は全体として上下逆さまになっている点も特徴のひとつです（地層の逆転）。

　7,000〜2,000万年前、遠洋域で堆積して海へと運ばれた土砂は、大地震の震動や洪水で崩れて海底土石流となり、海溝に海底扇状地を形成。その後、プレートが沈んだため、海溝の陸側斜面に強く押し付けられ、持ち上げられて再び陸上に戻ります。1,500万〜1,400万年前には、プレートの沈み込み運動で大地の一部が溶け、マグマとなって上昇し、そのまま冷却され固まりました。やがて紀伊半島が隆起し、海水や風雨に侵食されました。

　このような激しい地殻変動の結果、この褶曲構造が誕生したのです。

もっと知りたい！　きさば海岸のような鉱物や岩石の変形には、地下の大きな力が関与しています。それと同時に、鉱物に働き、強度が増す「ヨッフェ効果」なども関係している可能性があります。

渦潮の見頃は、満潮時の前後 90 分、干潮時の前後 90 分といわれています。

321

鳴門海峡

所在地 **日本 徳島県**

【本日のテーマ】母なる海に抱かれる！

直径20mもの巨大な渦が出現する仕組み

　淡路島と四国を隔てる鳴門海峡は「鳴門の渦潮」で知られています。高さ45mの大鳴門橋から見下ろす渦潮は大迫力です。

　鳴門の渦潮は、海峡の幅、潮の満ち引き、海底の地形の相互作用で発生します。

　潮は太平洋側から満ちてきますが、海峡の幅が1.3kmと狭いため、瀬戸内海側には少しの海水しか流れ込んでいきません。海水の大半は大阪湾から明石海峡を回って瀬戸内海に流れ込みます。海峡の北側は、南側が満潮になった後に満潮となりますが、そのときには南側では潮が引いて干潮間近になっているため、南北の水位の差が最大1.5mにもなり、海水は水位の高い北側から南側へ勢いよく流れます。また、海峡の岸側の水深が浅いのに対して、中央部は100〜200mと深くなっているため、潮の流れは岸に近いほうは遅く、遠い中央付近では速くなります。その潮の速さの境目で渦が発生するのです。

　渦潮が最大になるのは春と秋の大潮のとき。潮流時速20km、最大直径20mもの渦潮が轟音を立てながら流れていくさまは圧巻です。

もっと知りたい！ 潮の満ち引きは、月の引力と地球の遠心力との差で海水が移動する現象です。月に近いと引力が海水を引っ張るので満潮になり、月から遠いと遠心力で海が盛り上がり、やはり満潮になります。

家のなかにも砂が入ってきて埋もれつつあり、退廃的なムードが漂います。

322

コールマンスコップ

所在地 ナミビア共和国　西海岸

砂に埋もれたゴーストタウンができた理由

　アフリカ南西部に広がるナミブ砂漠。先住民の言葉で「何もない」を意味する「ナミブ」という名の砂漠のなかに、コールマンスコップという町があります。住人はおらず、150軒ほどの建物のほとんどが打ち捨てられ、砂に埋もれたゴーストタウンです。

　現在は完全な廃墟となっていますが、20世紀前半にはダイヤモンド産業に従事する人々が集まって賑わっていました。過酷な環境で採掘を行う労働者にとって、この町は心と体を休められるオアシスのような存在だったのです。

　当時、ナミビア一帯はドイツ領だったため、コールマンスコップにもドイツ風の建物が立ち並び、病院や学校、ダンスホール、さらに劇場やカジノまでありました。しかし第二次世界大戦後、ダイヤモンドが枯渇したことで町は衰退。1950年代半ばには、住民が1人もいなくなってしまいました。

　やがて、大部分の建物が砂に埋もれ、幽霊が出そうなゴーストタウンに。ただ、その寂れた雰囲気に魅せられる廃墟マニアも少なくなく、知る人ぞ知る観光地になっています。

もっと
知りたい！

砂漠に侵食された町というのは、なかなかお目にかかれません。コールマンスコップでは建物のなかにも大量の砂が入り込んでおり、幻想的な雰囲気に満ちています。

327

真っ黒な木は数百年も前に枯れて化石化したものです。

11月
月
18
日

323
デッドフレイ

所在地 ナミビア共和国　西海岸

【本日のテーマ】大地の鼓動に耳を傾ける！

「死の沼」はどうやってできたのか？

　アフリカ南西部、ナミビアの大西洋岸沿いには、長さ1,000km以上、幅100kmにわたるナミブ砂漠が広がっています。ナミブとは、現地の言葉で「何もない土地」という意味です。

　そのナミブ砂漠のなかに、デッドフレイ、すなわち「死の沼」を意味する真っ白な盆地があります。その名のとおり、水が完全に干上がっていて、生物も確認できず、立ち枯れた真っ黒な木が点在するだけ……。何とも不気味ではありますが、異世界を感じさせる神秘的な光景でもあります。

　かつては、この地にも水が溢れていました。ツァウチャブ川の洪水により生まれた浅い湖があったのです。しかし、その後の気候変動で干上がってしまい、水が溜まっていた場所は塩湖となり、残留した塩が大地を白く染めました。

　真っ黒な木はあまりの酷暑のため、600〜900年ほど前に枯れた後、分解されることなく、そのまま化石になってしまったものです。まさに、「死の沼」という名にふさわしい光景といえるでしょう。

もっと
知りたい！
過酷な環境のデッドフレイですが、周囲にはウシ科オリックス属のゲムスボックなど、さまざまな生き物が生息しています。「死の沼」と「生き物」の組み合わせ……。考えさせられる風景です。

生物が棲めない死の湖ながら、見た目は極楽浄土にある湖のような宇曽利湖。

324
宇曽利湖

所在地　日本　青森県

「日本三大霊山」のひとつ、恐山にある"死の湖"

　本州太平洋岸の最北端、下北半島の恐山は、標高879mの活火山です。噴気孔や温泉源が多く、荒涼とした景色が、地獄や賽の河原のような死後の世界を連想させるとして、古くから供養・信仰の対象となってきました。立山、白山とともに「日本三大霊山」のひとつに数えられています。

　そんな恐山の火口付近にあるカルデラ湖が宇曽利湖。湖水は美しいエメラルドグリーンですが、じつはこの湖は生物がほとんど棲めない死の湖でもあります。

　宇曽利湖の湖底からは、硫化水素が噴出して湖水に溶けだしています。そのため、水質は強い酸性となり、生物の生存に適さない環境となっているのです。

　しかし、そんな宇曽利湖にも、例外的に一種類だけ魚が生息しています。それはウグイです。ウグイのエラは酸性の水を中和する機能を有しているため、強酸の湖でも生きていくことができるのです。そのほか、ヤゴなどの水生昆虫、プランクトン、プラナリアなどが確認されていますが、本質的には、生物の生育には適さない死の湖です。

もっと知りたい！　恐山では、温泉の沈殿物として、金の異常濃集体が発見されています。金の含有量が鉱石1t当たり400gを上回る場所もあり、世界でも最高の品質を誇る金の鉱床です。

電飾のように光っているのは、ヒカリコメツキの幼虫です。

325

セラード保護地域群

所在地 ブラジル連邦共和国　ゴイアス州

電飾されたように光るアリ塚

「セラード保護地域群」はブラジル中央部のゴイアス州にある草原地帯で、滝や岩がつくる美しい景観とサバンナ気候地域に見られる独自の生態系が広がっています。

そのエリア内にあるエマス国立公園には、高さ2mほどの土の塔が2,500万本も立っています。表面がコンクートのように硬い土の塔の正体は、なんとアリ塚。枯れた植物を食物とするシロアリたちが、巨大なアリ塚をつくっているのです。

このアリ塚は、雨季のはじめの夜に緑色の光を発します。ライトアップされた無数の塔が闇夜に立ち並ぶ光景は、とても幻想的ですが、なぜ、アリ塚が光るのでしょうか？

じつは、発光しているのはアリ塚ではありません。ホタルの仲間であるヒカリコメツキの幼虫です。

ヒカリコメツキの幼虫は、アリ塚に寄生しながら暮らしています。そして頭を光らせることでシロアリをおびき寄せ、エサにしているのです。つまり、幻想的な緑の光は捕食のためのワナなのです。

もっと知りたい！　エマス国立公園では、アリ塚のシロアリを食べるオオアリクイもいますが、アリクイがどんなにシロアリを食べても、大量にいるシロアリが全滅することはありません。食物連鎖の大きな流れは、私たちを驚かせます。

百畳敷洞窟の氷筍。筍のように成長した氷が林立しています。

326
氷筍

所在地 日本　北海道など

洞窟に発生する筍のような氷の柱

　北海道南西部、三階滝で有名な旧大滝村にある百畳敷洞窟では、冬になると洞窟の地面に無数の氷筍が出現します。

　氷筍とは、文字どおり、筍のような形をした氷の柱のこと。下から上へと成長するところも筍と同じです。

　雨が降ると、雨水が土壌と洞窟の天井部から浸透して、洞窟内に落ちてきます。これが冬には凍って氷柱となるのですが、その氷柱から洞窟の地面に落ちた水滴が、凍って重なることで氷筍となるのです。したがって、氷筍がある洞窟の天井を見上げれば、氷筍に水滴を供給した氷柱も見られるでしょう。

　氷筍がつくられるのは、マイナス3℃程度に冷え込んだ洞窟です。大きさは数十cm程度が一般的ですが、1m超に成長するものもあります。少しずつ滴り落ちた水が凍って形成されるため、ほぼ完全な単結晶となっており、氷としてはよく滑ります。その性質を活かして、スケートリンクの氷に利用されることも少なくありません。

もっと
知りたい！
氷筍は『ムーミン』に登場するキャラクターにも似ているため、「ニョロニョロ」という愛称でも呼ばれています。富士山の風穴や本栖風穴などでも見ることができます。

四国らしさを感じられる景観として「四国八十八景」のひとつに数えられている阿波の土柱。

327

阿波の土柱

所在地 日本　徳島県

3万年かけて生まれた柱状の地形

　はるか昔にできた土砂の地層（土柱礫層）が、長期間、雨水の侵食を受けてつくられた地形を土柱（土塔、雨裂天然溝）といいます。日本の土柱といえば、阿波の土柱。100万〜130万年前、吉野川の川底に堆積した土柱礫層が地殻変動で隆起し、3万年ほど侵食されてできたとされる地形です。

　土柱ができるには、いくつかの条件があります。まず、垂直面が砂礫層、すなわち侵食されやすい砂と小石によってできた硬い礫の層であることです。また、砂礫層が階段のような形状をした段丘である土柱礫層になっていることも必要です。この地層が風雨で侵食されていく際、硬い礫の部分が残って柱のような形になって固まったものが土柱となります。さらに、この工程が急速なスピードで進むことも条件のひとつです。

　こうした特殊な条件のもとでつくられた土柱は、世界広しといえども非常に珍しく、アメリカのブライス・キャニオン、イタリアの南ティロル地方、そしてここ阿波の3か所でしか見ることができません。

もっと知りたい！ 阿波の土柱で最も大きな波濤嶽は3つの山にまたがる6つの嶽からなり、「三山六嶽三十奇」とも呼ばれています。高さ50m、幅90mの崖に、ひとつひとつ形の違う土柱が林立しています。

高い山々、美しい海、入り組んだ海岸線と、豊かな自然に恵まれたロフォーテン諸島。

328
ロフォーテン諸島

所在地 **ノルウェー王国　ヌールラン県**

氷河の侵食で削られた「海のアルプス」

　スカンジナビア半島北部、ノルウェー海の入り組んだフィヨルドに浮かぶロフォーテン諸島。アウストボーゲ島、ベストボーゲ島、フラックスタッド島といった大小の島々からなるこの地には、「海のアルプス」と呼ばれる荘厳な光景が広がっています。アウストボーゲ島東部の標高1,161mの山を筆頭に、海から直接突き出たような鋭い山々が屹立しています。その迫力は凄まじく、"陸"のアルプス」とも互角の勇猛さと威容を誇っています。

　ロフォーテン諸島そのものは、30億年以上前の地層でできています。北ヨーロッパを形成する地層より古いものです。

　フィヨルドの誕生は1万1,000～9,000年前にはじまります。氷河期が終わりかけていた時期、氷河のなかから山頂が顔を出しました。やがて山が氷河によって削られ、そこに海水が入り込んでフィヨルドを形成。その結果、山頂が5つのまま残り、島となったのです。

　なお、このあたりは海中の生物は豊富で、世界最大の深海サンゴ礁（ロスト・リーフ、長さ40km）がロスト島の西にあります。

もっと
知りたい！　ロフォーテン諸島は11世紀以来、タラやニシンの漁場としても有名です。毎年2～4月になると、ノルウェー各地から集まる漁船は数千を数え、海上も加工場も熱気に包まれます。

ロマンチックなようで、やや不気味な雰囲気も感じられるダーク・ヘッジ。

329
ダーク・ヘッジ

所在地 グレートブリテン及び北アイルランド連合王国　アントリム州

スチュワート家がつくった幻想的な並木道

　イギリス・北アイルランドの北東部、アーモイという村の近くを通るブレガー・ロード沿いに、不思議なブナの並木道があります。道の両側に植えられたブナが細い路地を覆ってトンネルのようになっており、わずかに差し込む光が幻想的な光景を演出しているのです。グリム童話『ヘンゼルとグレーテル』に出てくる魔女の森のようなこの並木道は「ダーク・ヘッジ」と呼ばれ、人気ドラマ『ゲーム・オブ・スローンズ』のロケ地として有名になりました。

　高さ20m以上、直径1mにも達するブナの木は、大地にしっかり根を張ります。そのため古来、森を土砂崩れや洪水から守ってきました。そんなブナの木は、イギリスの王家であるスチュワート家によって1750年に植えられたものです。訪問者を驚かせる目的で、このような形に植えたといわれています。

　ただ、スチュワート家の意図とは裏腹に、現在ではツアー客が押しかける人気の観光スポットとなってしまったのです。

もっと知りたい！ ダーク・ヘッジには、グレーレディという女性の幽霊の伝説も語り継がれています。100年ほど前、近隣でメイドが不審な死を遂げて以来、彼女の幽霊が出るようになったという伝説です。

絶妙なバランスを維持している仙人橋。

330

仙人橋

所在地 中華人民共和国　山東省

道教の聖地にかかる岩橋

　中国の泰山といえば、道教の聖地として有名な山です。道教では東岳・泰山、南岳・衡山、西岳・華山、北岳・恒山、中岳・嵩山が五岳と呼ばれ、崇拝の対象となってきましたが、その筆頭とされるのが泰山です。中国の歴代皇帝は、ここで「封禅の儀（皇帝が天地に即位を告知、天下太平を感謝する儀式）を行ってきました。

　その聖なる山に、にわかには信じ難い岩石があります。山の谷間に岩石と岩石が連なって橋のようになっているのです。それが仙人橋と呼ばれる橋。すぐ崩れて落ちてしまいそうですが、絶妙なバランスで積み重なっており、落ちそうで落ちません。

　誰かが山と山の間に石を置いたのではないかと思うかもしれませんが、人の手は加わっていません。そもそも、ここは仙人でもなければ渡れないような危険な場所なのです。

　仙人橋は、一種のバランスロックですが、その形成過程は、いまもはっきりとはわかっていません。それでも、この状態が氷河期から続いていることは間違いないといわれています。道教の聖地らしい奇跡の光景です。

 もっと知りたい！ 　泰山で見られる変わった岩石はほかにもあります。仙人橋の近くに深海石と呼ばれている長さ6.5mほどの岩石が横たわっています。巨大な石の墳墓のような不思議な岩石です。

カラクリ湖はムスグアタ峰、コングール山という 7,000m 級の山に囲まれています。

331
カラクリ湖

所在地　中華人民共和国　新疆ウイグル自治区

高い透明度の湖水が生み出す黒い湖

　新疆ウイグル自治区の西、パミール高原東部に、万年雪を頂いていることから「氷山の父」と呼ばれるムスグアタ峰が横たわっています。その山裾にあるのがカラクリ湖。標高3,600mに位置する、深さ30m、広さ10k㎡ほどの湖です。

　カラクリとは、現地の言葉で「黒い海」という意味。この名前は、湖水が時折、黒く輝いて見えることから付けられました。

　カラクリ湖は万年雪の雪解け水で満たされており、湖水は高い透明度を誇ります。その湖水が黒い雲に覆われた空を鏡のように反射すると、黒く輝いて見えるのです。ただし、いつも黒く見えるとは限りません。太陽の位置によって青色や紺青色、緑黒色など多彩な色合いを見せてくれます。

　また、ムスグアタ峰も、太陽の光を受けて赤色や金色、淡い桃色へと刻々と色合いを変えます。そうやって色づいた山が鏡のような湖面に映る景色は、この世のものとは思えないほどの美しさになります。

【本日のテーマ】湖・川・滝の不思議を味わう！

もっと知りたい！
カラクリ湖の湖畔では、夏になるとキルギス族の村人が馬で移動してきて、パオと呼ばれる遊牧民の移動式の家をつくります。そして登山ガイドの仕事などをして生活しています。

ツキヨタケは、ブナなどの枯れ木に重なるようにして生えています。

332

奥入瀬のツキヨタケ

所在地 日本 青森県

闇夜に光を放つ摩訶不思議なキノコ

　青森県と秋田県にまたがる十和田湖の近くにある奥入瀬渓流。その周辺のブナの森には、毎年夏から秋の終わりにかけて、ツキヨタケというキノコが大量に発生します。

　ツキヨタケは夜になると光る不思議なキノコで、夜の森で見る発光した様子は実に幻想的。その名は漢字で「月夜茸」と書き、淡い光が月の薄明のようなことから名付けられたといわれています。

　ツキヨタケで光っているのは、「ひだ」の部分です。ひだに「ランプテロフラビン」と呼ばれる発光成分があり、それが光っているのです。なぜ光るのかは、はっきりわかっていませんが、一説には胞子を散布するために昆虫を誘引しているともいわれています。

　光るキノコとしては、小笠原諸島などに生育しているヤコウタケも有名です。ヤコウタケは美しいエメラルド色の強い光を発することで知られていますが、ツキヨタケはよほど周囲が暗くないと光っているのがわからないほど、その光は微かです。まさに、月の光のような幽玄な淡い光が、ツキヨタケの特徴なのです。

もっと知りたい！　ツキヨタケは、毒の成分をもっているため、食べてはいけません。シイタケやヒラタケと間違えて食べる人が多いのですが、食べてしまうと、最悪の場合、死に至ることもあるといわれています。

釧路湾で発生したけあらし。漁船が航行する海上を霧が包みます。

333
けあらし

所在地 日本　北海道

海が風呂のようになる幻想的な現象

　北海道の釧路沖では、冬になると海上一面が湯気のような霧に覆われます。広範囲にわたって霧に包まれた光景は、とても幻想的です。この現象は、地元では「けあらし」と呼ばれています。

　けあらしは、陸地からの冷たい空気が暖かい海面に流れてきたときに発生する霧です。このような霧は、一般的には蒸気霧と呼ばれていますが、北海道では「けあらし」と呼んでいるのです。

　蒸気霧は、水面と空気の温度差が大きいほど発生する量が多くなります。その発生原理は、風呂の湯気とまったく同じです。風呂の湯気は、湯船のなかの暖かいお湯に風呂場の冷たい空気が触れることで発生します。

　条件を満たせば、蒸気霧はどこでも発生するので、冬の日本海で対馬暖流の上を冷たい季節風が吹くときなどにもよく見られます。また、早朝の湖や川面でも、蒸気霧を見ることができます。

もっと
知りたい！　愛媛県大洲市の「肱川あらし」も、蒸気霧の一種です。秋から春先の晴れた日の朝、肱川の上流に位置する盆地から、冷たい空気が霧とともに肱川沿いを流れ下り、一帯を霧で覆います。

この岬は巨大なカメのように見えることから、「野柳亀」とも呼ばれています。

334
野柳地質公園

所在地 台湾 新北市

岬一体に広がる奇岩群はどうやってつくられた？

　カッパドキアといえば、キノコ岩をはじめとする奇岩が林立するトルコの大地ですが、それとよく似た地形が台湾にもあります。新北市の沿岸に位置する野柳地質公園です。

　この公園は大きく3つのエリアに分かれています。マッシュルームのようなキノコ岩と生姜のような岩が集中しているのが第1区。第2区には「クイーンズヘッド（女王頭）」と呼ばれるエリザベス女王の頭部に似た岩があります。これが公園のシンボルになっています。第3区は絶壁の山と海岸に挟まれており、たくさんの洞窟が発見されています。

　野柳の主な地層はいまから2,000万〜2,400万年前の新生代中新世のものとされています。一帯の地層には石灰質の砂岩が含まれ、それが数百万〜1,000万年もの間、海水や風による侵食・風化にさらされた結果、ユニークな形の岩塊ができたのです。

　600万年前、フィリピン海プレートとユーラシアプレートが押し合う力で蓬莱造山運動が起り、台湾島が海面上に誕生。その東北角に生まれた岬は、長さ1.7㎞、幅250mで、わずか24haですが、数百万年という年代の異なるさまざまな地層を見せてくれます。

もっと知りたい！　野柳地質公園のシンボル的な存在のクイーンズヘッドですが、このまま侵食が進むと、数年後には細い首から上が折れてしまうともいわれています。

テディーズ展望台から見た十二使徒。ここがグレート・オーシャン・ロードのハイライトです。

335
グレート・オーシャン・ロード

所在地 オーストラリア連邦　ヴィクトリア州

【本日のテーマ】母なる海に抱かれる！

海岸道路に立つ十二使徒とは？

　世界で一番美しい海岸道路――、そう呼ばれているのがオーストラリア南東部にあるグレート・オーシャン・ロードです。海岸沿いに260km続くこの道のどこが美しいのかというと、自然がつくり上げた奇岩群です。

　断崖絶壁が続くなか、いくつもの奇岩が点在していますが、とりわけ目を引くのは入り口から200km付近に位置する「十二使徒」。イエス・キリストの12人の弟子たちにちなんだ12の奇岩がそそり立っています。

　十二使徒は石灰岩でできており、1,000万～2,000万年前は断崖絶壁とつながっていました。しかし、波や雨風による侵食を受け続け、次第に削られていき、本土と切り離されて、孤立した奇岩となったのです。

　侵食はいまも続いていて、2005年には使徒のひとり（奇岩のひとつ）が崩れてしまいました。今後、何年も経つと使徒は崩れていき、ゆくゆくはなくなってしまうかもしれません。「世界で一番美しい海岸道路」に行くなら、早いほうがいいでしょう。

もっと
知りたい！　「十二使徒」のすべての奇岩を陸上から一度に眺めるのは簡単ではありません。すべて見るには、ヘリコプターかチャーター船によるツアーに参加する必要があります。

最大6mという有明海の干満差により、満潮時には鳥居の半分以上が水没。遠目には浮いて見えます。

大魚神社

所在地 日本　佐賀県

日本一干満差の大きい海と代官が生んだ海中鳥居

　有明海の西岸、佐賀県の太良町にある大魚神社（おおうおじんじゃ）の鳥居は、海中に立っていることで有名です。有明海は日本で最も干満差がある海。そのため、大魚神社の海中鳥居は満潮時には半分以上が水没しますが、干潮時には鳥居の下の参道を歩くことができます。

　厳島神社や白髭神社などの海中鳥居が1基だけなのに対し、大魚神社の海中鳥居は3基もあります。なぜ、ほかの神社より多いのかというと、大魚神社の場合、海中鳥居が神域の入口を表すのではなく、海の神様の参道であるからとされています。

　伝説によれば、大魚神社の海中鳥居は17世紀末に建てられました。当時、この地域を治めていたのがいわゆる悪代官で、村人たちはその代官を沖ノ島に置き去りにしてしまいます。やがて代官がそれまでの行いを悔いると、突然、大魚（なみのうお）が現れ、背中に乗せて村へ帰還。信じがたい出来事に感謝した代官は「大魚神社」を建造し、海中に鳥居を建てることにしたといいます。つまり大魚神社の海中鳥居は、日本一干満差の大きい有明海と代官の感謝の心が生んだものといえるのです。

もっと知りたい！　海中鳥居のそばには、海中道路があります。干潮のときに姿を現し、有明海の沖へと続いています。地元の漁師は、その海中道路を荷揚げ用の道路として利用しています。

このような巨大クレーターが、あたり一面に10個も集中しています。

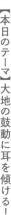
337
ピナカテ火山とアルタル大砂漠

所在地　メキシコ合衆国　ソノラ州

巨大なクレーターが10個もある！

　メキシコ北西部にあるピナカテ火山とアルタル大砂漠。ここは、火山に囲まれた砂漠という世界的にも珍しい地形です。黒い大地と白い砂漠地帯によるコントラストが美しく、俯瞰で見ると異世界感がきわ立ちます。

　この一帯で最大の見所は巨大なクレーター群です。直径1kmを超えるクレーターがなんと10個も存在するのです。

　宇宙からも見えるといわれるこのクレーター群は、ピナカテ火山によってつくられました。ピナカテ火山は標高1,190mの楯状火山で、これまでに何度も大規模な水蒸気爆発を起こしています。その噴火活動により、大きくて深いクレーターが生み出されたのです。

　水蒸気爆発は、火口から溶岩を噴出するタイプの噴火ではありません。溶岩流が湖のような水分の多い地表を通過する際、水分が熱せられて水蒸気となって地表から吹き出す噴火です。つまり、ピナカテ火山周辺のクレーター群は火口ではなく、いわゆる「偽クレーター」と呼ばれるものなのです。

もっと知りたい！　東西におよそ150kmも拡がっているといわれるアルタル大砂漠では、星形砂丘を見ることができます。星形砂漠は、砂の量が多く、風が多方向から吹きつけるときに形成される珍しいタイプの砂漠です。

湖底から湧き出すメタンガスが凍りつくと、アイスバブルができます。

338
アブラハム湖

所在地 カナダ　アルバータ州

氷に閉じ込められているのはクラゲではなくメタンガス

　カナダのアルバータ州にある人造湖、アブラハム湖では、何層にも重なった美しい泡を見ることができます。白いクラゲのようにも見える泡の群れの正体は、氷のなかに閉じ込められたメタンガス、いわゆる「アイスバブル（氷の泡）」です。

　アブラハム湖では、長年にわたって湖底に堆積した動植物の死骸などの有機物が、水中のバクテリアによって分解され、断続的にメタンガスが発生しています。その量は1日に10〜30Lにもなるほどです。

　夏季には、メタンガスは湖面から大気中に発散していきますが、冬はそうはいきません。湖底から水温の低い水面に昇っていくものの、水面から吹き出す前に氷の下にとどまり、やがて氷に閉じ込められてしまいます。こうしてアイスバブルができるのです。

　場所や気温、気象条件によって泡の形も変わるので、湖面からは雲やクラゲのように見えます。氷を割って火を近づけると、それまで閉じ込められていたメタンガスが炎を上げて燃えます。

もっと知りたい！ アイスバブルは北海道のオンネトー湖や阿寒湖でも見られます。また、アブラハム湖の氷がきしむと、音が鳴ります。その音は「クラッキング音」と呼ばれ、湖面に近づいて耳を澄ますと聞こえてきます。

古来メキシコでは、蝶は崇拝対象で、神殿の壁画などにもその姿が描かれました。

【本日のテーマ】生命の息吹を感じる！

339
シエラ・マドレ山脈

所在地 メキシコ合衆国　ミチョアカン州など

オオカバマダラの大群れがつくる蝶の絨毯

メキシコ中部にあるシエラ・マドレ山脈では、冬になるとオオカバマダラという蝶の大群を目にします。オオカバマダラが木を覆いつくすと、その重みで枝が折れてしまうこともありますが、蝶たちは地面で折り重なり、厚さ20cmほどの"絨毯"を形成します。蝶がつくり出す絶景です。

なぜ、ここではこれほどたくさんの蝶が見られるのでしょうか？

夏場、オオカバマダラはカナダやフロリダに生息しています。しかし、秋に入ると、越冬のために南方へ出発。途中、3〜4世代の世代交代をしながら、5,000kmにもおよぶ旅をして、シエラ・マドレ山脈までやってくるのです。

オオカバマダラの正確な行き先は長年謎とされていましたが、1975年にシエラ・マドレ山脈が越冬地となっていることがわかりました。その後、カリフォルニアの数か所にも越冬地が見つかっています。シエラ・マドレ山脈にある越冬地は、2008年に「オオカバマダラ生物圏保護区」として世界遺産に登録され、ますます注目を集めています。

もっと知りたい！ 冬のメキシコの気温はアメリカよりは高いものの、0℃を下回ることもあります。そのためオオカバマダラは、群れになって体を寄せ合い、体温を保ったまま、春の到来を待つのです。

蔵王山は、夏には青々とした光景が広がりますが、冬になると雪の塊が一体を白く覆います。

340
蔵王山のスノーモンスター

所在地 日本　山形県

雪と氷がつくる真っ白な怪物の正体

　山形県の蔵王山では、毎年冬になると、スノーモンスターやアイスモンスターがやってきます。「モンスター」と付いていますが、もちろん怪物ではありません。樹氷と呼ばれる自然現象です。

　雪のなかには、氷点下でも凍結しない準安定状態の水滴（過冷却水滴）が多く含まれています。この水滴が常緑針葉樹の枝に衝突することで凍結し、降りしきる雪片を少しずつ枝に固定していきます。その結果、木全体が雪と氷で覆われ、白い怪物のような姿になるのです。これがスノーモンスターの正体。氷と雪で覆われた山の斜面の樹々の様子が怪物のように見えることから、こう呼ばれるようになりました。

　スノーモンスターは蔵王山だけではなく、八甲田や八幡平などの東北の山岳地帯と北陸の一部で見ることができます。ところが近年は、地球温暖化の影響でアイスモンスターは発生しづらくなっています。また発生したとしても、標高のかなり高いところだけに限られてきています。

もっと
知りたい！　スノーモンスターは樹氷の一種です。しかし、樹氷が過冷却水滴が枝に衝突凍結してできるのに対し、スノーモンスターは、そこにさらに雪が降り積もってできるのが特徴です。

345

いまにも転がり落ちそうに見えるクリシュナのバターボール。

341
クリシュナのバターボール

所在地　インド共和国　タミルナードゥ州

転がり落ちそうで動かない岩塊

　インド南東部の都市、チェンナイから南へ60kmほど行ったところに、マハーバリプラムという街があります。その街の丘の中腹に、いまにも転がり落ちそうなバランスで止まっているのが、「クリシュナのバターボール」と呼ばれる直径10mの岩塊です。

　クリシュナはヒンドゥー教の神々のなかでも人気の高い神。そのクリシュナが食べていたバターボール（小さな球状にしたバター）が飛んできて、この岩になったといわれています。実際、バターボールをナイフで切ったような形をしていますが、いつからここにあるのか正確にはわかっておらず、またどのような自然現象によるものなのかも不明です。

　この岩塊は大きさに対して地面との接地面が小さく、極めて不安定に見えます。7世紀のパッラヴァ王朝時代には、象でこの岩を引いてみたものの、まったく動かなかったという記録が残されています。

　見た目の印象と違って、岩塊が安定しているのは、摩擦の大きさと重心の位置によるものと考えられますが、詳細はわかっていません。

> もっと知りたい！　マハーバリプラムは古くは貿易の拠点としてにぎわった港町で、ヒンドゥー教の聖地のひとつとして知られています。パッラヴァ朝時代（3〜8世紀）に建設されたヒンドゥー建築の代表的遺構が多く存在しています。

約1,000kmも離れたアムール川の河口からオホーツク海沿岸へと流氷が押し寄せてきます。

知床

所在地 **日本 北海道**

オホーツク海の流氷はどこからやってくるのか？

　北海道の東端、オホーツク海に面する知床半島には、毎年冬になると、大量の流氷がやってきて海を覆い尽くします。厚い氷の上に乗って歩くこともでき、いわゆる「流氷ウォーク」は冬の知床観光の楽しみのひとつになっています。

　この流氷はどこからやってくるのでしょうか？

　流氷が生まれるのは、北海道から遠く離れたシベリア。ロシアと中国との国境を流れる大河・アムール川の河口で氷がつくられます。

　河口でできた氷はオホーツク海で大きく成長します。オホーツク海は水深50mの比較的浅い海で、海水が凍るマイナス1.8℃に短時間で達するため、氷が成長しやすい環境なのです。その後、流氷は海流や北西の季節風によって南下し、1月下旬頃に知床へと流れ着きます。つまり、知床の流氷はロシア生まれのオホーツク海育ちなのです。

　春、流氷が溶けると、海氷に含まれていた栄養分が海中に広がります。その栄養分が知床の海をますます豊かにしてくれるのです。

もっと知りたい！　知床半島の海岸沿いには断崖絶壁が見られます。場所によっては、断崖の落差が100m以上にも及びます。それらは流氷の圧力（侵食作用）によってつくられたものとも考えられています。

音羽橋がかかる雪裡川は、真冬でも凍らないタンチョウのねぐらです。

343
音羽橋

所在地 日本　北海道

【本日のテーマ】自然と人とのつながりを知る！

タンチョウがやってくる真冬でも凍らない川

　北海道東部、釧路湿原に囲まれた鶴居村は、タンチョウを「村鳥」としています。真冬になると、村の東側を流れる雪裡川にタンチョウが集まって越冬していくのです。白銀の世界でタンチョウが遊ぶ光景は、水墨画のような趣きを感じさせます。

　しかしながら、真冬の北海道は非常に寒く、鶴居村の朝の外気温はマイナス20〜25℃まで冷え込みます。そんな場所にタンチョウが集まるのはどうしてでしょうか？

　実は、雪裡川は湧水が豊富なため、冬でもなかなか凍結しません。凍っていない川の水温は、外よりも暖かく、タンチョウにとっては快適な環境となっています。だからこそ、この地に集まってくるのです。

　冬の朝、川のなかに片足で立ち、頭を羽にうずめながら眠るタンチョウ。その様子を観察するのに絶好のスポットが雪裡川にかかる音羽橋です。この橋はタンチョウを思わせる赤色で塗られており、橋の上にはタンチョウの姿をひと目見ようと、大勢の写真家がつめかけています。

もっと知りたい！ 夏場のタンチョウは家族単位で生活していますが、寒くなるにつれて群れを形成しはじめます。そして真冬になると、その群れで眠りにつきます。集団で活動するほうが、より早く危険を察知できるという理由もあるようです。

ハレアカラ火山は、休火山としては世界最大級とされています。

ハレアカラ山

所在地 アメリカ合衆国　ハワイ州

月面を思わせる巨大クレーターはどうやってできた？

　ハワイのマウイ島には、ハレアカラ山という標高3,055mの火山があります。この島の最高峰であるとともに、世界最大級の休火山です。島内のどこからでも山の姿が見えることから、「アカカ・ヴァレ・オ・ハレアカラー（ハレアカラはよく見える＝一目瞭然）」ということわざの由来となりました。

　この山の頂上にはハレアカラ・クレーターが存在しています。直径12km、短径4kmもの壮大な窪地になっており、赤い地面に無数の噴石丘や小火口が点在しています。世界最大の火口丘でもあるその光景は、荒涼たる月面を思い起こさせます。

　最後に噴火したのは1790年で、現在は活動を休止しています。過去には何度も噴火を繰り返しており、その火山活動によってハレアカラ・クレーターができました。具体的には、陥没や侵食などが成因として考えられています。

　ただし、いずれの説も確定には至っていません。今後のさらなる研究調査が待たれるところです。

もっと知りたい！ ハレアカラ山やハワイ島のマウナケアの山頂付近は、冬になると雪が降ることがあります。常夏の島とはいえ、冬の山頂は寒いのです。冬季に登山する場合は、防寒対策が必要になります。

一見、緑の島のようですが、その正体は葦の群生です。

12月10日

【本日のテーマ】湖・川・滝の不思議を味わう!

345

沙湖

所在地 中華人民共和国　寧夏回族自治区

ゴビ砂漠に浮かんでいるのは?

　中国北西部からモンゴルにかけて、ゴビ砂漠という広大な砂漠が広がっています。砂漠といっても砂地は少なく、大部分は不毛な荒地になっています。いわゆる土漠です。そのゴビ砂漠の南東部、わずかな砂丘地帯に、沙湖という湖があります。

　黄色い砂丘に囲まれた沙湖、澄み切った青色の湖水、湖面に浮かぶ緑色の小さな島、それらのコントラストがとても美しく、中国では「中国10大魅力湿地」のひとつに数えられるほどです。湖面から顔を出した岩石もしくは泥土の上に、緑色の植物が群島をなして……といいたいところですが、この湖には自然の"トリック"が仕掛けられています。小さな島のように見えるのは島ではなく、葦なのです。

　葦は、日本でもよく見られるイネ科の多年草。高さは2〜3mで、堅い茎は地中をはって湖沼や川の岸に大群落をつくります。その葦が沙湖では島のような形で群生しているのです。湖面近くからよく見ると、島の正体は葦であることがわかります。

もっと知りたい！

沙湖の周辺には、毎年3月から10月にかけて多くの渡り鳥がやってきます。白鳥や丹頂鶴をはじめとしてその数は190種100万羽以上。豊かな生態系も沙湖の魅力となっています。

「ホッキョクグマのゆりかご」という呼称がこの島の特徴をよく物語っています。

346
ウランゲリ島

所在地 **ロシア連邦　チュクチ自治管区**

ホッキョクグマの楽園になった雪の大地

　ロシアとユーラシアの最北東端、シベリア本土の北東沖140kmに浮かぶウランゲリ島は、ホッキョクグマの繁殖地として知られています。

　地上最大の肉食動物であるホッキョクグマは、地球温暖化などの影響を受けて数を減らしており、現在では2万6,000頭ほどになってしまいました。そのうち、ウランゲリ島に生息しているのは1,000頭以上で、冬になると母グマが子育てをする様子が見られます。ホッキョクグマ好きにはたまらない光景です。

　ウランゲリ島にホッキョクグマが多数生息しているのは、人間が暮らすにはあまりに厳しい自然環境のため。そもそも島が発見されたのが1879年と比較的最近のことで、初めて人間が上陸したのは1881年のことでした。その後、1921年にカナダ人が移住を試みましたが、失敗に終わります。1926年には旧ソ連の強制移住によって島に小さな集落がつくられますが、1970年代にウランゲリ島は自然保護区に指定され、移住者の子孫たちはシベリアへ送還されました。その結果、ウランゲリ島はホッキョクグマの楽園となったのです。

もっと知りたい！　ウランゲリ島があるのは北極圏ですが、氷河期に凍結しませんでした。そのため独自の生態系が形成されました。現在、島に生育している大半の植物がユーラシアからアメリカ大陸にかけての植物の亜種と考えられています。

351

霧氷は、霧の粒が氷点下の環境で樹木に付着し、発達することで生まれます。

347
霧氷

所在地 日本　長野県など

湖岸の草木を白く彩る霧のような氷の正体

　聖山高原にある中牧湖。この小さな湖では、冬になると、湖を囲むように生えているカラマツ林が真っ白に輝きます。

　これは霧氷によるものです。霧氷とは、過冷却した霧の粒が、風で樹木などに吹きつけられ、その衝撃で氷となって付着する現象をいいます。

　霧氷が発生するには、3つの条件を満たさなければなりません。①気温が氷点下であること、②強い風が吹いていること、③空気中に霧や雲などの水分があることです。つまり、寒くて、風が強く、湿気があるときに、霧氷は発生するのです。

　具体的には、夜間の冷え込みで氷点下になり、過冷却状態の水分が勢いよく樹木などに衝突することで、霧氷の生成がはじまり、風上側で次第に成長していきます。

　霧氷と似た自然現象に、雨氷、樹霜、樹氷などがあります。いずれも木々が氷に覆われて白く輝く点は同じです。しかし、発生のメカニズムが微妙に違うため、見た目もかなり違ってきます。

 もっと知りたい！　過冷却とは、状態が変化すべき温度以下になっても、その物質の状態が変化しない準安定状態を指します。水であれば0℃以下でも凍結しない状態で、衝撃を与えると急激に凍り、安定状態になります。

現生のストロマトライトは、シャーク湾などごくわずかな水域にしか見つかっていません。

348
シャーク湾

所在地 オーストラリア連邦 西オーストラリア州

ナマコのような黒い岩の群れが成す不思議な風景

　西オーストラリアのシャーク湾には、直径50〜60cmほどの黒い岩が密集しているエリアがあります。一見、ナマコの群れのようでもあり、気後れしてしまうかもしれませんが、ナマコではありません。

　その正体は、ストロマトライトと呼ばれる岩石の一種。ただし、単なる岩石ではなく、シアノバクテリアという藍藻類によってつくられたものです。

　いまから20億年以上前のことです。地球上ではじめて、光合成によって酸素をつくり出す生物が海中に現れました。それがシアノバクテリアで、海中で酸素を産出しながら、少しずつ成長を続けました。シャーク湾は塩濃度が高く、天敵になるような生物がいなかったため、シアノバクテリアが繁栄したと考えられています。

　シアノバクテリアは1日1枚のストロマトライトの層をつくり、次第に成長。その活動のおかげで、地球は酸素に富む惑星に変わりました。つまり、シアノバクテリアはあらゆる生物の基盤となったわけです。

もっと知りたい！

ストロマトライトの化石が発見されることはありますが、生きている姿を見られるのはシャーク湾のハメリンプールと、同じ西オーストラリア州のテティス湖くらいと限られています。

島の東側には高さ30mの石灰岩の絶壁があり、その近くに刑務所があります。

349
タルタオ島

所在地 **タイ王国　サトゥーン県**

手つかずの自然が残されたタイの島

　タイ南部のアンダマン海に、大小合わせて51の島々からなるタルタオ国立公園があります。タイの島といえば観光化されたリゾート地のイメージが強いですが、ここは手つかずの自然が多く残っており、観光客もそれほど多くありません。

　そんなタルタオ国立公園のなかで最も大きく、「タイ最後の楽園」とも呼ばれている美しい島がタルタオ島です。

　面積1,500㎢のタルタオ島は、周りを石灰岩の崖やマングローブに囲まれ、島内の大部分が原生林に覆われています。

　また、島の西側には白砂のビーチが広がる一方、東側には石灰岩のカルストの小島などがあります。

　その島々のなかで印象的なのは、30mの高さを誇る絶壁です。石灰岩が侵食されてできた絶壁は迫力満点で、島のシンボルのひとつになっています。

タルタオ島は、かつて政治犯の流刑地として使われていました。島の東側に現在も収容所が残されており、希望者は見学できるようになっています。

マダイン・サーレハはペトラを築いたナバテア人の手によるものです。

350
マダイン・サーレハ

所在地 サウジアラビア王国　メディナ州

砂漠の真ん中にある墓石群

　サウジアラビアは国土の98％を砂漠が占めている「砂漠の国」。その広大な砂漠のなかに、不思議な岩の建造物があります。マダイン・サーレハという古代都市の遺跡です。

　マダイン・サーレハは紀元前1世紀〜紀元1世紀にナバテア人の手によってつくられたと考えられています。アル・ヒジュル（岩だらけの場所）と呼ばれることからもわかるように、すべてが岩石でできています。

　なかでも特徴的なのが墓石群です。巨大な岩石の内部をくりぬいて空洞化する一方、正面は平らにして彫刻で装飾しました。そうしてできた箱のような墓が、砂漠のなかに点在しているのです。

　岩石の上部に見られる階段状の彫刻には、魂が階段を上って天国に向かうというナバテア人の死生観が示されているといわれています。機械のない時代に、この遺跡を築き上げたナバテア人の技術力も賞賛に値します。

もっと知りたい！ この地に住んでいた人々は、預言者の言葉に耳を貸さなかったため神の怒りに触れ、都市を破壊されてしまったそうです。その伝説のせいで地元の住民は、いまも遺跡に近寄りたがらないといわれています。

火口から溢れるように溶岩が流れるのが割れ目噴火の特徴です。

351

バルダルブンガ山

所在地 アイスランド共和国

水が溢れるように溶岩が流れ出る噴火とは？

　アイスランド南東部に位置する標高2,000mのバルダルブンガ山は、同国で2番目に高い火山です。その火山が2014年8月に噴火すると、1.9㎢ものマグマを噴出し、大量の溶岩が大地を覆いました。

　噴火にはさまざまなタイプがありますが、バルダルブンガ山の噴火様式は割れ目噴火（あるいは「裂け目噴火」「線状噴火」）と呼ばれるものです。このタイプでは、単一の火口から溶岩が噴出するのではなく、地表に生じた長い線状の亀裂ないしは同じ割れ目の上にある多数の火口から、溶岩が一斉に噴出します。

　溶岩は、粘性が小さい、すなわち流動性の大きい玄武岩質溶岩です。そのため、溶岩は爆発的に噴出することなく、あたかも水が溢れるように流出するのです。

　ちなみに、1783年に起きたアイスランドのラキ火山の噴火（ラカギガル割れ目噴火）では、地下水がマグマに触れて水蒸気爆発が発生し、長さ26kmにわたり130もの火口が誕生しました。

もっと
知りたい！
割れ目噴火は、アイスランドの火山でよく見られることからアイスランド式噴火とも呼ばれます。日本でも、三宅島（1983年）や伊豆大島の三原山（1986年）で割れ目噴火が起こりました。

バルサケルメス湖は３億〜２億年前に存在したテチス海の名残とされています。

352
バルサケルメス湖

所在地 ウズベキスタン共和国　カラカルパクスタン

中央アジアの真っ白な塩湖は太古の海の名残り？

　地球上の陸地が超大陸「パンゲア」しかなかった時代に、テチス海は存在していました。北のアンガラ大陸と南のゴンドワナ大陸を隔てるように東西に伸びていた海で、その名はギリシア神話の水神オケアノスの妻テテュスの名にちなんで付けられました。

　テチス海はパンゲアの分裂や移動にともない、内陸に閉じ込められて消滅してしまいましたが、その痕跡といわれている海が現在も残っています。それが黒海、カスピ海、アラル海、そしてウズベキスタンのバルサケルメス湖です。

　バルサケルメス湖は、アラル海とカスピ海の間に広がるウスチュルト台地に位置する2,000㎢ほどの塩湖。湖底は結晶化して固まった塩に覆われ、透明な湖水には真っ青な空が映り込みます。夏になると、水が蒸発して塩の結晶による真っ白な世界が姿を現し、地平線の彼方まで広がります。

　バルサケルメスとは、現地の言葉で「行ったら帰らない」という意味。この地を訪れたら、2度と帰りたくなくなってしまうのかもしれません。

もっと知りたい！　アラル海は灌漑農業などの影響で水が干上がり、約半世紀で6万6,000㎢（琵琶湖の約100倍）から10分の1の面積になってしまいました。その湖西部にあるのがバルサケルメス湖です。

ハタハタは藻に産卵しますが、荒波で卵が藻から引き離され、海岸に流れ着きます。

353

ブリコ海岸

所在地 日本 秋田県

【本日のテーマ】生命の息吹を感じる！

ハタハタの卵が海岸を真っ赤に染める

　ハタハタはスズキ目の魚で、「カミナリウオ」や「シロハタ」と呼ばれることもあります。そのハタハタにとって、産卵の好適地となっているのが男鹿半島の沿岸。毎年11月下旬～12月中旬になると、ハタハタが群れをなして岸に押し寄せてきます。そして「ブリコ」と呼ばれる卵塊を海中の藻に産みつけるのです。

　ブリコの大きさはピンポン玉くらいで、暗褐色のものが大半です。そのブリコが時折、海の時化によって海岸に打ち寄せられ、浜を埋め尽くします。ブリコによって浜が赤く染められるのです。ブリコをひとつずつよく見てみると、暗褐色のもの以外にも、緑色、橙色、灰色など、さまざまな色のものが混じっています。

　ブリコは手で押しつぶすのが難しいくらい硬く、雪中に一日置かれていても平気なほど生命力が強いとされています。ただ、カモメやカラスにとってはご馳走で、浜がブリコで埋まると、たくさんの鳥たちが群がってきます。

もっと知りたい！　ハタハタは秋田県の県魚です。「しょっつる」と呼ばれる魚醤にも加工され、秋田名物の「しょっつる鍋」に欠かせない食材となっています。

奥入瀬渓流の幻想的な氷瀑。まるで水墨画のような自然の芸術作品です。

354
奥入瀬渓流の氷瀑

所在地 日本・青森県

なぜ流れ落ちている滝の水が凍るのか？

　十和田湖から焼山まで、14kmにわたって続く奥入瀬渓流。夏には新緑が、秋になると紅葉が目を楽しませてくれる景勝地です。しかし、冬には景色が一変し、一面が白銀の世界に変わります。

　渓流にいくつもある大小の滝は、極寒のなかで凍りつき、氷瀑となります。その様子は、水だけではなく、まるでときが止まったかのようです。

　氷瀑とは、凍ってしまった滝のことです。渓流を流れている水が滝に落ちるタイミングで外気に触れ、表面積が大きくなったところで凍り、その凍ったところに、さらに水が流れてきてまた凍るということが繰り返されてできあがります。その過程では、水の過冷却という現象も働いています。

　氷瀑は、日中の気温があまり上がらず、夜間の冷え込みもそこまで強くなく、一日を通して0℃前後の安定した気温が続いたときに安定します。一方、急激に冷え込み、その後も気温のかなり低い状態が続くと、氷が収縮するため、氷瀑は急に崩壊します。

> **もっと知りたい！** 滝に比べると、流れる川の水はなかなか凍りません。氷点下になり、川の表面が凍りはじめても、川の水のほうが温かいと、流れによってすぐ川のなかの温かい水と撹拌されます。そのため、川の水は凍りにくいのです。

バランスを崩していまにも転がり落ちそうに見えるアイドルストーン。

355

ブリムハム・ロックス

所在地 グレートブリテン及び北アイルランド連合王国　ノース・ヨークシャー

【本日のテーマ】奇岩・洞窟が生み出す謎を解く！

なぜ、小さな岩柱が巨岩を支えられるのか？

　イギリス中部の都市、リーズ近郊にあるブリムハム・ロックス公園は奇岩の密集スポットです。180haの敷地内に、15以上の奇岩が点在しており、さながら奇岩のテーマパークの様相を呈しています。

　なかでも驚くべきは、「アイドルストーン」と呼ばれる岩。アイドルストーンは高さ4.6 m、重さ200tの岩ですが、その巨岩を支えているのがじつに小さな岩柱なのです。アイドルストーンと岩柱はほんのわずかな接点でつながっており、その絶妙なバランスに誰しも目を丸くします。ちょっと押しただけで転がり落ちそうですが、転がり落ちることはありません。

　にわかには信じがたい形状から、呪術を操るケルト人司祭が彫ったのではないかという説が唱えられたこともありますが、実際は侵食作用による造形です。3億2,000万年以上前、砂岩が堆積した地層ができ、それが雨水や風による侵食を受けてできたと考えられています。しかし、そのバランスについては謎のまま。神業としか思えないバランスがいまも保たれているのです。

 ブリムハム・ロックス公園のアイドルストーンのように精巧にバランスを保っている岩を「バランスロック」といいます。人智を超えた力の存在が感じられる自然のアート作品です。

カプチーノのように泡立っているカプチーノ・コースト。

カプチーノ・コースト

所在地 世界各地

美しくも恐ろしい「波の花」の発生のしくみ

　冬の海の海岸線が、真っ白でフワフワした泡だらけになることがあります。それは「カプチーノ・コースト」と呼ばれる自然現象です。日本では「波の花」とも呼ばれています。

　カプチーノ・コーストは、海中のプランクトンや藻類などが強い風や波によって海水と交じり合い、撹拌されることで起こります。そのため、荒れた冬の海で発生しやすいのです。

　泡は発生した直後は真っ白ですが、時間の経過とともに海岸の砂や岩場のコケなどと交じり合って薄黄色や薄茶色に変色していきます。そうした意味では、美しいのは一瞬だけといえます。

　ただ、どんなにきれいでも、カプチーノ・コーストには近づかないほうがいいでしょう。藻類のなかに、人体に有害な物質が含まれていることがあるためです。

　また、海岸近くで生活排水や工業廃水などが流されていると、見た目はきれいでも泡は有害物質に汚染されていることがあります。さらに、病気などの原因となるウイルスなどが含まれていることもあるのです。

もっと知りたい！　カプチーノ・コーストは、日本をはじめ世界中で見ることができます。2016年には、フランスの港町サン・ゲノレで大量のカプチーノ・コーストが発生し、それが強風に吹かれたことで町中が泡に包まれてしまいました。

毎年冬の一時期だけ行われる夜間のライトアップは、白川郷の冬の風物詩になっています。

357
白川郷

所在地 日本　岐阜県

豪雪地帯につくられた合掌造りの家々

　岐阜県北部から富山県西部を流れる庄川の流域に、合掌造りと呼ばれる伝統的な日本家屋が並ぶ白川郷があります。この地域は、ひと冬に3m近くの雪が積もる日本有数の豪雪地帯です。2022年2月にも連日のように雪が降り、2月17日午後6時までの48時間降雪量が96cmを記録し全国1位となりました。

　合掌造りの家屋の特徴は、急勾配の屋根の断面がほぼ正三角形になっていることです。人が合掌したときの前腕に似た形にすることで、雪が落ちやすくしているのです。雪が少しでも積もればすぐに落下しますが、積もったとしても、屋根の面が東方向と西方向を向くように設計されているため、午前中には東側の雪を、午後には西側の雪を、日照で溶かすことができます。内部構造も豪雪対応になっています。屋根を支える扠首という長大な2本の柱を、家の両側の桁から斜めに立ち上げ、棟の位置で結ぶことにより、屋根とその上に積もる雪の重量を分散させているのです。合掌造りは、豪雪地帯ならではの知恵と工夫がつくり出した建物といえるのです。

もっと知りたい！　冬に大量の積雪がある地域を豪雪地帯と呼びます。北海道から近畿地方北部にかけての日本海側は、人口稠密地帯が豪雪地帯になっている世界唯一の地域でもあります。

白い石灰岩が緑の草原に並び立つ秋吉台。秋には草原が色づき、「草紅葉」となります。

秋吉台

所在地 日本　山口県

日本最大のカルスト台地ができたわけ

　秋吉台といえば、日本最大のカルスト台地として有名です。面積130㎢もの大地に無数の岩頭が林立しているほか、秋芳洞や大正洞などの鍾乳洞が発達しています。

　カルスト地形は、地表に露出した石灰岩が二酸化炭素を含んだ雨水によって溶食されてつくられます。3億6,000万～2億5,000万年前、このあたりは、サンゴ礁が発達し、さまざまな海洋生物が暮らす温暖な海でした。そうした生物の死骸が堆積すると石灰岩の層ができ、厚さが数十～数百mにもなりました。

　やがて造山運動によって土地が隆起し、石灰岩層は陸上に姿を現します。そして長い年月をかけて風雨に侵食されることにより、無数の岩頭が誕生しました。

　それだけではありません。雨水はさらに地下の石灰岩層まで侵食し、秋芳洞などの鍾乳洞も生み出したのです。

　サンゴやサンゴ礁は、暖かい海で生成されるものですから、当時の山口県はかなり温暖な場所であったことがうかがえます。

もっと知りたい！　山口県の秋吉台、愛媛県と高知県との県境にある四国カルスト、福岡の平尾台の3つを「日本三大カルスト」といいます。いずれも劣らぬ景観ですが、秋吉台だけが国の特別天然記念物に指定されています。

タイミングがよければ、滝とオーロラを同時に見ることもできます。

359

セリャラントスフォス

所在地　アイスランド共和国

通常とは逆の方向から眺める滝の魅力

　滝の裏側から流れ落ちる水が見られる滝を「裏見の滝」といいます。滝壺に近い部分に軟らかい地層があり、滝の裏側に向かって大きく侵食されると、洞窟状の凹部が形成されます。その凹部に入ると、通常とは逆の方向から滝を眺めることができるのです。

　裏見の滝は世界各地にありますが、アイスランド南部にあるセリャラントスフォスより美しい裏見の滝はそうそうないでしょう。

　セリャラントスフォスは最大落差65mの滝で、セリャランスアゥ川からの水が流れ落ちています。滝の裏側には大きな窪みができており、そのなかに入ると、裏見の滝を通して大自然を見ることができます。

　1967年の豪雨で川が氾濫して大洪水が発生し、滝の崖の一部が崩壊しました。それによって滝の見栄えに影響が生じたといわれていますが、それでも滝の裏側からの眺めは圧巻です。冬には滝が氷に覆われ、また違った魅力を感じさせてくれます。

 日本を代表する裏見の滝は、栃木県・日光の裏見ノ滝。荒沢川の上流に位置する落差19mの滝で、滝の裏側にまわって水が流れ落らる様子を眺めることができます。松尾芭蕉の『奥の細道』にも記述があります。

島を埋め尽くすクリスマスアカガニ。ネズミが絶滅したことで爆発的に増えたといいます。

360

クリスマス島

所在地 **オーストラリア連邦　クリスマス島**

クリスマス島を覆う赤色の正体

　クリスマス島はインド洋に浮かぶ、オーストラリア領の島です。この島は、毎年10月下旬から12月にかけて、地面が真っ赤に染まることで知られています。その様子を俯瞰して見ると、赤い絨毯のようできれいなのですが、直近で見ると少々グロテスクにも感じます。じつはこの赤色、大量に発生するカニの甲羅の色なのです。

　クリスマス島には、クリスマスアカガニというカニが生息しています。その数、なんと1億2,000万匹。島の住民が2,100人ですから、カニのほうが6万倍も多いことになります。普段は森の奥でひっそりと暮らしていますが、雨期が近づくと交尾や産卵のために森からはい出てきて、海岸へと向かいます。

　途中に人家や道路があったとしても、カニたちの大行進は止まりません。体内で甲殻類血糖上昇ホルモンとブドウ糖を連動させてエネルギーにしているらしく、1週間以上移動し続けることができます。このような不思議な生態をもつカニの群れが、クリスマス島を真っ赤に染めているのです。

 もっと知りたい！ 大量のアカガニたちが移動するクリスマス島では、カニを保護するため、カニ専用の地下通路や歩道橋が設置されています。住民はカニを邪険に扱わず、共生する仲間とみなしているのです。

大阪湾で観測された幻日。太陽と同じ高さの両サイドに見える光が幻日です。

361

幻日

所在地 **世界各地**

空に3つの太陽が輝くしくみ

　朝や夕方に太陽を見たとき、真ん中の太陽の両脇にも小さく明るい光が見えることがあります。この現象を幻日といいます。

　幻日の明るさはそのときどきで異なります。多くの場合、真ん中の太陽に比べると、両サイドの光は細長く見えますが、両サイドの光が太陽と同じくらい明るくなることもあり、そのときは空に太陽が3つ輝いているように見えます。

　また、常に両サイドに光が発生するとは限りません。左側だけ、あるいは右側だけと、片側にしかできないこともあります。

　では、この現象はどのようなメカニズムで生まれるのでしょうか？

　幻日は、太陽の光が大気中の氷の粒によって屈折することで発生します。氷の粒でできた巻層雲（うす雲）や巻雲（すじ雲）があると、発生しやすくなります。つまり、寒い地域のほうが発生しやすいということです。太陽の高度が低いときにも発生しやすくなり、日の出後や日没前などによく見られます。

もっと知りたい！ 太陽から地平線を挟んだ真下の対称な位置に出現する光の帯を「映日」といいますが、その両側に線状の像が1個ずつ見える現象を「映幻日」といいます。雲の氷晶が映日の光を屈折することで発生します。

ロッククライミングのルートがたくさんあり、クライマーにとっては聖地となっています。

362
ポン・ヂ・アスーカル

所在地 ブラジル連邦　リオデジャネイロ州

リオの海岸にそそり立つ砂糖パンのような一枚岩

　ブラジル・リオデジャネイロの南部、大西洋に向かったグアナバラ湾に突き出すような半島の上、海抜396mの地点に、ポン・ヂ・アスーカルという一枚岩があります。その形が砂糖パン（ポン・ヂ・アスーカル）に似ていることから命名されました。なるほど、砂糖パンに似ています。

　この岩がどのように形成されたのかというと、プレートテクトニクスによる成立とする説が有力とされています。6億年前、地球の表層を覆うプレートが移動し、パン・アフリカ造山運動と呼ばれる地殻変動が起こり、大陸同士の衝突によって海岸山脈が誕生しました。ポン・ヂ・アスーカルも、この海岸山脈の一部なのです。

　この一帯の岩石を調べると、地球の深部にある地殻で生み出された花崗片麻岩からできています。それが、かつてこの一帯がアフリカ西部と接合するゴンドワナ大陸の一部であったことを物語っています。

もっと知りたい！　ポン・ヂ・アスーカルの岩壁は、ロッククライマーの聖地としてもよく知られています。ロッククライミングのルートは、270以上もあるとされています。

367

青ヶ島は世界的にも珍しい二重式カルデラの島です。

363
青ヶ島

所在地 日本 東京都

絶海の孤島に浮かぶ中央が凹んだ島

　青ヶ島は東京都心部から南へ360km、伊豆諸島の最南端に位置する島です。島全体が暖流である黒潮の流れに影響され、気候は年間平均10〜25℃と温暖。標高250m以上の高地に集落があり、170人ほどが暮らしています。

　航空写真を見るとわかるように、この島は周りを断崖絶壁に囲まれた独特の形をしています。こうした形状になったのは、火山によってつくられたからです。

　青ヶ島は、世界的にも珍しい二重式カルデラ火山の島。断崖絶壁そのものが火山の外輪山で、カルデラの凹地の中央に内輪山の丸山があります。

　3,500年前、島の北部を中心に割れ目噴火が起こり、3,000年前にマグマ水蒸気爆発で多量の火山豆石が降下。その後3,000〜2,400年前の間に火口状凹地の上部を溶岩流が埋め、岩屑なだれが発生しました。さらに1785年、のちに天明の大噴火と呼ばれる大噴火が起こり、丸山が誕生したのです。

　東京都の一部でありながら豊かな自然にあふれた島は、火山活動のたまものなのです。

 青ヶ島の北側に位置する標高423mの大凸部に登ると、島のカルデラ構造がはっきりわかる上、縞模様の丸山を中心とした絶景が広がります。こうした光景は世界でも珍しいものです。

ロンドンの降水量はそれほど多くありませんが、冬を中心に霧がよく発生します。

364
ロンドンの霧

所在地 グレートブリテン及び北アイルランド連合王国　ロンドン

「霧の都」という異名の由来を探る

　冬のロンドンは「霧の都」と呼ばれるほど、霧が多いことで知られています。その幻想的な雰囲気は、ほかの都市ではなかなか味わえません。

　ロンドンに霧が多い理由は、次のように説明されます。赤道近くのアフリカ沖で暖められた南大西洋の暖流と、偏西風によって運ばれてきた暖かく湿った大気が、ヨーロッパ大陸の西岸に停滞している冷たい大気と、イギリス付近で衝突します。すると、暖かく湿った大気が急速に冷やされ、暖気中に含まれていた水分（水蒸気）が小さな水粒（液体の水）に変化します。これが、イギリスに霧をもたらすのです。

　しかしながら、19世紀ヴィクトリア朝時代の霧は、気象条件によるものだけではありませんでした。産業革命を経たことで、ロンドンの各家庭では大量の石炭が使われるようになり、また石炭で走る蒸気機関車も登場します。その結果、石炭の煙が大量に出るようになり、それが濃霧と混じりあうことで、ロンドンはつねに黒い霧に覆われていたのです。現在は石炭が使われることも減り、黒い霧はほとんど発生しなくなっています。

もっと
知りたい！
1952年12月、ロンドンは濃い黒い霧に覆われました（ロンドンスモッグ）。当時は呼吸器疾患などによる死者が1万2,000人にも及び、大気汚染を深刻な環境問題として真剣に考え直す大きな契機になりました。

風が怨霊の声のように聞こえる魔鬼城は、雨風が数千万年の時間をかけてつくりました。

365
アルタイ山脈

所在地 中華人民共和国　新疆ウイグル自治区

アルタイ山脈にそびえる「魔鬼城」とは？

　荒涼とした大地が続く中国北西部の新疆（しんきょう）ウイグル自治区に、緑と水に溢れたアルタイ山脈がそそり立っています。その美しい山脈の南、カラマイの町から北に向かったところで「魔鬼城」と呼ばれる不思議な景色を見ることができます。

　魔鬼城は自然の岩山です。それが「城」と呼ばれるのは、山の形が城塞のように見えるからです。また、「魔鬼」という恐ろしげな名前は、強風が岩山に吹き渡ると、怨霊の悲鳴のような声に聞こえることに由来します。そんな魔鬼城は、ヤルダン地形の典型といわれています。ヤルダンとは、地面の柔らかい部分が長期にわたり雨風によって侵食され、堅い岩石部分が小山または堆積物のように残った地形のことです。その堆積物が、ときに鶏冠のように見えるのが特徴的です。中央アジアの乾燥地帯でよく見られる地形ですが、アフリカの砂漠にもあり、「スフィンクス丘陵」と呼ばれています。

　なお、魔鬼城のあたりは、1億2,000万年前には淡水湖で、ケルマイサウルスなどの化石が次々と発見されています。

もっと知りたい！ 魔鬼城の近くにあるカラマイの町の「カラマイ」とは、ウイグル語で「黒い油」という意味です。石油が採れることから、このような名前がつきました。

滝と虹のコラボレーションが、この地を一躍有名にしました。

366

レインボー滝

所在地 アメリカ合衆国　ハワイ州

虹が滝にかかる条件とは？

　ハワイ島東岸、ヒロの街の西をワイルク川が流れています。その川の上流に位置するワイルク川州立公園には、ハワイでも屈指の美しい滝があります。レインボー滝です。

　レインボー滝はその名のとおり、虹がかかる滝。ハワイ語の名称「ワイアヌエヌエ」も水にかかる虹を意味します。

　落差は24mと、それほど大きい滝ではありませんが、直径約30mもある滝壺に大量に流れ落ちる水は迫力満点。しかも、その滝に虹がかかり、神秘的な光景をつくり上げるのです。

　虹がかかりやすいのは、午前9〜11時頃。その時間帯、太陽光が滝に降り注ぐと、七色の虹が現れます。前日まで雨が降っていて、当日は太陽が燦々と輝いているような日に、きれいな虹の出現を期待できます。

　虹は世界中で観察される現象で、決して珍しくはありません。その原理もよく知られています。それでも、「可視光線」がスペクトルとなって出現する自然界の妙は、いつでも私たちの目を楽しませてくれます。

もっと
知りたい！　レインボー滝が流れ落ちる滝壺の下には、洞窟があります。そこには女神ヒナが住んでいるといわれています。ヒナは月の
女神で、マウイの母ともいわれています。

地球史年表

地球の歴史は46億年にも及びます。生命の誕生が39億年前、魚類、陸上植物、両生類の出現が5億年前、パンゲア大陸の形成が2億5,000万年前、恐竜の繁栄が2億3,000万〜6,600万年前、霊長類の出現が7,000万年前とされています。

億年前	地質年代	
	顕生代	
5		
10		
15	原生代	
20		
25		
30	太古代	
35		
40		
45	冥王代	

先カンブリア時代

億年前	地質年代	紀
0.07〜0.23	新生代	新第三紀
0.50		古第三紀
0.66		
1.00	中生代	白亜紀
1.45		ジュラ紀
2.00		
2.13		三畳紀
2.52		ペルム紀
2.99 / 3.00	古生代	石炭紀
3.59		デボン紀
4.00		
4.19		シルル紀
4.43		オルドビス紀
4.85 / 5.00		カンブリア紀
5.41		

地球の内部構造

地球の構造は温泉卵の構造に似ています。殻にあたるのが地殻、白身にあたるのがマントル（上部マントル・下部マントル）、黄身にあたるのが核（内核・外核）です。

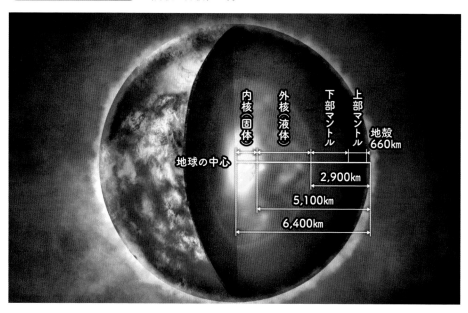

内核（固体）
外核（液体）
下部マントル
上部マントル
地殻
660km
地球の中心
2,900km
5,100km
6,400km

プレートテクトニクス

地球の表面は、地殻と最上部マントルからなるプレートで覆われています。各プレートは異なる方向に動いているため、衝突したり、分離したりします。それによって地震や火山活動、造山運動などが起こります。

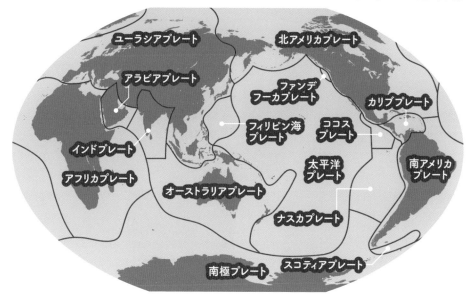

ユーラシアプレート
北アメリカプレート
アラビアプレート
ファンデフーカプレート
カリブプレート
フィリピン海プレート
ココスプレート
インドプレート
南アメリカプレート
アフリカプレート
オーストラリアプレート
太平洋プレート
ナスカプレート
南極プレート
スコティアプレート

岩石と鉱床

岩石は鉱物や砕屑物の集合体で、環境に応じて、堆積岩→変成岩→マグマ→火成岩のように変化します。特定の有用元素や化合物が高い濃度で集積した岩石は鉱石と呼ばれ、多量に生じると、鉱床として採掘・回収の対象になります。

岩 相

| 火成岩 | 堆積岩 | 石灰岩 | 変成岩 | 熱変成岩 | 断層 |

鉱 床

| 鉱脈鉱床 | スカルン鉱床 | ペグマタイト鉱床 | 正マグマ鉱床 |

※『地球環境システム』円城寺守（学文社）より一部改編

主な火成岩

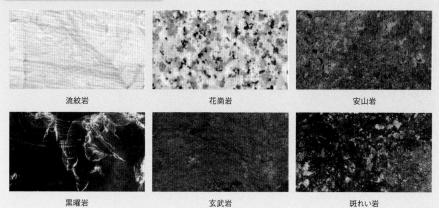

流紋岩　　　　　　花崗岩　　　　　　安山岩

黒曜岩　　　　　　玄武岩　　　　　　斑れい岩

主な堆積岩と変成岩

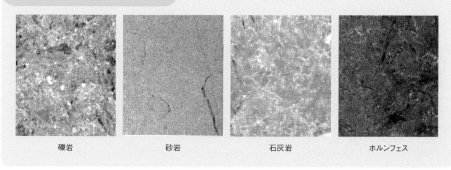

礫岩　　　　　砂岩　　　　　石灰岩　　　　ホルンフェス

主な鉱石

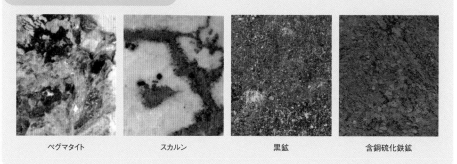

ペグマタイト　　　スカルン　　　　黒鉱　　　　含銅硫化鉄鉱

円城寺 守 えんじょうじ・まもる

1967年、早稲田大学理工学部資源工学科卒業、東京教育大学大学院修了(理学博士)。元早稲田大学教育学部教授。早稲田大学名誉教授。専門分野は、鉱床地質学、鉱石鉱物学、環境科学。著書に、『地球進化46億年の物語』(共訳、講談社)、『世界でいちばん素敵な地球の教室』(監修、三才ブックス)、『地球環境システム』(編著、学文社)、『自分で探せる美しい石』(実業之日本社)などがある。

★ 主 な 参 考 文 献 (順 不 同)

- 『ビジュアル理科事典』(学研プラス)
- 『なるほどナットク自然現象』(学研プラス)
- 『大自然が創りだした奇観の地球』山賀進(学研プラス)
- 『地理が解き明かす地球の風景』松本穂高(ベレ出版)
- 『歩いてわかった地球のなぜ!?』松本穂高(山川出版)
- 『絵でわかる世界の地形・岩石・絶景』藤岡達也(講談社)
- 『絶景のふしぎ100』佐野充監修(偕成社)
- 『マグマの地球科学』鎌田浩毅(中央公論新社)
- 『美しすぎる地学事典』渡邉克晃(秀和システム)
- 『図解 世界自然遺産で見る地球46億年』田代邦康監修(実務教育出版)
- 『地形を見る目』池田宏(古今書院)
- 『オーロラの科学』上出洋介(誠文堂新光社)
- 『発光生物のふしぎ』近江谷克裕(SBクリエイティブ)
- 『Newton別冊 地球科学を知る厳選33の絶景』(ニュートンプレス)
- 『今、行きたい! 世界の絶景大事典1000』朝日新聞出版編集(朝日新聞出版)
- 『地球環境システム』円城寺守編著(学文社)
- 『人のくらしのなぜ?』円城寺守監修(偕成社)
- 『地球・環境・資源』円城寺守共著(共立出版)
- 『地球の科学』佐藤暢(北樹出版)
- 『トコトンやさしい地球学の本』西川有司(日刊工業新聞社)
- 『火山の科学(おもしろサイエンス)』西川有司(日刊工業新聞社)
- 『岩波 理化学辞典 第5版』長倉三郎ら編集(岩波書店)

ピンク・サンド・ビーチ〔バハマ国〕

★ 写 真 提 供

P007　ラック・ローズ　写真：アフロ

P016　極夜　写真：Stoltz Bertinussen / NTB scanpix / アフロ

P050　ギプスランド湖　写真：Shutterstock/アフロ

P069　ギアナ高地　写真：アフロ

P075　紅河ハニ棚田　Jialiang Gao

P151　西之島　海上保安庁

P156　ケルビン・ヘルムホルツ不安定性の雲　写真：アフロ

P163　スーパームーン　写真：アフロ

P169　ホタルの木　写真：アフロ

P172　モルディブの光る海岸　写真：アフロ

P219　不知火　熊本県観光連盟

P275　北海道の光柱　写真：アフロ

P280　ランドマンナロイガル　David Karná

P338　けあらし　写真：アフロ

P342　ピナカテ火山とアルタル大砂漠　Patricio Robles Gil/sierra Madre

P350　沙湖　写真：アフロ

P368　青ヶ島　海上保安庁

絶景の知られざる秘密から驚きの自然現象まで

366日 世界の大自然

2022年7月1日　第1刷発行

定価(本体2,400円+税)

著者	円城寺守
編集	ロム・インターナショナル
執筆協力	バーネット
写真協力	アフロ／Adobe Stock／iStock／PIXTA／photolibrary
装丁	公平恵美
DTP	伊藤知広(美創)

発行人	塩見正孝
編集人	神浦高志
販売営業	小川仙丈
	中村崇
	神浦絢子

印刷・製本　図書印刷株式会社

発行　　株式会社三才ブックス
　　　　〒101-0041
　　　　東京都千代田区神田須田町2-6-5 OS'85ビル 3F
　　　　TEL：03-3255-7995
　　　　FAX：03-5298-3520
　　　　URL：http://www.sansaibooks.co.jp/
　　　　問い合わせ先：info@sansaibooks.co.jp

ウユニ塩湖（ボリビア多民族国）